KB108291

씨앗의 승리

The Triumph of Seeds

Copyright © Thor Hanson
First published in the United States by Basic Books,
a member of the Perseus Books Group
Korean Translation Copyright © 2016 by Eidos Publishing House
Korean edition is published by arrangement
with Perseus Books Group through Duran Kim Agency, Seoul.

이 책의 한국어판 저작권은 듀란킴 에이전시를 통한
Perseus Books Group과의 독점계약으로 에이도스에 있습니다.
저작권법에 의하여 한국 내에서 보호를 받는 저작물이므로 무단전재와 무단복제를 금합니다.

씨앗의 승리

씨앗은 어떻게 식물의 왕국을 정복하고
인류 역사를 바꿔왔는가?

The Triumph *of* Seeds

소어 핸슨 지음 | 하윤숙 옮김

에이도스

작가 메모

이 책에서는 씨앗의 기능적 정의를 줄곧 따를 것이며 그러는 과정에서 더러는 열매에서 파생된 조직(예를 들면 견과의 껍질)이 식물의 씨앗 비슷한 부위에 포함되는 일도 있을 것이라고 인정한다. 이 책의 본문에서는 식물의 일반명만을 사용할 테지만 각각에 상응하는 라틴 학명을 모두 부록에 수록해 놓았다. 식물학의 전문 용어는 최소한으로 사용하거나 그에 대한 설명을 문맥 속에서 풀어주려고 애썼다. 마지막으로, 독자 여러분에게 각 장의 주들도 꼭 챙겨 읽기를 권한다. 그 속에는 씨앗과 관련하여 군침을 삼킬 만큼 흥미진진한 구전 지식들이 들어 있는데, 그 즙을 짜내 본문 속에 담지는 못했지만 너무 좋은 내용이라 빼버릴 수 없어 주에 담았다.

"잘 살펴봐!"

백작님, 제가 당신의 가장 순종적인 하인이라는 것 말고는
달리 드릴 말이 없어요.

윌리엄 셰익스피어, 『끝이 좋으면 다 좋아』(1605년경)

찰스 다윈은 비글호를 타고 5년 동안이나 여행했으며 따개비를 해부하는 데 8년의 시간을 바쳤고 성인으로 살았던 기간의 대부분 동안 자연선택의 결과에 관해 생각했다. 유명한 동식물연구가 수사였던 그레고어 멘델은 모라비아의 봄철이 여덟 번 지나는 시간 동안 1만 포기의 완두를 인공수정한 뒤 마침내 유전에 관한 자신의 생각을 글로 남겼다. 두 세대에 걸친 리키 가문은 올두바이 협곡에서 수십 년 동안 모래와 바위를 샅샅이 살핀 끝에 한 줌의 중요한 화석을 모았다. 진화의 수수께끼를 밝히는 작업은 대체로 힘겨운 작업이며 치밀한 사고와 관찰 작업에 오랜 경력을 쏟아부어야 하는 작업이다. 하지만 분명한 이야기들, 처음부터 아주 명확한 이야기들도 있다. 예를 들어 아이들을 잘 아는 사람이라면 누구든 구두점의 기원을 이해한다. 그것은 감탄 부호에서 시작되었다.

걸음마를 시작한 유아가 저절로 알게 되는 말이 있다면 단연 강조형의 명령 동사를 꼽을 수 있다. 실제로 적절한 억양—얼핏 끝이 없을 것 같

은 감탄 부호의 떨림이 들뜬 듯한 고집스런 고함 소리의 억양을 만들어낸다—만 있으면 어떤 단어든 명령형으로 바꿀 수 있다. 쉼표, 마침표, 세미콜론 등을 사용하여 말과 글에서 만들어낼 수 있는 갖가지 뉘앙스들은 분명 나중에 개발되었다. 감탄 부호는 태어날 때부터 알고 있었다.

우리 아들 노아가 좋은 예다. "움직여!" "조금 더 해!"를 비롯해서 늘 쓰이는 "안 돼!"에 이르기까지 많은 문구가 예상되는 가운데 노아의 동사 경력이 시작되었다. 하지만 노아가 초기에 쓰던 단어들에는 뭔가 유별난 관심도 들어 있었는데, 아이가 집착을 보인 대상은 씨앗이었다. 이러한 뜨거운 관심이 언제부터 시작되었는지 나도, 엘리자도 정확한 시기는 기억하지 못한다. 노아는 늘 씨앗을 좋아했던 것만 같았다. 딸기 겉에 점점이 박힌 씨앗이든, 호박 속에서 파낸 씨앗이든, 길가 덤불에 핀 들장미의 씨앗이든 노아가 접하는 씨앗은 관심과 논평의 대상이 되었다. 실제로 아이가 세상을 체계적으로 인식하기 위한 최초의 기준으로 자리 잡게 된 것이 바로 씨앗이 있는 것과 없는 것의 구분이었다. 솔방울? 씨앗이 있는 것. 토마토? 씨앗이 있는 것. 사과, 아보카도, 참깨 베이글? 모두 씨앗이 있는 것. 라쿤? 씨앗 없는 것.

우리 집에서는 이런 대화가 일상적으로 이루어지는 탓에 새 책의 아이디어를 정해야 할 때가 되었을 때 씨앗이 최종 후보 목록에 올라 있던 것은 놀랄 일이 아니었다. 아마도 노아의 발음 문제 때문에 균형추가 기울어지면서 식물 관찰이 뭔가 긴급한 과제의 성격을 띠게 되었다. 아이의 어린 혀로는 씨앗seed의 치찰음 발음 s가 쉽지 않았는데, 아이는 말을 더듬거리기보다는 's' 발음 대신 단단한 'h' 소리로 대체했다. 그 결과 이중의 명령이 내려지게 되었다. 어떤 위험이 다가오는지 아무 의심도 하지 않는 과일을 파헤친 뒤 매번 씨앗을 내 쪽으로 들어 올리고는 "HEED!"("잘 살펴봐!")라고 소리쳤다. 이런 장면이 하루하루 되풀이되었고 마침내 나는 그 메시지를 받아들여, 씨앗[seed]을 잘 살펴보게 되었다[heed]. 어쨌든 노아는 벌써부터 우리의 남은 삶에서 꽤 많은 부분을 좌우하고 있었다. 게다가 노아에게 진로 결정의 권한을 맡기지 말란 법도 없지 않은가?

다행히도 노아는 내 마음에 와 닿는 주제를 정해주었는데, 나는 오래전부터 그런 책을 쓰고 싶었다. 박사과정 학생 시절 거대한 열대우림에서 이루어지는 씨앗의 확산과 씨앗의 포식에 관해 연구한 바 있었다. 그런 씨앗이 나무뿐만 아니라 그 씨앗을 퍼뜨리는 박쥐나 원숭이, 그리고 그 씨앗을 먹는 앵무새와 설치류와 페커리, 페커리를 사냥하는 재규어 등등에게도 매우 중요하다는 것을 깨달았다. 씨앗 연구를 통해 생물학에 대한 이해가 더욱 풍부해지기도 했지만 아울러 씨앗의 영향이 숲이나 들의 영역을 벗어나 얼마나 멀리까지 퍼지는지도 알게 되었다. 씨앗은 모든 곳에서 중요했다. 씨앗은 우리가 인간 세계와 자연 세계 사이에 정해놓은 가상의 경계선을 뛰어넘어 우리의 일상생활에 너무도 빈번하게, 너무도 다양한 형태로 등장하기 때문에 우리가 씨앗에 얼마나 전적으로 의존하고 있는지 거의 인식하지 못할 정도였다. 씨앗에 관해 이야기하노라면 우리가 자연, 다시 말해 식물, 동물, 토양, 계절, 진화 과정 자체와 근본적으로 연결되어 있다는 것을 깨닫는다. 또한 전체 인류 중 도시 생활자가 처음으로 절반을 넘어선 이 시대에 그러한 연결성을 재확인하는 작업은 그 어느 때보다 중요하다.

그러나 이 이야기가 다음 단락으로 넘어가기 전에 먼저 두 가지 사항을 통보해 둘 필요가 있다. 첫 번째는 매우 중요하고 명확한 내용인데, 이 덕분에 해양생물학을 전공하는 나의 많은 친구들과 좋은 관계를 지켜나갈 수 있을 것이다. 1962년도 영화 〈바운티 호의 반란〉에서는 반란을 일으킨 선원들이 블라이 선장을 대형 보트에 태워 바다로 내보낸 뒤 그동안 미움의 대상이었던 빵나무 묘목을 곧바로 배 너머로 던져 버린다. (선원들에게 할당된 물 배급량이 다 떨어져 간 뒤에도 블라이 선장은 이 식물에 필요한 규정 양의 물을 계속 주고 있었다.)

작은 나무들이 배 너머로 날아가는 동안 카메라가 뒤쪽으로 빠지면서 묘목들이 바운티 호 뒤로 점점 처지는 모습을 비춰준다. 묘목은 잔잔하게 펼쳐진 드넓은 바다에 한줌의 불쌍한 초록색 티끌처럼 보인다. 이 묘목들의 앞날은 어두워 보이며 씨앗이 지닌 전략의 한계와 관련하여 한 가지 중요한 점을 명확하게 짚어준다. 마른 땅에서는 씨앗이 승리할지 몰라도 지구의 4분의 3을 뒤덮고 있는 바다에서는 다른 규칙이 적용된다. 그곳은 조류와 작은 식물성 플랑크톤이 지배하며 이들의 사촌 가운데 씨앗이 있는 종을 꼽자면 얕은 물에 사는 종이나 가끔씩 까딱거리며 바다 위를 떠다니는 야자열매, 그리고 선원이 내던진 식물 정도가 고작일 것이다. 씨앗은 단단한 땅 위에서 진화되었으며 이곳에서는 씨앗의 놀라운 특징들이 인간과 자연의 역사적 흐름을 결정해 왔다. 그럼에도 광활하게 펼쳐진 바다에서는 씨앗이 여전히 신기한 족속이라는 점을 명심하는 것이 좋다.

두 번째로 알려둘 것은 이 책의 목적과 범위를 넘어서는 씨앗 논쟁의 영역이 있다는 점이다. 대학원에 다닐 때 커리큘럼에는 학생들이 유전학 실험실의 장비와 친숙해지도록 하기 위한 1학점짜리 세미나 수업이 들어 있었다. 우리는 일주일에 한 번씩 흰색 실험실 가운을 입고 두 시간가량 갖가지 관과 파이프, 그리고 왱왱거리거나 삐삐 소리가 나는 기계로 실험을 했다. 강사는 간단한 연습의 하나로, 우리 자신의 DNA와 세균 세포의 DNA를 어떻게 잇는지 보여주었다. 이후 세균 집락이 나뉘고 자라는 동안 우리의 DNA는 끝도 없이 복제되었는데, 이는 복제의 기본적 형태라

할 수 있었다. 물론 우리는 아주 작은 DNA 조각을 사용했을 뿐이고 결과는 조잡했지만 그 당시 나는 "1학점짜리 수업에서 나 자신을 복제하는 정도의 일이 일어나서 안 돼"라고 생각했던 기억이 또렷하게 난다.

비교적 간단한 기법의 유전자 조작이 가능해지면서 식물과 씨앗의 새로운 시대가 열렸다. 옥수수와 콩에서 상추와 토마토에 이르기까지 우리가 잘 아는 농작물들에 실험적으로 변형을 가하게 되었으며 여기에 북극어류의 유전자(내상성을 기르기 위한 목적), 토양세균의 유전자(농작물의 살충제를 만들기 위한 목적), 심지어 호모 사피엔스의 유전자(인간의 인슐린을 생산하기 위한 목적)가 이용되었다. 이제 씨앗은 지적 재산 특허를 받을 수 있으며, 향후 경작을 위한 목적으로 씨앗을 저장하는 오래된 관습을 막기 위해 종결 유전자를 포함하도록 설계했다. 유전자 조작은 중심적인 새로운 기술이지만 이 책에서는 짧게만 소개할 것이다. 대신 이 책은 우리가 무엇보다도 우선 많은 관심을 기울여야 하는 이유를 탐구한다. 현대 유전학으로 털 없는 닭, 형광 고양이, 나아가 거미줄을 생산하는 염소가 탄생할 수 있게 된 시대에 왜 씨앗이 논의의 중심이 되어야 하는가? 여론조사를 해보면 왜 사람들은 씨앗의 유전자를 변형하는 문제보다는 자기 자신의 게놈, 혹은 자기 아이들의 게놈을 (의학적인 목적을 위해) 변형하는 문제를 더 편하게 받아들인다는 결과가 나올까?

수백만 년의 역사를 거슬러 올라가면서 우리 인간 종과 문화의 역사가 씨앗의 역사와 놀랄 정도로 한데 뒤얽혀 있는 이야기 속에 이러한 물음들에 대한 대답이 들어 있다. 이 책을 쓰는 과정에서 나는 책의 분량을 채우는 데 어려움을 겪기보다는 어떤 것을 포함시키고 어떤 것을 버릴지 결정하는 데 어려움을 겪었다. (추가적인 일화나 정보를 알고 싶으면 각 장의 주를 반드시 읽도록 하라. 예를 들어 곰포데어(멸종된 장비류의 한 종_옮긴이), 미끈거리는 물, 백파이프 연주자의 구더기 등등에 관한 이야기는 오로지 주에서만 접할 수 있을 것이다.) 내용이 진행되는 동안 우리는 매혹적인 식물과 동물을 만날 뿐만 아니라 과학자와 농부에서 정원사, 상인, 탐험가, 요리사에 이르기까지 씨앗을 자기 이야기의 일부분으로 삼았던 많은 사람들도 만나게 될 것이다. 만일 내가 일을 제대로 해냈다면 이 책 끝에 가서 독자도 내가 알게 된 것, 그리고 노아가 처음부터 분명히 깨닫고 있던 것을 알게 될 것이다. 씨앗은 우리가 연구하고 칭송하고 놀라워하고 감탄 부호를 몇 개라도 붙여주어야 할 가치를 지닌 경이로운 것이다.

CONTENTS

씨앗은 방어한다

씨앗은 이동한다

서론

강렬한 에너지

하나의 도토리 안에 집약되어 있는 강렬한 에너지를 생각해보라!
땅에 도토리를 심으면 엄청나게 팽창하여 거대한 참나무로 자란다!
양 한 마리를 땅에 묻어보라.
아무 일도 일어나지 않는다. 그저 썩을 뿐이다.

조지 버나드 쇼, 『쇼의 눈으로 본 채식주의 식사』(1918년)

나는 씨앗을 망치로 내려치고는 자세히 들여다보았다. 씨앗에는 긁힌 자국 하나 없었다. 짙은 색깔의 표면은 열대우림 숲속 바닥에서 처음 발견했을 때와 똑같이 매끄럽고 흠 하나 없었다. 찌르르 찌르르 끊임없이 울어대는 벌레 소리와 물방울 떨어지는 소리가 사방을 에워싸는 가운데 나무뿌리를 뒤덮은 낙엽층과 진흙 위에 놓여 있었던 당시 그 씨앗은 곧 벌어져 싹과 뿌리와 무성한 잎의 푸른색을 보여줄 것만 같은 모습이었다. 이제 윙윙거리는 연구실 형광등 불빛 아래에서 바라보니 이 빌어먹을 것은 좀처럼 깨지지 않을 것처럼 보였다.

씨앗을 집어 손바닥 위에 반듯하게 올려놓았다. 호두보다는 조금 크지만 더 납작하고 색이 짙었으며 묵직한 껍질은 단련한 강철처럼 단단해 보였다. 두툼한 이음매가 가장자리를 빙 두르고 있었지만 아무리 드라이버로 찔러보고 쑤셔봐도 틈 하나 벌어지는 데가 없었다. 손잡이가 긴 파이프 렌치로 힘껏 조여 보았지만 별반 달라진 게 없었고 이제는 망치까지 동원해서 내려쳤지만 결국 소용없는 듯했다. 분명 더 무거운 게 필요했다.

나의 대학 연구실은 오래된 산림과학부 식물표본관의 한쪽 구석에 자리 잡고 있었는데, 이곳은 벽을 따라 먼지 낀 금속 캐비닛 안에 말린 식물 표본이 진열되어 있고 대체로 사람들도 잘 찾지 않는 곳이었다. 은퇴한 대학교수진이 일주일에 한 번 찾아와 답사 여행이나 좋아하는 나무, 몇 십 년 된 학부 내부의 알력 같은 것을 회상하면서 커피와 베이글을 먹곤 했다. 책상 역시 용접 강관과 크롬과 두꺼운 포마이카로 가구를 만들던 지난 시대부터 내려온 것이었다. 등사기 기구들과 텔레타이프들 한 무더기를 올려놓아도 거뜬할 만큼 크고 핵무기 공격의 충격파에도 견딜 만큼 강했다.

나는 이 책상의 육중한 다리 옆에 씨앗을 바싹 붙인 다음 책상을 들어 올렸다가 손을 떼었다. 온 방안에 쿵 소리가 울려 퍼지면서 책상이 바닥으로 떨어졌고 이 힘에 씨앗은 옆으로 튕겨 벽에 부딪히더니 잽싸게 미끄러져 캐비닛 밑으로 사라졌다. 다시 꺼내온 씨앗의 짙은 색 표면은 흠 하나 없이 그대로였다. 나는 다시 또 시도했다. 쿵! 또 다시 쿵! 헛된 시도가 이어지면서 좌절감도 점점 깊어갔다. 마침내 나는 바닥에 웅크려 앉은 뒤 책상 다리와 벽 사이에 씨앗을 끼워 놓고는 망치로 마구 패기 시작했다.

그러나 그 순간 나의 분노가 아무리 치솟았더라도 붉으락푸르락한 얼굴로 느닷없이 내 방에 뛰어 들어온 산림과학부 교수의 분노에는 미치지 못했다. "대체 이 방에서 뭔 일이 벌어지고 있는 거요? 지금 옆방에서 수업을 하려고 한단 말이요." 교수는 이렇게 소리쳤다.

보다 조용하게 씨앗을 깨뜨릴 방법이 필요했다. 더구나 내가 속을 열어봐야 할 씨앗이 한 개뿐인 것도 아니었다. 수납장 안에 들어 있는 상자 두 개 안에는 수백 개의 씨앗이 들어 있고 이것 말고도 잎과 나무껍질이

2,000개가 넘는다. 모두 코스타리카와 니카라과 숲에서 수 개월간 펼친 현장작업을 통해 어렵사리 하나씩 하나씩 모은 것들이었다. 이 표본을 데이터로 정리하는 작업이 박사학위 논문의 많은 부분을 채우게 될 것이다. 아니면 말고, 늘 그랬듯이.

마침내 나무망치와 암석용 끌을 이용해 묵직하게 내려치면 된다는 것을 알아냈지만 첫 번째 씨앗의 속을 열기 위한 고군분투 과정에서 진화와 관련한 중요한 교훈을 깨달았다. 나는 속으로 물었다. 씨앗 껍질을 깨는 게 이토록 불가능할 정도로 힘든 이유는 무엇 때문일까? 씨앗 하나가 온전한 상태로 널리 퍼져 어린싹을 틔워야 하기 때문인가? 분명 어느 불운한 대학원생에게 좌절감을 안겨줄 목적으로 이렇게 묵직한 껍질이 진화한 것은 아니었다. 그 대답은 당연히 근본적인 데 있으며, 알을 품는 암탉이 달걀을 보호하려는 것, 혹은 암사자가 어린 새끼를 지키려는 것과 같은 것이었다. 내가 연구하던 나무의 입장에서는 다음 세대를 이어가는 것이 모든 것을 의미했으며 이는 진화상의 지상명령으로, 환경에 잘 적응하는 창조성과 에너지를 투입할 가치가 있었다. 또한 식물의 역사에서 보호, 확산, 자손 확립을 확실하게 보장해주는 점에서 씨앗의 발명에 견줄 만한 사건도 없었다.

기업 활동에서 사람들은 상품 브랜드가 널리 알려지고 많은 곳에서 팔리는 것을 상품의 궁극적인 성공으로 여긴다. 내가 우간다의 진흙 오두막집에 살 때 그곳은 포장도로에서 4시간이나 들어가고 일명 '앞이 안 보일 만큼 울창한 숲'이라고 불리는 정글 가장자리였는데도 우리 집 현관에서 5분만 걸어가면 코카콜라를 살 수 있었다. 마케팅 이사들은 그런 정도로 상품이 널리 퍼지기를 꿈꾸는데 자연 세계에서는 씨앗이 그 정도로 널리 퍼져 있다. 열대우림에서 알프스 산맥 목초지와 북극 툰드라 지역까지 종자식물은 전역을 뒤덮고 있으며 전체 생태계를 규정한다. 요컨대 숲 이름도 그곳에 자라는 나무 이름을 따라 짓지, 그곳을 뛰어다니는 원숭이나 날개를 퍼덕이고 다니는 새 이름을 따서 짓지 않는다. 또한 모두들 유명한 세렝게티를 풀밭이라고 부르게 되지, 어느 누구도 풀이 자라는 제브라-밭이라고 부르지 않는다. 잠시 자연계의 토대를 면밀히 살펴보면 씨앗과 그 씨앗을 지닌 식물들이 자연계에서 가장 중요한 역할을 하고 있는 것을 몇 번이고 거듭 발견한다.

열대 지역의 오후 시간에 얼음처럼 차가운 소다수를 마시면 맛이 아주 그만이지만 코카콜라에 빗댄 비유는 씨앗의 진화를 설명하는 데 있어 너무 많이 나간 감이 있다. 그러나 그 비유가 들어맞는 또 한 가지 점이 있다. 상업에서도 그렇듯이 자연선택에서도 좋은 제품은 보상을 얻는다는 점이다. 최적의 적응방식은 시간이 흐름에 따라 더욱 많은 공간으로 퍼져 나가고, 그 결과 리처드 도킨스가 적절하게 "지상 최대의 쇼"라고 부른 과정에서 더욱더 새로운 혁신을 이루게 된다. 이제는 너무나 많이 퍼져서 지극히 당연한 것처럼 보이는 특징들도 있다. 예를 들어 동물의 머리에는 두 개의 눈, 두 개의 귀, 모종의 코 한 개, 그리고 입 한 개가 있다. 물고기 아가미는 물에서 용해 산소를 얻는다. 박테리아는 분열을 통해 번식하고 곤충의 날개는 쌍을 이룬다. 심지어는 생물학자들조차 이런 기본적인 특징들이 한때에는 신상품으로, 진화의 끈질긴 시행착오를 거쳐 얻은 기발한 발명품임을 쉽게 잊는다. 식물세계에서 씨앗은 광합성과 함께 기본 전제의 하나가 되어 있다. 심지어는 아이들 동화에서도 이를 당연하게 여긴다. 루스 크라우스가 지은 고전적인 작품 『당근 씨앗』에서 한 조용한 꼬마는 모든 비관론자의 말을 무시한 채 끈질기게 물을 주고 잡초를 뽑은 결과 마침내 "그럴 거라고 꼬마가 알았던 것처럼" 커다란 당근이 자라났다.

크라우스의 동화는 단순한 그림을 넣음으로써 그림책 장르에 커다란 변화를 가져온 것으로 유명하지만 다른 한편 우리와 자연의 관계에 관해 심오한 이야기를 우리에게 전해주기도 한다. 어린 아이조차도 아주 작은 씨 안에 조지 버나드 쇼가 말한 "강렬한 에너지"가 들어 있다는 걸 알고 있다. 당근, 참나무, 밀, 겨자, 세쿼이아, 그 밖의 씨앗으로 번식하는 대략 352,000종의 식물이 탄생하는 데 필요한 생명력과 모든 지침서가 그 안에 포함된 것이다. 우리가 씨앗에 대해 갖고 있는 믿음 덕분에 씨앗은 인간 활동의 역사에서 독특한 지위를 갖게 되었다. 식물 재배와 수확이라는 행위와 기대감이 없었다면 우리가 알고 있는 형태의 농업은 존재하지 못했을 것이며 우리 인간 종족은 아직도 사냥꾼, 채집꾼, 목동으로 작은 무리를 이루어 떠돌이 생활을 하고 있었을 것이다. 실제로 몇몇 전문 학자들은 이 세상에 씨앗이 없었다면 호모 사피엔스가 진화하지 못했을지도 모른다고 믿는다. 이 작은 식물학적 기적은 그들의 흥미진진한 진화 과정과 자연사를 통해 우리 인간의 진화와 자연사를 형성하고 변화시킴으로써 현대 문명의 길을 열었으며, 이런 점에서 다른 어떤 자연 물체도 따라갈 만한 것이 없다.

우리는 씨앗의 세상에 살고 있다. 모닝커피와 베이글에서부터 우리가 입고 있는 면직물과 잠자기 전에 더러 마시는 코코아에 이르기까지 온종일 씨앗에 둘러싸여 있다. 씨앗은 음식과 연료, 우리를 취하게 하는 것과 독, 기름, 염료, 섬유, 향신료를 제공한다. 씨앗이 없었다면 빵도, 쌀도, 콩도, 옥수수도, 견과류도 없었을 것이다. 씨앗은 말 그대로 삶의 지주이며, 전 세계적으로 음식과 경제와 생활 방식의 토대를 이룬다. 또한 씨앗은 야생에서 생명의 기반이 되기도 한다. 현재 종자식물이 우리 식물군의 90퍼센트 이상을 차지하기 때문이다.

씨앗이 너무도 흔하게 널려 있어서 지구상에 1억 년이 넘는 시간 동안 다른 형태의 식물이 지배하고 있었다는 걸 상상조차 하기 힘들다. 시간을 되돌려보면 포자가 지배하던 식물군에서 씨앗은 별 볼 일 없는 선수로 출발하여 진화하기 시작했고, 현재 석탄의 형태로 우리 곁에 남아 있는 그 당시의 거대한 숲은 나무처럼 생긴 석송, 쇠뜨기, 양치식물이 지배하고 있었다. 이런 초라한 모습으로 시작한 종자식물은 꾸준히 이점을 확보해 가면서 처음에는 침엽수, 소철, 은행나무에서 시작하여 이후 꽃을 피우는 다양한 종으로 퍼져 나갔다. 마침내 이제는 포자식물과 조류藻類가 옆으로 밀려나 그저 지켜보는 형국이 되었다.

씨앗의 이런 극적 승리는 자명한 물음을 던진다. 어떻게 그토록 커다란 성공을 거두었나? 씨앗, 그리고 씨앗을 지닌 식물들은 어떤 특징과 습성을 가졌기에 그토록 철저하게 지구를 변화시킬 수 있었던 걸까? 그 대답이 이 책의 기본 뼈대를 이루며, 씨앗이 자연계에서 번성할 수 있었던 이유뿐만 아니라 사람들에게 그토록 중요한 의미를 지니게 된 이유까지도 밝혀줄 것이다.

씨앗은 영양분을 공급한다. 씨앗은 어린 식물체가 섭취할 최초의 식량을 그 안에 미리 갖고 있으며, 여기에는 발생 초기의 뿌리와 순, 잎이 나는 데 필요한 모든 것이 들어 있다. 샌드위치에 새싹을 얹어 먹어본 사람이라면 이를 당연하게 여기지만 식물의 역사에서 볼 때 이는 매우 결정적인 단계를 이루었다. 이동 가능한 작은 포장 안에 그런 에너지를 집약적으로 담음으로써 수많은 진화적 가능성을 열었고 종자식물을 지구 전체에 퍼트렸다. 사람들은 씨앗에 들어 있는 에너지를 꺼냄으로써 현대 문명의 길을 열었다. 오늘날까지도 씨앗의 식량을 마음대로 이용하고 어린 식물체를 키우기 위해 비축해 놓은 영양분을 훔침으로써 인간 음식의 기본 토대가 마련된다.

씨앗은 맺어준다. 씨앗 이전에 식물의 성은 꽤나 단조로웠다. 어떤 식으로든 성관계가 이루어질 때도 그 행위는 보이지 않는 곳에서 순식간에 끝나고 대개는 자체적으로 이루어졌다. 복제나 그 밖의 무성 방식이 흔했고 성관계라고 할 만한 것이 있더라도 예측 가능하거나 완벽한 방식으로 유전자를 섞는 일은 거의 없었다. 씨앗이 생기면서 식물은 갑자기 훤한 대기 속에서 번식을 시작했고, 점점 더 독창적인 방식으로 꽃가루가 난세포에 닿도록 퍼뜨렸다. 이는 대단한 혁신이었다. 어미식물에 있는 두 부모 유전자를 한데 결합한 뒤, 이동하기 쉬운 형태로 된 자손 안에 유전자를 넣어 싹을 틔울 준비를 갖춘다. 포자식물은 어쩌다가 한 번씩만 교배하지만 종자식물은 늘 유전자를 섞고 이를 다시 또 섞는다. 진화적 잠재력이 어마어마하며 멘델이 완두콩 씨앗을 면밀히 관찰함으로써 유전의 수수께끼를 해결한 것도 결코 우연의 일치는 아니다. 만일 그 유명한 완두콩 실험이 아니라 "멘델의 포자" 실험이었다면 아마 과학계는 아직도 유전학을 이해할 날이 오기를 기다리고 있었을 것이다.

씨앗은 견딘다. 식물 재배자라면 누구라도 알듯이 겨울철 몇 달 동안 저장해둔 씨앗을 이듬해 봄에 심을 수 있다. 실제로 발아가 가능하기 위해서는 추운 기간을 거치거나 불을 통과하거나 심지어는 동물의 내장을 통과해서 나와야 하는 경우도 있다. 어떤 종은 흙 속에서 몇 십 년을 견디면서, 빛과 수분과 영양분의 적절한 조합이 식물 성장에 알맞은 조건을 만들어낼 때에야 비로소 싹을 틔우는 경우도 있다. 이런 휴면의 습성 덕분에 종자식물은 다른 모든 생명 형태와는 달리 엄청난 분화와 다양화를 이룰 수 있었다. 사람들의 입장에서는 휴면기를 갖는 씨앗을 저장하고 응용하는 법을 익힘으로써 농업의 길을 열고 국가의 운명을 지속적으로 결정해 나갈 수 있었다.

씨앗은 방어한다. 거의 모든 생명체들이 자기 새끼를 보호하기 위한 투쟁을 벌일 테지만 식물의 경우는 놀라울 정도의 방어체계, 때로는 치명적인 방어체계까지도 종합적으로 씨앗에 갖춰놓고 있다. 그 어떤 것도 뚫고 들어가지 못하는 껍질과 뾰족뾰족한 침에서부터 우리에게 후추와 육두구와 올스파이스를 제공하는 화합물까지, 그리고 비소와 스트리크닌 같은 독까지도 당연히 포함하여, 놀라운 (그리고 때로는 놀라울 만큼 효용성을 지닌) 적응방식들이 씨앗의 방어체계 안에 들어 있다. 이러한 주제를 탐구하다보면 자연에서 작용하는 주요한 진화적 힘을 규명할 수 있으며, 나아가 타바스코 소스의 뜨거운 맛에서 제약 원료, 그리고 가장 사랑받는 씨앗 산물인 커피와 초콜릿에 이르기까지 사람이 자신들의 목적을 위해 씨앗의 방어체계를 어떻게 이용해 왔는지 밝혀낼 수 있다.

씨앗은 이동한다. 폭풍파에 튕겨 나가든, 바람을 타고 빙글빙글 돌든, 아니면 과육 속에 파묻힌 상태로든 씨앗은 여기저기 돌아다닐 수 있는 수많은 방법을 알아냈다. 이동하기 위한 적응 방식을 확립함으로써 지구 전체의 서식지에 접근할 수 있었고 다양성을 더욱 확대했으며, 면과 케이폭에서 벨크로와 애플파이에 이르기까지 역사상 가장 중요하고 귀중한 산물을 인간에게 안겨주었다.

이 책은 탐구과정이자 초대장이라고 할 수 있다. 씨앗 자체가 그렇듯이 이 책도 작은 것, 다시 말하면 나 자신의 호기심과 함께 생겨난 관심에서 출발했으며, 이후 씨앗이 진화 과정과 자연사와 인간 문화 속에서 거쳐온 우여곡절 많은 굽잇길을 따라갈 것이다. 연구 작업이 이루어진 정글과 실험실에서 시작하여 씨앗 집착증을 지닌 아들의 강요에 떠밀려 이 작업에 뛰어들게 된 나는 이후 연구 과정에서 만난 정원사, 식물학자, 탐험가,

농부, 역사가, 수사들이 이끌어주는 대로 이야기를 풀어나갔다. 경이로운 식물들은 말할 것도 없고 식물에 의존해 살아가는 야생 동물과 새와 곤충도 나의 이야기를 이끌어주었다. 그런데 자연 속 씨앗은 온갖 매혹적인 이야기를 들려주면서도 우리가 굳이 멀리까지 나가지 않아도 얼마든지 주변에서 찾을 수 있다는 특징을 보여주었다. 씨앗은 우리 세계에 없어서는 안 될 필수 요소다. 따라서 당신이 커피와 초콜릿칩 쿠키를 좋아하든 아니면 믹스넛이나 팝콘, 프렛젤을 곁들인 맥주를 좋아하든 어쨌든 당신이 즐겨 먹는 스낵 중에서 씨앗을 이용한 제품을 옆에 놓고 앉아서 이제 여행을 떠나 보기를 초대하는 바이다.

씨앗은 영양분을 공급한다

귀리, 완두콩, 콩, 보리가 자라네,
귀리, 완두콩, 콩, 보리가 자라네,
당신이든 나든 어느 누구든
귀리, 완두콩, 콩, 보리가 어떻게 자라는지 알 수 있을까?

맨 먼저 농부가 씨를 뿌리네.
허리를 펴고 일어나 몸을 편안하게 하네.
농부가 발을 쿵 딛고 손뼉을 짝 치더니
자기 땅을 빙 둘러 보네.
_전통민요

제1장

씨앗의 하루

나는 한 알의 씨앗에 큰 믿음을 갖고 있다.
당신에게 씨앗이 있다고 믿게 되면
나는 놀라운 일이 벌어질 것이라고 마음의 준비를 한다.

헨리 데이비드 소로, 『씨앗의 희망』(1860~1861년)

살무사가 공격할 때 그 뱀이 자기 몸길이보다 더 앞으로 나오지 못할 거라고 우리는 물리학을 통해 알고 있다. 머리와 앞부분은 민첩하지만 꼬리 부분은 그 자리에 가만히 있을 것이다. 하지만 살무사의 공격을 당해 본 사람은 살무사가 줄루 족의 창이나 닌자 영화에 나오는 단검처럼 공기를 가로지르며 날 수 있다는 사실을 알고 있다. 내 쪽으로 오던 살무사는 낙엽 층 위로 휙 튀어 오르더니 희뿌옇게 번쩍이는 송곳니와 함께 의도를 드러내면서 장화 쪽으로 향했다. 큰삼각머리독사였다. 중미에서는 불행히도 강한 독과 급한 성미가 함께 결합된 것으로 악명 높은 뱀이었다. 그러나 이 개별 방어 행위에서는 내가 먼저 이 뱀을 막대기로 찔렀다는 걸 고백하지 않을 수 없다.

놀랍겠지만 열대우림의 씨앗 연구 활동을 하다 보면 뱀을 찌르는 일이 무척 많다. 그에 대해 한 가지 간단한 설명을 하자면 과학은 직선을 좋아하기 때문이다. 선, 그리고 선이 나타내는 관계는 화학에서 지진학에 이르

그림 1.1 큰삼각머리독사(살무사). 익명(19세기).

기까지 곳곳에 등장하지만 생물학자에게 있어 가장 흔한 선은 횡단선이다. 씨앗의 수를 세든, 캥거루를 조사하든, 나비를 찾든, 아니면 원숭이 똥을 찾아다니든 편파성 없이 관찰하기 위한 가장 좋은 방법은 한 지역을 똑바로 가로질러 가는 방법이다. 이 방법은 대단히 좋으며, 늪과 잡목 숲과 가시덤불과 그 밖의 우리가 피하고 싶을지도 모르는 다른 모든 것, 때로는 뱀까지도 포함하여 그 모든 것을 똑바로 가로질러 감으로써, 그 길에 만나는 모든 것을 대상으로 표본조사를 할 수 있기 때문이다.

현장 조사를 돕기 위한 보조 호세 마시스가 가장 최근에 형성된 정글 장애물을 쳐내기 위해 마체테로 덩굴을 내리치는 소리가 앞쪽에서 들려왔다. 이 소리를 들을 수 있었던 것은 뱀이 내 장화를 맞히지 못하고 몇 인치 벗어난 뒤 매우 당혹스런 일을 벌였기 때문이다. 뱀이 사라져버린 것이다. 큰삼각머리독사의 얼룩덜룩한 갈색은 매우 탁월한 위장 역할을 했다. 허리를 바닥으로 숙인 채 낙엽 층 속을 뒤지면서 부지런히 숲속을 똑바로 가로질러 가지 않았더라면 아마 그렇게 많은 살무사를 보지 못했을 것이며 눈썹살무사며 돼지코살무사며 보아뱀 등은 더더구나 보지 못했을 것이다. 숲을 가로지르는 횡단로에는 씨앗보다 뱀이 더 많은 것 같았다. 호세와 나는 뱀을 콕콕 찔러 길 밖으로 내몰거나 막대기로 뱀을 들어 올려 옆으로 살살 던지는 법을 터득해냈다. 이제 눈앞에서 사라져버린 성난 살무사가 발밑 어딘가에 있는 상황이 되고 보니 새로운 의문이 들었다. 그냥 가만히 서서 뱀이 또 다른 공격을 위해 재무장하지 말기를 바라는 게 최선의 방법일까? 아니면 달아나야 할까? 그렇다면 어느 방향으로 뛰어야 할까? 이러지도, 저러지도 못하고 망설이는 긴장의 한 순간이 지난 뒤 나는 과감하게 한 걸음을 내딛었고 이어서 또 한 걸음 내딛었다. 나의 씨앗 횡단 길은 곧 아무 사고 없이 재개되었다(물론 잠시 후에 길을 내면서 갈 때에는 뱀을 치우는 막대기를 더 긴 것으로 사용했다).

그림 1.2. 알멘드로 나무*Dipteryx panamensis* 열매에서 싹이 나는 모습.

과학 연구 과정에는 흥분과 발견의 순간만 있는 것이 아니라 단조로운 반복의 기나긴 시간이 함께하는 일이 많다. 한 시간이 훌쩍 지나고 나서야 더딘 탐색 여정에서 그날의 보상을 만났다. 앞쪽 길 저기에 커다란 알멘드로 나무의 싹이 나 있었다. 내가 맨 처음 이곳의 열대우림에 오게 된 계기가 바로 높이 자라는 이 나무의 매력적인 자연사 때문이었다. 북미와 유럽의 견과류 나무와는 아무 연관관계가 없음에도 이 나무의 이름을 "아몬드"라고 번역하기도 하는데(알멘드로almendro는 스페인어로 아몬드를 뜻한다_옮긴이) 열매 속에 지방이 많은 씨앗이 들어 있어서 그렇게 불린다. 나는 현장 답사 공책에 작은 식물의 크기와 위치를 기록한 뒤 좀 더 자세하게 살펴보기 위해 쭈그리고 앉았다.

연구실에서는 열매껍질을 그토록 열기 힘들었지만 여기서는 자라나는 싹의 압력에 의해 열매가 반으로 깔끔하게 벌어져 있었다. 짙은 색 줄기는 아치 모양으로 굽어져 흙 쪽을 향해 있고 줄기 위쪽에는 떡잎 두 개가 막 돋아나기 시작했다. 떡잎은 이 세상의 것 같지 않은 녹색을 띠며 부드러워 보였는데 그 사이로 막 보이기 시작하는 희미한 싹이 자라기까지 풍부한 영양분 역할을 한다. 어찌 됐든 이 작은 알갱이는 머리 위를 뒤덮은 울창한 숲의 저 높은 곳까지 닿을 수 있는 잠재력을 지녔고 그 첫걸음의 힘은 전적으로 씨앗의 에너지에서 나왔다. 내 시선이 닿는 곳곳에서 이와 똑같은 이야기가 반복되었다. 식물은 열대우림에 펼쳐진 거대한 다양성의 중심을 이루며 식물의 대다수가 이와 똑같은 방식, 즉 씨앗의 재주에 힘입어 시작된다.

알멘드로 나무의 경우는 씨앗에서 나무로 자라는 변화 과정이 특히 믿기 힘들 정도로 놀랍다. 성숙한 개체는 종종 키가 45미터 이상 자라고 나무 밑동이 가로 3미터나 된다. 수명도 길어서 수 세기 동안 산다. 강철처럼 단단한 나무 재질은 체인톱의 날을 무디게 하거나 부러뜨릴 정도이며 나무에 꽃이 피면 선명한 자주색 꽃이 나무 윗부분을 장식하며 꽃잎이 떨어져 바닥을 카펫처럼 뒤덮는다. (이 나무를 주제로 처음 프레젠테이션을 했을 때 변변한 꽃 사진이 없어서 찾아낼 수 있는 가장 비슷한 색깔로 설명했는데, 그때 비교 대상으로 삼은 것이 바로 마지 심슨의 가발이었다.) 알멘드로 나무는 열매가 아주 많이 열리기 때문에 원숭이에서 다람쥐, 그리고 멸종 위기에 놓인 큰초록마코앵무새에 이르기까지 모든 종의 영양 섭취에서 없어서는 안 되는 핵심 종으로 간주된다. 알멘드로 나무가 사라지면 숲의 생태계가 달라져 엄청난 변화의 물결을 몰고 올 것이며 심지어는 이 나무에 의존해 살아가는 종들의 국지적 멸종마저 초래할 것이다.

내가 알멘드로 나무를 연구하게 된 것은 콜롬비아 북부 지역에서 니카라과에 이르는 분포 지역 전역에서 목축과 농업을 위해 나무를 베어낼 뿐만 아니라 이 나무의 조밀한 고품질 목재를 찾는 수요가 증가함에 따라 이 나무가 점점 위기를 맞고 있기 때문이었다. 연구는 급속도로 개발되는 중미 시골 지역에서 알멘드로 나무의 생존을 다루는 데 초점을 맞추었다. 알멘드로 나무는 작은 숲을 형성한 채 앞으로도 살아남을 수 있을까? 꽃의 수분이 이루어지고 씨앗이 퍼지고 유전적으로 다음 세대가 이어질 수 있을까? 아니면 이제 초원이나 작은 숲에 그저 "산 송장"으로 고립된 채 장엄하게 서 있는 오래된 나무로 남게 될까? 이 거대한 나무가 번식에 성공하지 못하게 되면 숲의 다른 종과 어떤 복잡한 관계를 맺고 있었는지 서서히 드러나기 시작할 것이다.

물음에 대한 답은 씨앗 속에 있었다. 호세와 내가 씨앗을 충분히 찾을 수 있는 한 이 씨앗의 유전학이 나머지 이야기를 알려줄 것이다. 우리가 찾아낸 씨앗과 어린싹은 부모에 관한 단서를 DNA 속에 암호화된 상태로 간직하고 있다. 씨앗의 표본을 꼼꼼하게 챙긴 다음 성장한 알멘드로 나무와의 연관성 속에서 유전자 지도를 만듦으로써 어떤 나무가 번식하고 있는지, 씨앗이 어느 방향으로 나아가고 있는지, 숲이 조각조각 파편으로 남게 되면서 이러한 상황이 어떻게 변했는지 알아내기를 바랐다. 몇 년 동안이나 지속된 이 프로젝트 기간 동안 여섯 차례나 열대지방을 다녀오고 수천 개의 표본을 모았으며, 실험실에서 수많은 시간을 보내야 했다. 마침내 한 편의 논문과 몇 편의 학술지 기사를 썼고 아울러 알멘드로 나무의 미래에 관해 놀라울 정도로 희망이 가득한 소식을 전했다. 그러나 모든 표본을 분석하고 논문을 쓰고 학위를 받은 뒤에 가서야 뭔가 근본적인 것이 빠졌다는 것을 깨달았다. 씨앗이 어떻게 활동하는지 여전히 이해하지 못 했던 것이다.

몇 년이 흘렀고 그 사이 다른 연구 프로젝트들이 시작되었다가 끝났지만 이 의문은 여전히 이해하지 못한 상태였다. 정원사와 농부에서부터 어린이 동화책의 주인공들까지 모든 사람이 씨앗에서 싹이 튼다는 걸 믿지만 과연 그런 일은 어떻게 일어나는 것일까? 저 야무진 포장 안에서 새로운 식물을 키워내기 위한 불꽃을 기다리는 것은 무엇일까? 마침내 이러한 물음들의 밑바닥까지 내려가 보기로 결심하는 순간 마음속에는 알멘드로 열매에서 싹이 나오기 시작하는 모습이 떠올랐고 이 커다란 씨앗의 각 부분들이 마치 교과서에 나와 있는 그림처럼 선명하게 보였다. 싱싱한 씨앗을 찾기 위해 코스타리카까지 날아가는 것은 불가능했지만 씨앗이 크고 싹이 잘 나는 종이 알멘드로 나무만 있는 것은 아니었다. 실제로 거의 모든 야채가게나 과일 노점, 혹은 멕시칸 음식점에 가면 열대우림 나무의 커다란 씨앗을 최소한 한 가지 정도는 언제든지 충분하게 공급받을 수 있었다.

그림 1.3. 9,000년 전부터 멕시코와 중미에서 재배하기 시작한 아보카도는 오래전 이 그림에 나와 있는 아스텍 축제 시기 무렵부터 토속 음식으로 자리 잡고 있었다. 작자 미상(피렌체 사본, 16세기 말)

영화 〈오, 하느님!〉에서는 탁월한 캐스팅으로 조지 번스가 주인공을 맡았다. 전지전능한 하느님 번스에게 가장 큰 실수가 무엇이었는지 묻자 짐짓 진지한 표정을 지으며 즉각 대답을 내놓았다. "아보카도. 그 씨앗을 좀 작게 만들었어야 했어." 과카몰리(아보카도 열매를 으깬 다음 양파, 토마토, 고추 등을 섞어 만든 멕시코 요리_옮긴이)를 담당하는 부주방장이라면 분명 수긍하겠지만 전 세계 식물학 교사가 보기에 아보카도 씨앗은 완벽했다. 얇은 갈색 껍질 안에 씨앗의 모든 요소가 커다란 체계를 이루고 있었다. 발아 수업에서 앞자리에 앉고 싶은 사람은 누구든 깨끗한 아보카도 씨앗과 이쑤시개 세 개, 그리고 물 한 잔만 있으면 된다. 이 간단한 사실은 초기 농부들도 알고 있었는데 이들은 멕시코 남부와 과테말라의 열대우림에서 최소한 각기 다른 세 시기에 아보카도를 재배했다. 아스텍 족과 마야 족이 부흥하기 오래전부터 중미 사람들은 이미 아보카도의 부드러운 과육이 풍부하게 들어간 식사를 즐겼다. 나 역시 실험을 준비하면서 맛있는 샌드위치와 나초를 한 무더기 쌓아놓고는 아보카도를 즐겨 먹었다. 신선한 씨앗 열두 개와 이쑤시개 한 움큼을 들고 나는 작업을 시작하기 위해 라쿤 오두막으로 향했다.

과수원 안에 자리 잡고 있는 라쿤 오두막은 루핑과 조각 판자로 옆을 댄 낡은 헛간인데, 이전 거주자의 이름을 따서 라쿤 오두막이라고 불렀다. 예전에는 라쿤들이 이곳에서 사과 수확 철이면 떨어지는 사과를 마음껏 먹으면서 편안하게 살고 있었다. 하지만 우리 집에 아이가 태어나 갑자기 작은 집의 한정된 공간 밖에 연구실 공간을 찾아야 할 필요가 생기면서 그들에게 통보할 수밖에 없었다. 이제 오두막에는 전기가 들어오고 장작 난로와 수도꼭지, 그리고 선반 공간 등 아보카도를 살살 달래서 생명을 꽃피우도록 하는 데 필요한 모든 것을 갖추었다. 그러나 나는 발아 이상의 것을 원했고 뿌리가 나고 푸른 잎이 돋아날 것이라고 믿었다. 저 씨앗 안에 대체 무엇이 들어 있기에 그 모든 일이 벌어질 수 있는지, 그런 정교한 체계는 맨 처음 어떻게 진화되었는지 이해하고 싶었다. 다행히 나는 이야기를 들어볼 사람들을 알고 있었다.

캐럴 배스킨과 제리 배스킨은 1960년대 중반 식물학을 공부하기 위해 밴더빌트 대학 대학원 과정에 등록했고 처음 학교에 가던 날 만났다. "우리는 바로 사귀기 시작했어요." 캐럴이 말했다. 그러니 두 사람은 강의실에서 교수가 돌아다니면서 연구 주제를 할당할 때 나란히 붙어 앉아 있었다. 둘이 짝을 지었다. "아주 특별했지요. 우리가 함께 일한 건 그게 처음이었거든요." 그녀는 기억을 떠올렸다. 또한 그때는 두 사람이 마음을 바꾸어 평생의 연구 경력을 규정하게 될 주제를 택한 시기이기도 했다. 두 사람은 자신들의 연애가 우정 비슷한 관심을 바탕으로 하는 일반적인 것이었다고 주장하지만 그 연애를 통해 키워진 지적 협력관계는 결코 일반적인 것이 아니었다. 캐럴은 제리보다 일 년 먼저 박사학위를 받았지만 그 후로 서로 호흡을 맞추면서 씨앗에 관해 450편 이상의 과학 논문과 글, 책을 썼다. 아보카도 씨앗을 탐구하는 여정에서 안내자를 찾고자 한다면 지구상에서 그보다 적격인 사람을 찾지 못할 것이다.

"씨앗은 어린 식물체가 도시락과 함께 상자 안에 들어 있는 것이라고 학생들에게 이야기해요." 대화 첫 머리에 캐럴은 이렇게 말했다. 그녀는 느릿느릿한 남부 말투로, 어려운 개념을 피해 답이 자연스럽게 나올 수 있도록 알기 쉽게 설명했다. 학생들이 왜 그녀를 켄터키 대학 최고의 과학 교수로 꼽는지 이유를 쉽게 알 수 있었다. 나는 연구실에 있는 그녀와 전화로 통화했는데 그녀의 연구실은 창문 없는 방에 산더미 같은 논문과 책이 온통 바닥을 뒤덮고 심지어는 옆 방 실험실까지 넘쳐흐르는 그런 곳이었다. (제리는 최근까지 같은 학과에 있다가 은퇴했으며 필시 이 때문에 그의 책과 논문들을 집으로 가져가 주방 식탁에까지 쌓아놓은 모양이었다. "우리 둘이 식사할 정도의 빈 공간만 겨우 남아 있어요." 캐럴이 웃으며 말했다. "함께 살고 싶은 사람이 생기면 문제가 될 거예요.")

"상자 안에 들어 있는 아기"라는 비유를 통해 캐럴은 씨앗이 이동 가능하고 보호받으며 풍부한 영양분을 갖추었다는 본질을 정확하게 포착해냈다. "하지만 저는 씨앗 생물학자이니 한 단계 더 나가고 싶군요. 이 아기 중에는 도시락을 다 먹는 아기가 있는가 하면 일부분만 먹는 아기도 있고 아예 한 입도 먹지 않는 아기도 있어요." 이제 캐럴은 거의 오십 년 가까이 자신과 제리를 매혹시켰던 여러 가지 복잡성을 들여다볼 수 있도록 창문 하나를 내게 열어준 것이다. "당신이 관심을 갖고 있는 아보카도 씨앗은 도시락을 다 먹어요." 그녀는 다 알고 있는 듯이 이렇게 덧붙였다.

씨앗에는 세 가지 기본 요소가 들어 있다. 식물의 배아(아기), 씨껍질(상자), 모종의 영양분 조직(도시락)이 그것이다. 통상적으로 상자는 발아시기에 열리고, 배아는 뿌리를 내리고 첫 녹색 잎을 틔우는 동안 도시락을 먹지만 아기가 도시락을 미리 먹고 그 에너지를 모두 떡잎 또는 자엽이라고 일컫는 초기 단계의 하나 또는 그 이상의 잎에 모두 옮겨놓는 일 역시 흔하다. 땅콩, 호두, 콩에서 익숙하게 보았던 두 쪽이 바로 이 떡잎인데 씨앗의 대부분을 차지할 만큼 크다. 나는 이야기를 하는 동안 책상 위에 쌓인 더미 속에서 아보카도 씨앗 한 개를 끄집어내서 엄지손톱으로 껍질을 벌려 보았다. 그 안에서 캐럴이 의미하는 바를 볼 수 있었다. 열매처럼 생긴 엷은 색의 떡잎이 작은 덩어리를 둘러싸고 그 덩어리 안에는 막 자라난 뿌리와 순이 들어 있었다. 씨껍질은 그저 광택제 정도의 두께밖에 되지 않았으며 종이처럼 얇은 껍질은 벌써부터 갈색 조각들이 떨어져나간 곳이 있었다.

"제리와 저는 씨앗이 환경과 어떻게 상호작용하는지 연구해요." 캐럴이 말했다. "씨앗은 왜 그때가 되면 그 일을 하는지 연구하죠." 이어서 그녀는 아보카도의 전략이 다소 특이하다고 설명했다. 대다수 씨앗은 두꺼운 보호막 껍질을 이용하여 수분이 들어오지 못하도록 막기 때문에 바싹 마른 상태가 된다. 물이 없으므로 배아의 성장은 느려서 거의 정지 상태로 유지되는데 이렇게 더 이상 크지 못하도록 억제된 상태는 주변 환경이 발아에 알맞은 조건이 될 때까지 몇 달, 몇 년, 심지어는 몇 세기까지도 지속된다. "하지만 아보카도는 그렇지 않아요." 그녀가 주의를 주었다. "그 씨앗이 바싹 마르게 놔두면 죽어요." 캐럴의 이런 말투는 나의 아보카도

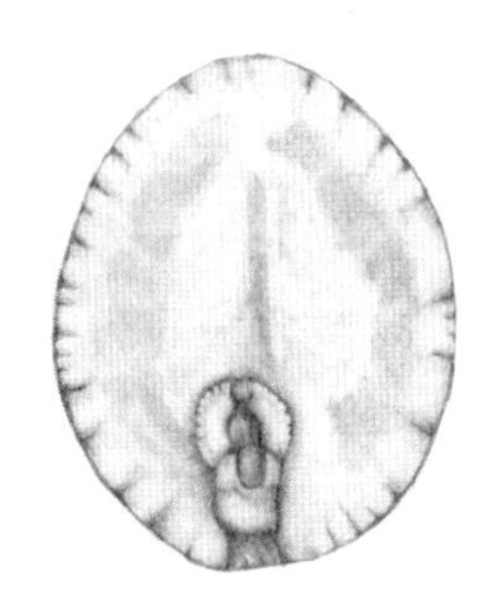

그림 1.4. 아보카도*Persea americana*. 종이처럼 얇은 아보카도 씨껍질 안에는 두 개의 커다란 떡잎이 뿌리와 싹으로 이루어진 작은 덩어리를 둘러싸고 있다. 아보카도는 열대우림에서 진화했으며 이곳에서는 어린 나무들이 짙은 그늘 아래서 싹을 틔우고 자리 잡기 위해 상당한 양의 씨앗 에너지를 필요로 한다.

씨앗이 살아있는 생물임을 일깨워주었다. 모든 씨앗이 그렇듯이 아보카도 씨앗은 그저 성장을 잠시 멈춘 채 장차 땅에서 뿌리를 뻗고 자랄 수 있는 적당한 장소, 적당한 시기를 기다리는 살아있는 식물이다.

아보카도 나무가 자라기에 적당한 장소는 씨앗이 결코 마르지 않고 사계절 내내 늘 싹을 틔우기 알맞은 곳이다. 아보카도 씨앗의 전략은 따뜻한 온도와 촉촉한 수분을 기반으로 하며 이는 열대우림에서 찾을 수 있는 조건이다. 그렇지 않다면 라쿤 오두막 실내의 물잔 위에 매달려 있을 때 가능한 조건이다. 긴 건조기나 추운 겨울을 견디고 살아남아야 할 필요가 없기 때문에 아보카도 씨앗은 아주 짧은 휴지기만 지나면 다시 성장을 시도할 수 있다. "아보카도 씨앗은 발아되는 데 필요한 시간 정도만 휴면기를 갖는 모양이에요." 캐럴이 설명했다. "그리 길 필요가 없지요."

나의 아보카도 씨앗에서 생명의 징후가 조금이라도 보이기 전까지 느리게 느껴졌던 몇 주 동안 이 점을 잊지 않으려고 애썼다. 아보카도 씨앗들은 늘 변치 않는 조용한 나의 동료로 자리 잡았다. 창문 아래 책장 선반 위에 갈색 덩어리들이 말없이 두 줄로 나란히 놓여 있었다. 나는 고급 수준의 식물학 학위를 갖고 있지만 집안 화초를 죽인 기나긴 이력을 갖고 있어서 화초에 두려움을 느끼고 있었다. 하지만 여느 훌륭한 과학자가 그렇듯이 나도 꼼꼼히 작성한 표에 숫자와 메모를 채우면서 데이터에서 위안을 찾았다. 씨앗은 아무 변화도 보이지 않았지만 내가 무게와 크기를 충실하게 확인하면서 모든 씨앗을 관리하는 동안 어떤 만족감 같은 것이 있었다.

그 일이 일어났을 때 나는 믿기지 않았다. 아무 움직임도 보이지 않던 29일의 시간이 지난 뒤 씨앗 3호의 무게가 늘었다. 다시 무게를 재보았지만 바로 직전에 측정했던 2.835그램의 숫자가 나와 있어 더할 나위 없이 기운이 솟았다. "대부분의 씨앗은 발아하기 직전에 수분을 흡수해요." 캐럴이 확인해주었고 기분 좋게도 이 과정은 수분 흡수라는 명칭으로 알려져 있다고 했다. 왜 그렇게 오랜 시간이 걸리는 경우가 많은가 하는 점은 논쟁의 주제가 되고 있다. 수분이 두꺼운 씨껍질을 뚫고 들어가거나 화학 억제제를 씻겨 없애야 하는 일도 있다. 아니면 보다 미묘한 이유가 있을 수도 있다. 식물이 성장하기 위해서는 지속적으로 촉촉한 상태가 유지되어야 하는데 금방 그치는 소나기를 촉촉한 상태라고 착각하지 않고 확실하게 구분하려는 씨앗의 전략 중 일부일 수도 있다. 이유야 어찌 됐든 아보카도들이 차례차례 이런 모습을 보이기 시작하자 나 자신에게 헌주를 바치고 싶은 심정이었다. 겉으로는 예전과 똑같아 보였지만 그 안에서는 분명 무슨 일이 진행되고 있었다.

"그 안에서 무슨 일이 벌어지는지 조금 알 뿐이지, 모든 걸 알지는 못해요." 캐럴이 털어놓았다. 씨앗이 수분 흡수를 시작할 때 이는 일련의 복잡한 연쇄 반응이 시작되는 것이고 이 과정을 통해 식물은 휴면기에서 깨어나 자기 생애에서 가장 폭발적인 성장기로 곧바로 진입한다. 전문적으로 엄밀히 말해서 발아란 수분 흡수 과정이 지나고 최초의 세포 체적 증대가 시작되기 직전 씨앗이 깨어나는 그 순간만을 지칭하지만 대다수 사람은 이 용어를 보다 넓게 사용한다. 정원사, 농업 전문가, 심지어는 사전 저자까지도 최초의 뿌리가 내리고 첫 번째 녹색 광합성 잎이 자라는 과정까지를 발아에 포함시킨다. 그런 의미에서 볼 때 씨앗에 저장된 영양분을 모두 다 소모할 때까지, 다시 말해서 독자적으로 영양분을 만들 수 있는 독립적인 어린싹으로 모든 영양분이 다 옮겨질 때까지 씨앗의 일은 끝난 게 아니다.

나의 아보카도는 갈 길이 한참 남았지만 그래도 며칠이 지나자 씨앗이 갈라지기 시작했고, 안에 있는 뿌리가 팽창하면서 갈색 씨앗이 점점 더 반으로 갈라졌다. 배아 안에 들어 있는 작은 덩어리에서 최초의 뿌리가 놀라운 속도로 자라기 시작했다. 엷은 색의 물체가 뭔가를 찾듯 차츰 아래쪽으로 내려갔고 몇 시간 만에 길이가 세 배로 자랐다. 녹색 잎의 징후가 보이기 오래전부터 모든 씨앗이 건강한 뿌리를 물잔 바닥 쪽으로 자랑스럽게 뻗어 내렸다. 이것은 우연이 아니었다. 발아의 다른 세부 사항은 달라질 수 있지만 수분의 중요성은 어디에서나 변함이 없으며 어린싹은 안정적인 수분 공급을 확보하는 데 최우선 순위를 둔다. 실제로 씨앗은 뿌리 생장에 필요한 모든 것을 사전에 다 갖추고 있다. 뿌리 생장을 위해 세포를 새로 만들 필요조차 없는 것이다. 믿기 힘든 이야기처럼 들리겠지만 이는 광대들의 풍선 쇼와 비슷하다.

싱싱한 아보카도 뿌리의 옆면을 긁어 보면 멋진 샐러드 위에 돌돌 말려 있는 얇은 무 비슷한 것이 나온다. 이 중 하나를 현미경 아래 놓은 나는 깊은 안도를 느끼며 길게 늘어선 뿌리 세포를 보았다. 길고 좁은 관 모양으로 되어 있으며 광대가 동물 모양을 만들 때 사용하는 긴 풍선처럼 생겼다. 또한 광대가 그러듯이 씨앗 안에 있는 초기 단계의 뿌리도 파티에 갈 때 풍선에 공기를 빵빵하게 채워 가지 않는다는 것을 알고 있다. 광대의 주머니가 아무리 커도 빵빵하게 부푼 풍선을 다 담을 수는 없기 때문이다. 반면 홀쭉한 풍선은 공간을 차지하지 않고 언제 어디서든 필요할 때 공기(또는 물)로 채울 수 있다.

홀쭉한 풍선과 빵빵한 풍선의 차이는 실제로 매우 놀랍다. 우리 동네 장난감 상점에서 파는 "쉴링 애니멀 리필스" 풍선 보통 포장 단위 한 개 안에는 녹색 네 개, 빨강 네 개, 흰색 다섯 개, 그리고 파랑색과 핑크색과 오렌지색 풍선이 골고루 섞여 모두 스물네 개의 풍선이 들어 있다. 바람을 넣지 않은 홀쭉한 풍선 스물네 개는 오목한 내 손바닥에도 쉽게 다 들어간다. 형형색색의 고무풍선 한 묶음은 7.5센티미터도 되지 않는다. 풍선을 불기 시작한 나는 유능한 광대들이 왜 헬륨 탱크나 휴대용 공기 압축기를 갖고 다니는지 곧바로 이해되었다. 45분 정도 지나 마지막 풍선을 묶었을 때에는 머리가 어질어질하고 거친 숨을 쌕쌕 몰아쉬면서 알록달록한 색깔들 속에 파묻혀 앉아 있었다. 이제 풍선은 끽끽거리는 소리를 내면서 통제 불능 상태의 무더기를 이루었고 이 더미는 길이 1미터 25센티미터, 가로 60센티미터, 높이 30센티미터나 되었다. 풍선을 길게 한 줄로 이으면 내 책상을 넘어서 문밖으로 나가 과수원과 대문을 지난 뒤 도로까지 뻗어갈 것이며 길이는 29미터가 될 것이다. 부피는 1천 배가 증가했고 홀쭉한 풍선이었을 때보다 길이가 375배나 긴 가느다란 관을 형성할 수 있었다. 이 모든 것이 공기를 불어넣는 것만으로도 가능했다. 씨앗에 물을 주면 뿌리 세포가 사실상 이와 똑같은 방식으로 활동하면서 점점 더 길게 뻗어갈 것이다. 이 과정은 몇 시간 동안 지속되기도 하고 심지어는 며칠 동안 지속되기도 한다. 뿌리 끝 부분의 세포들이 분열하여 새로운 세포를 만들어내기 이전에도 이미 엄청나게 폭발적인 성장을 이룬 것이다.

물을 찾는 일이 식물의 최우선 순위라는 사실이 충분히 납득될 것이다. 물이 없다면 성장이 멎고 광합성이 잘 되지 않으며 흙 속에 있는 영양분도 꺼내올 수 없다. 하지만 씨앗이 이런 식으로 성장을 시작하는 데는 보다 미묘한 이유가 있을 수 있으며 이런 사례를 커피만큼 잘 보여주는 것도 없을 것이다. 일찍 일어나는 유아를 둔 사람이라면 모두 알겠지만 커피콩에는 강력한 효능을 지닌 매우 반가운 카페인이 엄청 많이 들어 있다. 하지만 카페인이 피곤한 포유류에게 자극제가 될지는 몰라도 세포 분열에는 방해가 되는 것으로 알려져 있다. 실제로 카페인은 세포 분열 과정을 완전히 멈추게 하며, 자주달개비에서 햄스터에 이르기까지 모든 생물의 성장을 조작하는 데 카페인을 사용할 만큼 매우 효과적인 수단이 된다. 커피콩 안에 있을 때에는 이러한 특징이 휴면기를 유지하는 데 놀라운 일을 해내지만 드디어 발아할 때가 오면 이와는 다른 문제를 낳는다. 이에 대한 해법은 무엇일까? 싹이 날 때가 된 커피 씨앗은 흡수한 물을 뿌리와 새순 쪽으로 이동시켜 이것들을 재빨리 팽창시킴으로써 뿌리와 새순의 생장점이 안전한 지점까지 멀리 뻗어나가 콩 안에 들어 있는 카페인의 성장 억제 효과가 미치지 못하도록 한다.

아보카도 씨앗은 해충을 쫓기 위한 몇 가지 약한 독소를 지니고 있지만 일단 게임이 시작되면 진행 속도를 늦출 요소는 갖고 있지 않다. 며칠 동안 뿌리가 자라고 뻗어 나가는 것을 지켜보자 마침내 씨앗 윗부분의 벌어진 틈 사이로 작은 순이 솟으면서 첫 번째 초록 잎이 나왔다. "다음 국면은 정확히 말해서 떡잎에 있던 에너지의 대량 이동 국면이라고 할 수 있어요." 캐럴이 내게 말했고, 이전까지 씨앗의 "도시락"이었던 떡잎이 이제 식물을 위로 자라게 하기 위한 성장의 연료가 될 것이라고 설명했다. 몇 주일 만에 나는 씨앗을 돌보는 사람에서 묘목을 돌보는 사람으로 입장이 바뀌었고, 어린식물이라 할 수 있는 이 묘목은 지난 몇 달 동안 보살폈던 씨앗과는 닮은 구석이 거의 없었다. 한 아이의 부모이기도 한 나는 어린 노아가 자라는 과정에서 이미 목격한 바 있는 많은 변화가 떠올랐고, 예전에 캐럴이 했던 말이 불현듯 생각났다. 캐럴과 제리는 학문의 길에 들어서던 초기에 자신들이 너무 바빠 아이를 가질 수 없다고 판단했다. 이제 나는 씨앗을 연구하면서 그들이 비록 아이를 키우지는 않았지만 그럼에도 아기의 변화무쌍한 삶에 자신들을 바쳤다는 것을 깨달았다.

수십 년에 걸친 배스킨 부부의 연구 활동은 발아하는 씨앗 내부에서 무슨 일이 벌어지는지에 대해 우리가 알아야 할 게 많다는 것을 여실히 보여주었다. 2천 년 전 "식물학의 아버지" 테오프라스토스가 제기한 물음들이 여전히 과학자들의 답을 기다리고 있다. 아리스토텔레스의 제자이자 계승자인 테오프라스토스는 리시움(고대 그리스 시대에 아리스토텔레스가 철학을 가르치던 학교. 플라톤의 아카데미아와 더불어 당시 학문의 본산으로서의 역할을 했다_옮긴이)에서 식물에 관한 철저한 연구를 이끌었고 수 세기에 걸쳐 최고의 책으로 내려오는 많은 책을 냈다. 병아리콩에서 유향에 이르기까지 모든 식물을 연구 대상으로 삼아, "씨앗 그 자체로 있을 때, 땅 속에 있을 때, 대기 중에 있을 때, 파종기가 되었을 때" 나타나는 각기 다른 차이점뿐만 아니라 씨앗의 수명에 관해서도 의문을 품으면서 발아 과정을 매우 상세하게 설명했다. 그 후 오랫동안 연구자들은 휴면기, 깨어나는 시기, 성장기를 각각 관할하는 과정들의 많은 부분을 밝혀냈다. 발아하는 씨앗이 수분을 흡수하고 세포 체적 증대를 통해 뿌리나 순, 또는 이 두 가지 모두를 팽창시킨다는 사실이 확립되었다. 이 단계 이후에는 예비 식량 속의 에너지를 이용하는 급속한 세포 분열이 이어진다. 그러나 이러한 과정들을 촉발시키고 조절해 나가는 계기가 정확히 무엇인지에 대해서는 여전히 신비의 베일이 드리워져 있다.

발아의 화학 과정만 보더라도 휴면기의 물질대사가 다시 살아나서 호르몬과 효소, 그 밖의 저장 식량을 식물 구성 성분으로 변화시키는 데 필요한 여러 화합물로 만들어내는 동안 엄청나게 많은 반응이 개입된다. 아보카도의 경우에는 전분과 단백질에서부터 지방이 많은 기름과 순수 설탕에 이르기까지 모든 것이 저장 식량 속에 들어 있다. 모든 것이 풍족하게 들어 있어서 묘목장에서는 묘목 단계를 훌쩍 넘긴 이후까지도 굳이 비료를 신경 쓸 필요가 없을 정도다. 묘목들을 화분에 옮겨 심던 나는 줄기 밑동에 여전히 떡잎이 두 손을 높이 든 것 같은 모습으로 매달려 있는 것을 보았다. 뿌리가 내리고 잎이 자란 뒤 몇 달, 심지어는 몇 년이 지나도록 어린 아보카도 나무는 엄마가 싸준 도시락에서 에너지를 조금씩 아껴가며 빼먹을 수 있다. 아보카도가 자손에게 그렇게 넉넉하게 도시락을 싸주는 것도 결코 우연은 아니다. 알멘드로와 마찬가지로 아보카도 역시 열대우림의 짙은 그늘에서 싹을 틔우도록 진화되었고, 빛이 잘 들지 않는 그곳에서는 풍족한 예비 식량이 어린 나무에게 확실한 이점이 된다. 만일 아주 손쉽게 햇빛을 온전하게 받을 수 있는 사막이나 고지대 목초지에서 태어난 나무들(그리고 그 씨앗들)이라면 이야기가 전혀 달랐을 것이다.

씨앗은 지구상에 있는 서식지들의 미묘한 차이에 맞게 모양과 크기를 달리 하는 등 믿을 수 없을 만큼 다양한 전략을 구사한다. 이 때문에 책을 쓰고 싶은 매력적인 주제로 여겨지는가 하면 식물의 어느 부분을 씨앗으로 보아야 하는가를 둘러싸고 좀처럼 의견 일치를 보기 힘든 이유가 되기도 한다. 순수주의자들은 씨껍질과 그 안의 내용물만을 씨앗에 포함시킨다. 껍질 밖에 있는 것들은 모두 과육이 되는 것이다. 하지만 현실적으로 씨앗은 보호 기능이나 그 밖의 씨앗이 행하는 비슷한 기능을 위해 과육 조직을 이용하는 경우도 많으며, 구조가 서로 얽혀 있어 구분이 힘들거나 불가능한 경우도 있다. 심지어는 전문 식물학자들조차 직관적인 정의에 기대어, 어린 식물체를 둘러싸고 있는 단단한 조직을 씨앗이라고 보기도 한다. 이보다 더 단순한 정의도 있다. 농부가 수확하기 위해 뿌리는 것을 씨앗이라고 보는 것이다. 이런 기능적인 접근 방식에서는 모든 식물 조직의 역할에 관해 전문적으로 따지는 자질구레한 것들을 도외시한 채 수박씨나 옥수수 알을 잣과 동급에 놓는다. 이러한 접근 방식이 이 책에는 적합하지만 씨앗의 내용물들이 정말 이상할 정도로 서로 얼마나 다른가를 지적하지 않는다면 이 역시 결코 적합한 방식이라 할 수 없다.

현실에서 진화의 산물은 매우 조화롭게 기능하기 때문에 톱니와 톱니바퀴들이 특정 구역에 알맞게 맞아 들어가면서 기능을 수행하는 거대한 조립 라인처럼 제반 과정이 척척 진행될 것이라고 상상하기 쉽다. 그러나 〈정크야드 워스Junkyard Wars〉나 〈맥가이버MacGyver〉, 루브 골드버그 장치(미국의 만화가 루브 골드버그가 고안한 것으로, 연쇄반응에 기반을 둔 기계장치이다. 생김새나 작동원리는 아주 복잡하고 거창한데 하는 일은 아주 단순한 기계를 일컫기도 하며 세상을 너무도 복잡하게 살아가는 인간에 대한 풍자이기도 하다_옮긴이)의 팬이라면 누구나 알듯이 흔한 물체도 상상력을 다시 발휘하여 다른 목적에 맞게 사용할 수 있고, 비상시에는 거의 모든 것이 효과적으로 쓰일 수 있다. 자연선택이 그야말로 쉼 없이 시행착오를 거쳐 왔다고 하므로 아마도 모든 유형의 적응방식이 가능했을 것이다. 도시락과 함께 상자 안에 아기를 넣어놓은 방식이 씨앗이지만 식물은 이런 역할을 해낼 수 있는 다른 수많은 방식도 생각해냈다. 말하자면 교향악단에 비유할 수 있다. 대체로 바이올린이 멜로디를 이끌어가지만 바순도 있고 오보에, 차임도 있으며 그 밖에도 선율을 완벽하게 전할 수 있는 스물네 가지 악기가 있다. 말러는 프렌치 호른을 좋아했고, 모차르트는 플루트를 위한 곡을 종종 썼으며 베토벤의 5번 교향곡에서는 그 유명한 빠빠빠 밤!의 우렁찬 소리를 내기 위해 케틀드럼을 등장시키기도 한다.

큼직한 떡잎을 두 개 지닌 아보카도는 일반적인 유형의 씨앗이라고 할 수 있는데 풀, 백합, 그 밖에 우리가 잘 아는 식물 대다수의 경우 떡잎이 단 한 개인 것도 있고 소나무처럼 스물네 개나 되는 떡잎을 자랑하는 것도 있다. 도시락 면에서 볼 때 대다수 씨앗은 수분 작용으로 생기는, 영양분 많은 산물을 이용하는데 이를 배젖이라고 한다. 그러나 외배젖(유카, 커피), 배축(브라질 호두), 또는 침엽수들이 선호하는 자성 배우체를 비롯한 기타 여러 조직들도 같은 역할을 한다. 난초 씨앗에는 도시락이 없으며 흙 속에 있는 균류로부터 필요한 영양분을 조금씩 빼먹는다. 씨껍질은 아보카도가 그렇듯이 종잇장처럼 얇은 것도 있고 호박이나 박 안에 들어 있는 씨앗처럼 껍질이 두툼하고 단단한 것도 있다. 이와 달리 겨우살이들은 끈적거리는 점액질이 씨껍질을 대신하는 반면 주변을 둘러싼 과육의 단단한 층을 껍질로 이용하는 씨앗들도 많다. 심지어는 상자 안에 들어 있는 아기의 개수 등 매우 기본적인 사항까지 차이를 보이며, 리스본 레몬이나 백년초 등과 같은 종들은 때로 하나의 씨앗 안에 여러 개의 배아를 갖고 있기도 한다.

씨앗 유형의 차이는 식물 왕국의 주요 분류 기준이 되는데 이에 대해서는 나중에 다룰 것이며 아울러 주석에서도 설명할 것이다. 하지만 이 책의 대부분은 어린 식물체의 보호, 확산, 영양 공급이라는 공동 목표에서 씨앗을 한데 묶는 공통 특징에 초점을 맞출 것이다. 이 중에서 영양 공급의 문제는 다른 어떤 것보다 직관적으로 이해할 수 있다. 모두들 알다시피 씨앗 속에 들어 있는 식량을 어린 식물체가 먹는 경우보다는 다른 것들이 먹어치우는 경우가 많기 때문이다.

호세와 내가 작업을 했던 코스타리카 숲에서 우리는 점심 휴식을 가질 때쯤이면 가장 가까운 알멘드로 나무를 찾아갔다. 나무 밑동의 거대한 뿌리 지지대들이 등을 기대고 쉴 수 있는 좋은 장소를 제공할 뿐만 아니라 나무 윗부분이 넓게 우거져 있어서 햇빛과 비를 피할 수 있는 쉼터가 되었다. 다른 한편 알멘드로 나무는 주변에서 야생 동물을 볼 수 있는 최적의 장소이기도 하다. 나무 위에서 앵무새들이 열매를 따먹고 버린 씨앗이나 갖가지 큰 설치류들이 갉아먹고 버린 오래된 씨앗의 단단한 껍질들이 나무 아래 바닥에 황폐하게 어질러져 있었다. 페커리의 경우는 씨앗을 쪼개기 위한 틈을 벌리려고 이빨로 씨앗을 따닥따닥 깨물면서 오기 때문에 이들이 가까이 오는 소리를 들을 수 있다. 마치 당구공이 부딪힐 때 나는 소리 같다.

날 것 상태의 알멘드로 열매를 먹어보면 언제나 특별한 맛 없이 파슬거리는 느낌이 난다. 그러나 일전에 엘리자와 내가 프라이팬에 하나 가득 볶아서 먹어 보니 향긋한 열매 냄새가 온 집안을 가득 채웠고 맛도 생각보다 괜찮았다. 선발 육종을 통해 껍질을 좀 더 쉽게 깔 수 있는 품종이 나오면서 알멘드로도 호두나 개암과 함께 우리의 식품 저장실에 한 자리를 차지하게 되었다. 요컨대 이런 종류의 실험은 정확히 말해 견과류, 콩류, 곡류, 그 밖의 수많은 씨앗들을 전 세계 식량 저장소로 가져오기 위한 과정이다. 어린 식물체의 식량을 훔쳐 먹는 점에 관한 한 호모 사피엔스보다 혁혁한 업적을 이룬 동물은 없으며 인간 식량에서 씨앗의 중요성은 아무리 강조해도 지나치지 않다. 우리는 씨앗을 심고, 보살피고, 모든 땅에서 씨앗을 생산함으로써 어느 곳을 가든 씨앗을 확보한다. 캐럴 배스킨은 이렇게 말했다. "씨앗이 왜 중요한지 사람들이 묻는다면 저는 이렇게 물을 거예요. '아침에 뭘 드셨나요?'" 아마도 음식은 풀밭에서 시작되었을 가능성이 크다.

제2장

생명의 지주

하나님이 말씀하시기를,
내가 온 땅 위에 있는 씨 맺는 모든 채소와
씨 있는 열매를 맺는
모든 나무를 너희에게 준다.
이것들이 너희의 먹거리가 될 것이다.

창세기 1장 29절

사우스다코타 주에 있는 러시모어 산은 네 명의 미국 대통령 얼굴이 새겨진 거대한 화강암 정상을 자랑한다. 영국의 산비탈에는 백악질 암석을 파서 거대한 거인이나 달리는 말의 형상을 새겨 놓은 선사시대 조각들이 이따금 발견된다. 중국 다주大竹 현의 조각 언덕은 화려한 불교 조각 수천 개를 품고 있는가 하면 페루의 나스카 주에는 하늘에서도 보일 만큼 커다란 원숭이, 거미, 콘도르, 우아한 나선 등의 형상이 넓게 펼쳐져 있다. 아이다호 주의 언덕들은 일종의 눈썹 같은 것을 지니고 있다. 거인이나 대통령이 새겨져 있는 암석만큼 웅장한 이야기로 들리지는 않겠지만 아이다호의 눈썹은 그 어느 곳에서도 찾아보기 힘든 희귀한 자연 특징에 속한다.

나는 그중 한 눈썹 구역 한복판에 눈을 감고 서서 구획용 틀을 손에 든 채로 한 바퀴 빙 돌면서 이 틀을 던졌다. 틀은 휙 소리와 함께 가파른 비탈에 내려앉았다. 멸종 위기에 놓인 생태계 펄루스 초원에서 임의로 선

그림 2.1. 둔덕들이 굽이굽이 펼쳐진 펄루스의 언덕 지대는 세계에서 가장 풍요로운 곡물 생산 지대 한복판에 군데군데 야생 초원을 형성해 놓았다.

택된 929제곱센티미터의 땅이 직사각형 플라스틱 틀 안에 들어가 있었다. 나는 그 옆에 무릎 꿇고 앉아 공책을 펼쳐 들고는 식물 수를 세기 시작했다. 그 작은 면적의 땅에 스무 종 가까이 되는 여러 식물들이 꽉 들어차 있었고 이들을 확인해 가는 동안 순식간에 공책 한 페이지가 다 찼다. 물망초, 붓꽃, 카스틸레야, 과꽃 등이 보였지만 무엇보다도 그곳에는 풀들이 있었다. 촘촘하게 자라 있는 김의털과 부드러운 왕포아풀의 초록 다발들이 바람에 흔들리고 있었다. 굳이 식물학 학위가 없더라도 자연적으로 형성된 이 초원이 풀이 자라기에 좋은 장소라는 걸 충분히 알 수 있었다. 이 점이 초원의 영광과 몰락을 동시에 가져다준 요인인데, 그 이유는 풀 재배만큼 인간 활동에 중요한 의미를 지니는 것은 없기 때문이다.

그 증거들이 눈썹 구역 가장자리 너머까지 주위에 온통 널려 있었고 이것저것 여러 종류의 초원 식물들이 그곳 가장자리 너머부터는 사라지고 대신 초록의 경작지가 수평선까지 펼쳐져 있었다. 경작지에도 풀이 있었다. 이 풀은 밀속屬에 속하는 기다란 중동종種으로, 우리는 흔히 밀이라는 이름으로 알고 있다. 세계 어디든 사람들의 발길이 닿는 곳에는 밀이 전해졌으며, 이제는 기본 작물로 자리 잡아 세계적으로 재배 면적이 프랑스, 독일, 스페인, 폴란드, 이탈리아, 그리스를 모두 합친 것보다도 더 넓다. 아이다호 주 북부 지방과 인접 워싱턴 주에 도착한 유럽의 정착민들은 이곳의 잠재력을 곧바로 깨달았다. 바람에 날려 온 오래된 퇴적물이 쌓여 둔덕들이 굽이굽이 펼쳐지는 펄루스의 언덕 지대는 곡물이 자라기에 이상적인 표토를 지니고 있으며 관개가 필요 없는 천연의 초원이었다. 곧 쟁기와 초원이 만나고 이 지역은 한 세대가 지나기도 전에 최고의 밀 생산지로 변모했다. 경작이 힘들어 군데군데 원래 상태 그대로 보존된 조각 땅들이 가파른 비탈면 테두리 바로 아래에 길게 이어져 있다. 멀리서 보면 가늘고 짙은 선이 각 언덕의 둥그스름한 정상에 테두리를 두른 것처럼 보이며, 풀이 무성한 "눈썹"을 번쩍 쳐들어 놀란 표정을 짓는 것 같다.

나의 식물 조사 활동 덕분에 곤충학자, 토양 및 벌레 전문가, 사회과학자 등 여러 학문 분야의 전문가가 함께 모인 팀의 식물학적 토대가 마련되었다. 이 프로젝트는 마지막 남은 펄루스 초원을 보다 잘 이해하고 보호하며, 지역 공동체 내에서 대중적 관심을 높이기 위한, 다시 말해서 풀이 자라는 지역에서 풀에 대한 자긍심을 높이기 위한 목적으로 진행되었다. 나로서는 김의털, 브롬그래스, 야생 귀리, 치트그래스, 블루그래스를 알아볼 수 있는 집중 훈련 기간이 되었다. 눈썹 구역에서 한 시간을 보내고 나면 그보다 훨씬 많은 시간을 현미경 앞에서 보내야 했으며, 풀잎의 미묘한 차이, 꽃의 각 부위들과 씨앗을 장식한 여러 가지 털과 이랑과 주름을 기준으로 각기 다른 종을 알아보는 법을 배웠다. 펄루스 초원에서의 연구 활동은 내게 풀의 다양성에 대해 가르쳐주었고, 다른 한편으로 풀, 특히 풀의 씨앗이 인간 사회를 어떻게 형성해 왔는가 하는 점에 대해 매우 강렬한 인상을 심어주기도 했다.

관광객의 입장에서 농장 위로 우뚝 솟은 곡물 엘리베이터는 펄루스의 대표적인 사진 촬영지 중 한 곳이며 지역 주민들에게는 품질 좋은 작물의 씨앗들이 가득 들어 있는 모습으로, 또는 곤궁한 시기에는 텅 빈 모습으로 과거를 떠올리게 하는 경제의 상징이 되고 있다. 가을 수확기 동안 학교 출석률이 떨어지고 중심가의 은행들은 시간, 기온, 그리고 곡물의 현물 가격 예상가를 번갈아가며 표시한다. 중국 중부지역에서 아르헨티나 팜파스, 나일 강 중류 강변의 관개농지에 이르기까지 밀 재배 지방 어디에서나 이런 이야기들이 다양하게 펼쳐진다. 게다가 풀 작물 중에서 오로지 밀 한 가지만 영향력이 큰 것도 아니다. 옥수수, 귀리, 보리, 호밀, 기장, 수수도 풀에 속하며 수천 년 동안 아시아 밥상의 기본으로 내려온 쌀은 더 말할 나위도 없다. 일본, 태국, 중국의 몇몇 지역에서는 쌀을 뜻하는 해당 지역어가 "식사" "허기" 또는 단순하게 "식량"이라는 이중의 의미를 함께 지니기도 한다. 모두 합쳐 보면 곡물은 인간 식단에서 칼로리의 절반 이상을 제공하며 경작지 면에서는 70퍼센트 이상을 차지한다. 농업 분야 상위 다섯 가지 품목 중 세 가지가 곡물이며 가축용 소, 가금류, 돼지, 심지어는 양식 새우와 연어 사료에서도 큰 비중을 차지한다. 예루살렘에서 기근을 예언했던 에스겔은 하느님이 "빵의 지주를 부러뜨릴" 것이라고 말했다. 17세기경 "생명의 지주"라는 구절은 모든 곡물, 혹은 곡물로 만든 빵을 의미하는 것으로 사용되었다. 21세기에도 달라진 것은 거의 없다. 풀 씨앗이 여전히 세계를 먹여 살리고 있다.

풀과 인간 사이에 강한 유대 관계가 생기기 시작한 것은 채집생활자들이 주변의 많은 야생종 중에서 주요 작물을 선택하여 인위적으로 관리하기 시작했던 농업의 근원으로까지 거슬러 올라간다. 비옥한 초승달 지대(나일 강과 티그리스 강과 페르시아 만을 연결하는 고대 농업 지대_옮긴이)(1만 년 전)의 보리와 밀과 호밀, 중국(8천 년 전)의 쌀, 남미와 북미 대륙(5천 년에서 8천 년 전)의 옥수수, 아프리카(4천 년에서 7천 년 전)의 수수와 기장 등 곡물은 사실상 거의 모든 초기 문명의 토대로서 뚜렷하게 두각을 나타냈다. 인간이 곡물(그리고 다른 씨앗들)에 의존하기 시작한 시기가 훨씬 이전까지 거슬러 올라간다고 여기는 사람들도 있지만 시작 시점이 언제인가와 관계없이 풀의 습성은 씨앗이 지닌 특정한 성질에 의존한다. 아보카도 씨앗의 경우에는 그늘에서 안정적으로 천천히 성장할 수 있도록 지방이 많은 떡잎이 에너지를 제공하지만 이와 달리 풀 씨앗의 경우는 빠른 성장이 성공의 관건이 되는 평야에서 살아가도록 진화되었다. 풀 씨앗은 작고 많이 열리며 왕성하게 싹이 나는데, 이런 성질 덕분에 트인 지대면 아무리 작은 조각 땅에서도 이상적인 식량 작물과 지배 종으로 자리 잡을 수 있었다. 아보카도와 달리 풀 씨앗이 자라는 걸 관찰할 때에는 이쑤시개나 물잔 같은 것을 동원할 필요가 없다. 1월에 내리는 비와 장작더미만 있어도 관찰 작업을 아주 잘해낼 수 있다.

사람에게는 취미 생활이 필요하다. 하지만 생물학자의 경우 본업과 휴일 활동이 겹치는 우려가 종종 있다. 새를 관찰하고, 벌을 잡고, 식물을 관찰하기 위해 바깥으로 나간다면 이를 휴일 활동으로 봐야 하나? 나는 한 재즈 밴드에서 베이스를 연주하지만 내 여가 시간을 관찰해본 사람이라면 다른 어떤 것보다 큰 비중을 차지하는 한 가지를 발견할 것이다. 바로 장작이다. 우리가 사는 집은 1910년도에 지어진 농가인데, 예전에 이 농가를 톱으로 잘라 평상형 트럭에 실은 뒤 시골길을 8킬로미터 달려 현재 장소로 옮겨왔다. 그런 다음 다시 이어 붙였더니 멋진 집이 되었다. 하지만 외풍이 너무 심한 구조라서 유리 섬유 솜을 아무리 덧대어도 단열이 제대로 되지 않았다. 그 때문에 매년 요리와 난방용 장작을 14.5세제곱미터 분량이나 마련하느라 나무를 자르고 쪼개고 쌓아야 하며, 내가 이 일에서 손 놓고 있는 날을 보기 힘들 정도다.

나는 이 땔감을 찾아내느라 성실하게 나무를 모으러 다녔다. 폭풍이 치고 난 다음이면 매번 길가에 떨어진 나무들을 긁어모으러 나갔고 어디 남는 목재가 없는지 정보를 얻기 위해 이웃과 지인들을 성가시게 했다. 뭐든 감수할 용의가 있었기 때문에 한 친구네 마당에 어지럽게 버려져 있던 오래된 마드로나 통나무를 치우기 위해 도와주러 갔을 때는 너무 기뻤다. 헤더heather 과에 속하는 마드로나 나무는 커다란 철쭉처럼 생겼으며 구불구불한 줄기와 가지가 아름다운 붉은 껍질로 덮여 있다.

막 일을 시작하려는데 이 마드로나 나무가 온통 초록색을 띠고 있는 것을 보고 이상하다는 생각이 들었다. 자세히 살펴보니 곧 이유를 알 것 같았다. 통나무 주변에 기다란 풀들이 자라는 상태로 일 년 넘게 바깥에 방치되다 보니 통나무와 가지의 갈라진 틈바구니나 균열 사이사이마다 씨앗이 들어가 있었던 것이다. 그리고 이제 그 씨앗들에서 싹이 나오기 시작하고 있었다. 최근에 내린 비로 씨앗이 불었고 작은 낟알 하나하나마다 가장 순수한 초록의 싹이 올라와 나무 표면이 온통 보송보송하게 풀로 덮인 것 같았다. 장작 모티브를 이용하여 치아펫(치아시드의 싹을 틔우도록 만든 테라코타 인형으로, 동물이나 사람 모형에서 싹을 틔우면 마치 머리카락이나 털이 보슬보슬하게 자란 것처럼 보인다_옮긴이) 용기를 만들었다면 분명 이런 모습이 되었을 것이다.

작은 풀 하나를 당겨 보니 얇고 옆으로 벌어진 씨앗의 남은 부분에 겉껍질이 아주 미미하게 붙어 있는 것을 알 수 있었고 초록 순의 밑 부분이 옅은 색으로 변해 있었다. 풀의 경우는 지방이 많은 떡잎에 투자하기보다는 자손에게 소박한 도시락만 남겨 주고 그 대신 번식성에 기댄다. 몇몇은 뿌리를 내릴 곳을 찾아내겠지 하는 희망으로 한 무더기의 씨앗을 널리 퍼뜨리는 것이다. 잘 가꾼 아보카도 나무는 한 개의 씨앗이 들어 있는 열매를 매년 150개 정도 생산하는 반면 최근 우리 집 진입로에 자란 고개숙인 풀 중 가장 가닥 수가 적은 풀의 씨앗을 세어보니 965개였다. 풀 씨앗에 저장된 식량은 어린 식물체가 빠른 성장을 하는 데 충분한 만큼의 에너지는 제공하지만 그늘에서 오랫동안 살아가도록 지켜주지는 못한다. 대신 어린 풀은 툭 트여 있는 땅에 의지한다. 이 풀들은 흙을 더 좋아하지만 포장도로나 하수구 심지어는 오래된 트럭의 발판에서도 싹을 틔운다. 모래나 진흙 평지에서 자라는 풀도 있고 자갈이 이리저리 움직이는 강기슭에서 순식간에 자라 군집을 이루는 풀도 있다. 암벽에 작은 틈바구니나 금이 있으면 암벽 등반가든 식물이든 모두 매달리고 싶어 해서 이런 곳에도 초록 풀 다발이 새로 자라나는데 모든 지역의 암벽 등반가들은 이런 풀 다발을 볼 때마다 늘 "잡초 뽑기"를 하고 싶은 욕구가 일어난다.

흔히 생각하는 믿음과 달리 풀이 자라는 모습을 관찰하다 보면 실제로 눈을 못 뗄 만큼 흥미진진한 경우도 있다. 그야말로 끈기와 대담한 행동이 결합된 이야기가 펼쳐진다. 나는 공짜 장작을 포기하고 싶지는 않았지만 풀로 덮인 마드로나 통나무에서 드라마가 펼쳐질 수 있도록 그 자리에 한 더미를 두고 왔다. 여섯 달 뒤 풀들은 여름 햇빛에 바싹 타버렸다.

다시 그곳을 찾은 나는 그 자리에 그대로 놓여 있는 통나무를 볼 수 있었지만 좋은 조짐을 보여주던 더부룩한 초록 털들은 거의 흔적도 보이지 않았다. 뿌리를 뻗어 안정적인 물까지 닿지 못한 채 오래전에 작은 도시락을 다 비워버린 어린싹들이 뜨거운 열에 다 시들어버린 것이다.

하지만 살아남은 하나가 있었다. 통나무 더미 아래 부분에 놓여 있던 한 통나무의 갈라진 틈 끝에 벨벳 같은 풀 한 다발이 싹을 틔웠고 기다란 꽃줄기가 솟아나와 바람에 흔들리고 있었다. 조심조심 통나무를 들어 올렸더니 갈라진 틈 사이로 뿌리가 실처럼 뻗어 나와 아래쪽의 흙까지 닿아 있는 지점이 보였다. 일반적으로 나무 더미 위에 씨앗이 뿌려진 경우 그 씨앗 속에 들어 있는 어린 식물체로서는 사형 선고의 저주를 받은 것과 같다. 그러나 이와 같은 하나의 성공 스토리를 통해 장차 수백 개의 씨앗이 생산되면 이 전술이 옳았음을 입증할 수 있다.

아보카도와 견과류, 콩류, 그 밖의 토실토실한 씨앗이 풍족한 도시락을 갖추어 편안하게 영양분을 섭취하는 이점을 누리는 것과 달리 풀처럼 씨앗을 대량 생산하는 방식은 비록 이런 이점을 누리지는 못해도 분명 성공적인 전략이다. 군집을 이루어 생존하도록 프로그램화 되어 있는 대다수 종의 작은 낟알 씨들은 건조 상태로 오랜 휴면기를 견뎌낼 수 있다. 이러한 성질 덕분에 풀은 나무와 관목이 자라기에 너무 메마른 거의 모든 지구상의 서식지까지도 점령할 수 있었다. 심지어는 남극 대륙에도 토종 풀이 뽐내고 있으며 지구상에 꽃을 피우는 모든 식물을 일렬로 세워 보면 스무 개 중 하나는 풀일 것이다. 하지만 어디에나 자란다고 해서 주요 품목이 되지는 못한다. 풀이 씨앗을 대량 생산한다고 해도 화학 반응의 비결이 없었다면 사람들의 생활에서 그토록 필수적인 지위를 차지하지는 못했을 것이다. 풀이 씨앗의 도시락을 마련하는 방법에 그 비결이 들어 있다.

풀 씨앗을 절개하려면 손끝이 야무져야 하며, 만일 한 번 해보자고 결정했다면 오후 커피는 마시지 말기를 권한다. 나의 경우 초조한 마음으로 몇 차례 시도하여 여섯 개의 밀 낟알을 책상 밖으로 날려 보낸 뒤에야 마침내 깔끔하게 조각을 내어 관련 특성을 볼 수 있었다. 현미경 불빛 아래에 울퉁불퉁한 대리석처럼 빛나는 탄수화물 알갱이들 무리가 보였다. 기름과 지방에서부터 단백질에 이르기까지 씨앗이 에너지를 저장하는 모든 방식 중에서 사람이 주된 식량으로 삼기에 탄수화물만큼 좋은 것은 없다. 탄수화물은 엉성한 목걸이에 당 구슬이 꿰어져 있는 것처럼 글루코스 분자들의 긴 사슬로 이루어져 있다. 인간 내장, 심지어는 침 속에 들어 있는 효소로도 이 목걸이를 쉽게 끊어내어 당으로 분해할 수 있다.

하지만 탄수화물의 화학구조를 아주 약간만 바꾸면 셀룰로스가 된다. 이는 소화가 되지 않는 식물 섬유질이며 줄기, 가지, 나무 몸통 줄기를 이룬다. 셀룰로스와 탄수화물은 글루코스 사슬의 결합 방식만 다를 뿐인데도 몇몇 원자의 위치가 바뀐 것만으로도 엉성한 끈이 강철처럼 소화되지 않는 끈으로 변한다. 탄수화물처럼 글루코스가 약하게 결합되어 있지 않아서 우리의 소화 능력으로 끊을 수 없었다면 풀 씨앗은 한 줌의 톱밥처럼 인간의 내장을 그냥 통과해버렸을 것이다. 현 상태에서 풀 씨앗의 탄수화물 함량은 70퍼센트가 넘는 경우도 있으며, 식물 성장에 이용하기 위해 진화된 이 손쉬운 에너지는 이제 모든 인간 활동의 절반 이상을 감당하고 있다.

풀은 풍요롭게 잘 자라고 탄수화물이 많은 씨앗을 대량 생산하기 때문에 우리 조상이 이를 이용하게 된 것은 전혀 놀라운 일이 아니다. 수렵채집 생활이 지나고 문명이 시작된 곳은 어디에서나 그 중심에 한두 가지 종의 풀이 있었던 것으로 보인다. 이후 확립된 문명들은 우리가 풀의 칼로리에 의존해서 살아갈 수 있도록 확고히 기반을 다졌으며 이후 몇몇 선택종은 전 세계 들판과 텃밭으로 퍼져 나갔다. 오래전부터 역사학자들은 곡물 식사가 비교적 최근의 현상, 즉 농업혁명의 산물인 것으로 간주했지만 새로운 견해에서는 수렵채집 생활로 떠돌아다니던 먼 과거부터 풀과 여타 식물의 씨앗이 인간 식단에서 높은 지위를 차지했다고 주장한다.

"합리적으로 가정해볼 때 씨앗은 언제나 음식물의 일부로 자리 잡고 있었어요." 리처드 랭엄이 내게 말했다. "요컨대 침팬지가 씨앗을 먹지요." 하버드대 생물인류학 교수인 랭엄은 잘 알 것이다. 일찍이 1970년대에 침팬지 먹이 습성에 관한 첫 논문을 발표했고 이후 야생에서 침팬지를 줄곧 연구해오고 있기 때문이다. 나는 우간다에서 열린 영장류 동물학 워크숍에서 랭엄을 처음 만났으며 그곳에서 그와 제인 구달은 침팬지의 거친 숨소리와 비명 소리가 날카롭게 오가는 가운데 기조연설을 시작했다. 그로부터 이십 년이 지났지만 지금도 랭엄은 사람들의 관심을 끄는 법을 알고 있다. 나는 하버드대에 있는 그의 연구실로 전화를 걸었다. 다가온 연구 마감의 압박과 꽉 찬 강의 시간에도 불구하고 랭엄은 아직 인정받지 못하는 새로운 이론을 열심히 설명해주었다.

"침팬지가 먹는 것을 저도 시험 삼아 먹곤 했습니다." 그는 초창기 연구 시절 우간다의 키발레 숲에서 현장 활동을 벌였던 일을 떠올리면서 이렇게 말문을 열었다. "사실 하루가 끝나갈 때면 꽤나 배가 고프긴 했지요." 처음에 랭엄은 과일, 견과류, 잎, 씨앗, 더러는 원숭이 생고기 등 침팬지 먹이가 자신에게는 전혀 맞지 않을 것이라고 가정했다. 하지만 자신이 관찰한 사실들을 인간 진화의 관점에서 바라보자 깊이 있는 새로운 생각이 떠올랐다. 중요한 것은 음식 종류가 아니라 음식 준비 과정이었던 것이다. "우리는 야생에서 날 음식을 먹으며 살아갈 수 없다는 점을 점차 확신하게 되었어요. 종으로서 우리는 불을 사용하는 음식 준비 방식에 전적으로 의존하고 있지요. 우리는 요리하는 유인원인 거예요."

대담한 주장이지만 그럼에도 랭엄은 현장에서 오랜 시간 관찰 활동을 하는 데 익숙한 사람 특유의 인내심을 보이면서 신중하게 주장을 차근차근 펼쳐 나갔다. "저의 관점은 유인원과 함께 활동하면서 생긴 겁니다. 저는 인간을 변형된 유인원이라고 생각해요." 그는 이렇게 설명하면서 상당히 작아진 이빨, 짧아진 내장 길이, 더 커진 뇌를 지적했다. 또한 요리를 통해 얻게 된 놀라운 에너지 이익에 관해 말해주었다. 고기, 견과류, 덩이줄기, 그 밖의 영장류가 먹는 음식을 굽거나 끓이면 소화 흡수력이 증가하는데 가장 석게 밀과 귀리의 경우는 3분의 1, 그리고 가장 많게 계란의 경우는 무려 78퍼센트 정도의 소화 흡수력이 증가한다. 랭엄의 이론에서는 호모 속 가운데 발달된 성원이 유인원에 좀 더 가까웠던 조상으로부터 분리되어 나오는 데 결정적인 역할을 한 혁신이 요리라고 주장한다. 소화 흡수력이 좋은 요리 음식을 먹게 됨으로써 우리의 조상들은 유인원이 섬유질 많은 날 음식을 처리하기 위해 필요로 했던 커다란 어금니와 큰 내장을 더 이상 필요로 하지 않게 되었다. 또한 훨씬 많은 에너지를 이용할 수 있게 되면서 큰 뇌가 필요로 하는 대사 요구량을 뜻밖에 제공할 수 있었다.

아직도 논쟁의 여지가 많지만 그럼에도 랭엄의 논리는 여러 경쟁적 가설들이 서로 옳다고 주장하는 시끄러운 소란 속에서도 어딘가 익숙한 이야기처럼 들린다. 전통적으로 대다수 인류학자들은 인간의 치아 상태와 뇌 크기가 달라진 원인을 사냥 기법의 개선과 단백질이 풍부한 음식에서 찾고 수렵채집 생활자의 등식에서 창과 화살 쪽을 강조해왔다. 하지만 랭엄은 날고기(또는 다른 종류의 날 음식)를 아무리 많이 먹어도 진화를 촉진하기는커녕 현대 인류에게 적당한 영양조차 공급하지 못했을 것이라고 주장한다. 그는 이렇게 설명했다. "완전히 날것인 음식을 먹는다면 사냥 같은 고위험 활동을 할 시간이 나지 않아요. 우리 조상이 침팬지처럼 먹었다면 다 함께 둘러 앉아 음식을 씹는 데만도 하루에 최소 여섯 시간은 걸려야 했을 겁니다."

요리하는 유인원 이론에서는 고기의 중요성이 축소되고 채집 생활자에 대한 관심이 높아졌다. 이들은 뿌리와 꿀에서부터 과일, 견과류, 씨앗에 이르기까지 보다 다양한 식량을 이용하게 되었다. "덩이줄기는 아마도 예비 식량이었을 겁니다." 랭엄이 혼잣말처럼 말했다. "구할 수만 있다면 아마 영양가 많은 씨앗을 더 선호했을 거예요." 그는 숲에 불이 난 뒤 침팬지들이 불에 구워진 아프젤리아 나무의 콩을 구하기 위해 찾아 나섰다는 점, 그리고 주요 과일과 견과류, 꿀의 계절적 성수기에는 사냥을 하지 않은 토착 관습이 일반적으로 퍼져 있었다는 점을 지적했다.

하지만 곡물이 언제부터 주된 식량이 되었는지는 확실하지 않다. 곡물은 특히 요리해서 먹을 경우 칼로리의 잠재적 함량이 엄청나게 크지만 곡물을 얻기 위해서는 조직적인 수확과 상당한 처리 과정이 필요하다. 정확한 시점을 알아내려면 증거가 더 있어야 하거나 랭엄의 말대로 "고고학의 자극"이 필요하다. 현재 사람들이 주시하고 있으니 그런 자극이 곳곳에서 나오는 것 같다.

초기 인간 사회에 관심을 가진 사람들은 모두 현대에도 수렵채집으로 살아가는 사람들의 관습을 소중한 비교 대상으로 삼는다. 따뜻한 기후 출신의 사람들은 전통적으로 식물 음식에서 40 내지 60퍼센트의 칼로리를 얻는다. 많은 이들은 풀 씨앗에 의존했으며 그 대상이 밀이나 쌀 같은 익숙한 작물의 야생 조상 종에만 국한되지는 않았다. 호주 원주민 사회에서는 팔 수수, 머리카락 기장, 멀가 풀, 별 풀, 빛 풀, 벌거벗은 유칼립투스 등 다양한 풀을 이용하여 빵과 포리지를 만들었다. 지금의 로스앤젤레스 부근에 살던 아메리카 원주민들은 스페인 선교사가 활동하던 시기까지 카나리 풀을 재배했으며, 유사한 친척인 메이그래스는 동쪽 해안지방 전역에 살던 부족들에게 탄수화물을 제공했다. 갈릴리 해 부근에 살던 사람들은 2만여 년 전부터 석기를 이용하여 야생 보리를 찧고 가공했으며, 모잠비크에서도 비슷한 방법으로 10만 5천 년 전부터 수수를 식단에 올렸다.

연구자들의 애를 태우는 가장 오래된 고대의 곡물은 이스라엘의 게셰르 베노트 야코브 유적에서 발견된 것으로, 79만 년 전부터 이곳에서 불을 통제하여 사용한 흔적이 나왔다. 굵개와 검게 탄 부싯돌 사이에 둥지를 튼 연구자들은 불에 탄 한 줌의 씨앗을 발굴했는데 나래새, 염소 풀, 야생 귀리, 보리 등이었다. 우리 종이 진화하기 전이었던 수십만 년 전 호모 에렉투스 시대의 불 옆에 먹을 수 있을 곡물이 놓여 있었다는 사실을 이 발굴을 통해 알 수 있었다.

리처드 랭엄이 옳다면, 그리고 이런 고고학의 자극이 계속 이어진다면 요리한 곡물 덕분에 늘어난 칼로리 섭취가 인간 진화에서 중요한 역할을 했다는 사실을 발견할지도 모른다. 그러나 풀 씨앗이 언제부터 식단에 올랐든 관계없이 우리가 정착 생활을 통해 농경을 시작했을 무렵에는 이들 풀 씨앗이 주된 식량으로 확고하게 자리 잡고 있었다. 정착 생활이 이루어졌을 무렵 우리 조상들은 멀가나 유칼립투스 등을 버리고 몇몇 유망한 종에 집중하게 되었다. 이러한 변화를 가장 잘 보여주는 곳이 현재 시리아의 알레포 부근에 있는 텔 아부 후레이라 고대 정착지다. 처음에는 수렵채집 생활자들의 계절적 임시 마을이었지만 시간이 흐르면서 4천 명 내지 6천 명이 영구 정착민으로 살아가는 농업 마을로 변모했다. 각 시대마다 어떤 활동이 이루어졌는지 뚜렷한 기록이 퇴적층과 파편에 곱게 보존되어 있다. 초기 주민들은 120종의 씨앗과 함께 250가지 이상의 야생 식물 음식을 먹었고 그중에는 적어도 34종의 풀이 포함되어 있었다. 그러나 농업이 확고하게 자리 잡았을 무렵에는 그 종류가 줄어들어 렌틸콩과 병아리콩, 몇몇 종류의 밀, 호밀, 보리에 국한되었다.

농업 혁명이 자리 잡은 모든 시기, 모든 지역에서 이와 똑같은 양상이 반복되었으며 다양했던 야생 식물 음식이 사라지고 몇 가지 주된 곡물과 작물에 집중되는 양상을 보였다. 이렇게 선별된 풀들은 거의 예외 없이 몇 가지 중요 특징을 보였다. 이들 풀은 모 아니면 도라는 생존 전략으로 씨앗 생산에 자원을 쏟아붓는 한해살이풀이었다. 오직 한철의 성장 시기 동안 생존하고 번식하는 이들 한해살이풀은 오래 지속되는 줄기와 잎에 투자할 필요가 없었던 반면 다량의 커다란 씨앗을 생산해야 할 확실한 이유가 있었기 때문에 매력적인 이점을 가진 경작 품목으로 자리 잡았다.

사실 커다란 씨앗을 맺는 한해살이풀은 손쉬운 유용성을 지니고 있어서 농업의 도래를 알려주는 가장 좋은 예측 지표가 될 수 있다. 세계에서 가장 무거운 씨앗이 맺히는 풀 56가지 품목 중 32가지가 비옥한 초승달 지대나 그 밖의 유라시아의 지중해 부근 몇몇 지역에서 생겨났으며 이들 지역에서 많은 초기 문명이 번성했다. 지리학자인 제레드 다이아몬드는 "그 사실 하나만으로도 인류 역사의 과정을 설명하는 데 많은 도움이 된다"고 했다.

다이아몬드의 주장에 따르면 지중해 지역에는 곧바로 재배할 수 있는 풀이 있었기 때문에 환경적 이점이 있었고 이 덕분에 이 지역 사람들이 초기의 지배적 문명을 발전시킬 수 있었다. 아프리카와 호주와 아메리카 대륙의 몇몇 지역은 상대적으로 그런 곡물이 드물었기 때문에 농업으로 이행하는 과정이 지연되었을 것이고 훗날 이들 지역이 유럽 및 아시아 문화와 관계를 맺는 데에도 이 점이 중대한 걸림돌이 되었을 것이다. 그러나 이행 과정이 언제 이루어졌는가 하는 문제와는 별개로 풀과 문명 간의 근본적인 연관성이 없었던 적은 한 번도 없었다. 우리 식단의 기본으로 자리 잡게 된 곡물은 그 후로 전 세계 경제, 전통, 정치, 일상생활과 철저하게 뒤얽히게 되었다. 역사를 살펴보면 커다란 변화를 몰고 온 사건의 근원에 곡물이 있었음을 알 수 있다.

로마 공화정 후기에 들어서 도시의 지도자들은 불안한 민심을 달래기 위해 호화로운 축제를 열고 밀을 무료로 나눠주거나 보조금을 후하게 지급했다. 이는 분위기 전환을 위한 전략으로, 유베날리스는 여기에 "빵과 서커스"라는 별명을 붙였다. 가이우스 그라쿠스의 곡물법으로 처음 성문화된 곡물 보조금은 수 세기 동안 로마 제국 전역에서 중요한 정치 도구로 계속 자리 잡았다. 곡물 수당을 상징적으로 표현하는 아노나 여신도 특별히 만들었다. 이 여신은 곡물이 수도까지 안전하게 도착하는 것을 상징하기 위해 손에 밀 단을 들고 뱃머리에 서 있는 모습으로 조각과 동전에 자주 등장했다.

역사가들은 로마 최후의 종말을 불러온 원인이 인플레이션이라느니 아니면 납 수도관으로 생긴 정신 건강 문제라느니 여러 가지 문제를 들고 있지만 곡물 부족이 로마의 몰락을 앞당겼다는 점은 누구도 부인하지 않는다. 로마는 북아프리카에서 들여오는 수입 곡물에 오랫동안 의존해 왔는데 처음에는 이집트가 생산 곡물의 공급처를 콘스탄티노플로 바꾸더니 이후에는 카르타고가 반달족에게 넘어가면서 나머지 공급 분량마저 잃게 되었다. 곡물 가격이 치솟았으며 4세기와 5세기 동안 최소한 열네 번에 이르는 대규모 식량 폭동과 기근이 수도를 강타했다. 408년 서고트족이 로마를 포위 공격했을 때 곡물 보조금을 반으로 삭감했다가 이후 다시 3분의 1로 줄였고 마침내는 도시가 함락되었다. 널리 알려진 두 명의 역사가는 이렇게 말했다. "빵 때문에, 정확히 말하면 빵이 부족했기 때문에 서로마 제국이 몰락했다."

14세기 아시아와 유럽에 흑사병이 날뛰었을 때 공포와 당혹감에 휩싸인 주민들은 지진에서 여드름에 이르기까지 모든 것이 다 흑사병의 원인인 양 탓했다. 나중에 가서야 전염병학자들이 일반 검은 쥐의 털에 서식하는 작은 벼룩이 병의 원인이라고 지목했다. 그러나 이러한 통찰조차도 전염병이 확산된 이유를 설명하지는 못했다. 어쨌든 보통의 쥐가 태어나서 평생 동안 이동하는 거리가 고작 몇 백 미터 정도밖에 되지 못하기 때문이다. 그렇다면 어떻게 몇 년 사이에 전염병이 중국에서 인도와 중동을 거쳐 저 북쪽 스칸디나비아까지 퍼지게 되었던 것일까? 그 해답은 쥐의 이동 습성이 아니라 먹이에 있다.

검은 쥐는 거의 모든 것을 가리지 않고 먹지만 그럼에도 곡물을 먹을 때 잘 크며 곡물이 가는 곳이면 어디든 따라다닌다. 또한 대다수 벼룩은 겨우 몇 주밖에 살지 못하지만 쥐의 털 속에 있는 벼룩은 일 년 또는 그 이상 살며 이 벼룩의 유충은 곡물도 먹을 줄 알았다. 그리하여 전염병에 감염된 쥐가 장거리 항해 동안 바다에서 죽더라도 벼룩은 살아남아(새끼 벼룩들이 선창에서 행복하게 곡물을 아작아작 먹는 가운데) 도중에 잠시 항구에 들를 때마다 새로운 쥐와 사람들에게 병을 옮겼다. 또한 육지로 오가는 꼼꼼한 상인들이 자기네 대상에서 쥐를 제거하더라도 벼룩은 곡물 자루 속에 안전하게 들어 있었다.

그림 2.2. 매년 정부가 시민들에게 베풀어주는 선물의 상징으로 고안된 아노나 여신은 로마 제국의 선전 정책을 보여주는 초기 사례다. 3세기에 만들어진 이 주화에는 곡물 단과 풍요의 뿔을 들고 있는 여신이 등장한다. 왼쪽 주화에서 여신은 항구로 들어오는 곡물 배의 휘어진 뱃머리에 한 발을 얹고 있으며 오른쪽 주화에서는 곡물이 흘러넘치는 모디우스 옆에 여신이 서 있는데, 여기서 모디우스는 개인 몫의 곡물을 나눠줄 때 사용하는 바구니를 일컫는다.

최고조기에 흑사병이 그렇게 급속도로 확산되었던 것은 아마도 기침이나 재채기를 통해 사람과 사람 사이에 공기로 전염되었기 때문일 것이다. 역사가들은 전염병이 확산되기 시작한 출발점이 곡물 거래에 있다고 믿고 있으며 당시 곡물 거래는 가장 후미진 벽지나 국경을 확실하게 폐쇄했던 폴란드 같은 나라만 빼고 거의 모든 국가에서 성행했다. 흑사병의 창궐은 20세기까지도 지속되어 글래스고, 리버풀, 시드니, 봄베이 같은 곳을 강타했는데, 이들 지역 모두 곡물 무역이 활발하게 이루어지던 항구였다.

폭동과 반란의 역사 또한 풀과 연관이 있었는데 곡물 부족이 기폭제가 되어 민심의 분노가 대대적인 반란으로 발전했기 때문이다. 4세기 중국 서진의 황제 혜제惠帝는 백성이 쌀 부족으로 굶어죽는다는 이야기를 듣고는 "그러면 고기를 먹으면 되지 않는가?"라고 물었다고 한다. 그 후 혜제는 영가永嘉의 난으로 영토의 반을 잃었다. 또한 마리 앙투아네트가 정말로 "케이크를 먹으라고 하면 되잖아"라고 말했는지는 역사가들도 확실하지 않다고 보지만 밀과 빵 부족이 프랑스 혁명, 러시아 혁명, 그리고 나아가서 유럽과 라틴 아메리카 50개국에 영향을 미쳤던 1848년 국가의 봄에 기폭제 역할을 한 것에 대해서는 아무도 이의를 제기하지 않는다.

이러한 경향은 오늘날까지도 계속된다. 세계 상위 밀 생산국 몇몇 나라에서 혹서, 홍수, 화재, 흉작이 일어난 이듬해에 일인당 밀 소비량이 가장 많은 튀니지에서 아랍의 봄이 시작된 것은 결코 우연의 일치가 아니다. 2011년 튀니지의 밀 수입량이 거의 5분의 1 정도 감소하자 가격이 뛰었고 광범위한 식량 폭동이 몇 달 동안 전국을 휩쓸며 혁명으로 이어졌다. 리비아, 예멘, 시리아, 이집트에서도 곡물 가격을 둘러싼 항의와 폭동에 이어 반란이 일어났다. 이 국가들 중 이집트에서는 아이쉬aish라는 단어가 빵과 생명을 뜻한다. 이와 대조적으로 알제리에서는 식량 위기에 대응하여 2011년 밀 수입량을 40퍼센트 이상 늘려 가격을 안정시켰으며 장차 곡물 부족 사태가 올 경우를 대비하여 대규모 비축 시설을 늘리는 등 곡물에 대대적인 투자를 감행했다. 그리하여 부근 지역에 불안이 지속되고 2012년 빵 폭동이 새 이집트 정부를 강타하는 와중에도 알제리 정부는 여전히 건재했다.

물론 한 가지 요인이 아랍의 봄을 이끌어낸 것은 아니지만 밀 가격이 근본 역할을 했다는 점에서 충분히 곡물 정치학을 논할 수 있다. 아부 후레이라Abu Hureyra의 수렵채집 생활자가 맨 처음 농경을 시작한 지 1만 년 이상이 지났고 그들의 도움으로 재배하게 된 풀들은 이후 계속해서 역사를 만들어 나가고 있다. 채집생활자들의 유산이 지대한 영향을 미치고 있는 것이다. 비옥한 초승달 지대를 비롯하여 전 세계 곳곳에서는 곡물을 확보하는 능력이 국가의 운명을 결정하는 데 미묘하면서도 포괄적인 역할을 하고 있다. 따라서 흉년이 들면 정부 권력이 흔들린다. (수렵생활자에 대해서는 그런 말을 할 수 없다. 그 어떤 제국도 사슴이 부족해서 몰락한 적은 없었다.) 그러나 현대 생활에서 풀 씨앗이 미치는 영향을 알기 위해 굳이 혁명이나 전염병까지 들먹일 필요는 없다. 수확기에 곡물 생산 지대를 한 번 찾아가 보면 곡물이 우리 문화에서 어떤 역할을 하는지 그 어떤 것보다도 생생하게 전해준다.

"지금 보고 있는 게 5천 4백만 킬로그램의 연질 소맥입니다." 샘 화이트가 말했다. 우리는 그의 픽업트럭 뒤에 앉아 동굴 같은 건물의 문 안을 들여다보았다. 시원하고 건조한 공기가 곡물의 바다 위를 건너 우리의 얼굴을 쓸고 지나갔다. 나는 빠르게 셈을 해보았다. 소맥 1킬로그램당 가격이 0.33달러가 넘으므로 이 저장 창고에 든 소맥의 가치는 1,800만 달러가 넘는다. 이를 밀가루로 가공하여 3킬로그램 포장에 담을 경우 슈퍼마켓에서 팔리는 가격은 1억 달러가 넘는다. 다시 이 밀가루를 가공하여 빵이나 프레젤, 팝타르트, 오레오, 그 밖의 밀가루를 주원료로 한 수천 가지 상품을 만들면 슈퍼마켓 계산대에서 찍히는 금액은 이보다 훨씬 더 클 것이다.

샘이 커다란 문을 닫기 전에 얼른 카메라를 들어 스위치를 눌렀지만 사진으로는 이 모든 것을 담아낼 수 없었다. 곡물은 그야말로 모래 더미 같았고, 건물 삼층 정도의 높이에 면적은 축구장 두 배 정도로 뻗어 있었지만 사진은 이를 제대로 보여줄 수 없었다. 이와 비슷한 규모의 창고와 사일로(큰 탑 모양의 곡식 저장고_옮긴이) 수백 개가 사방 곳곳에 흩어져 있고 그 안에 곡물이 가득가득 들어 있다는 것을 한 장의 사진으로는 보여줄 수 없었다.

딱딱한 바게트나 포크에 돌돌 말린 스파게티를 먹어본 사람이라면 이 음식의 출발점이 농장이라는 것을 어렴풋이 알고 있다. 하지만 밭과 시장 사이를 잇는 엄청난 물류 과정을 곰곰이 따져본 사람은 거의 없을 것이다. 샘 소유의 창고에 들어 있는 곡물이 소중한 것은 알겠지만 그래도 문에 달려 있는 맹꽁이자물쇠는 너무 과해 보였다. 요컨대 6만 톤이나 되는 것을 누가 훔쳐갈 수 있겠는가? 그 정도 규모의 곡물을 저장하고 가공하고 운송하기 위해서는 인프라구조가 필요하며, 내가 펄루스를 다시 찾았던 것도 사일로, 트럭, 도로, 철도, 바지선, 원양 화물선으로 이어지는 이런 체계에 대해 알아보고 싶었기 때문이다.

"지금 모든 밀이 도착하고 있어요." 다시 트럭에 올라타는 동안 샘이 말했다. "보리도요." 그날 가이드를 맡았던 샘 화이트는 퍼시픽 노스웨스트 농업협동조합의 고위 경영진으로 일했는데, 이 협동조합은 아이다호 주의 작은 도시 제네시(인구 955명) 안과 주변에 스물여섯 개의 창고와 가공 시

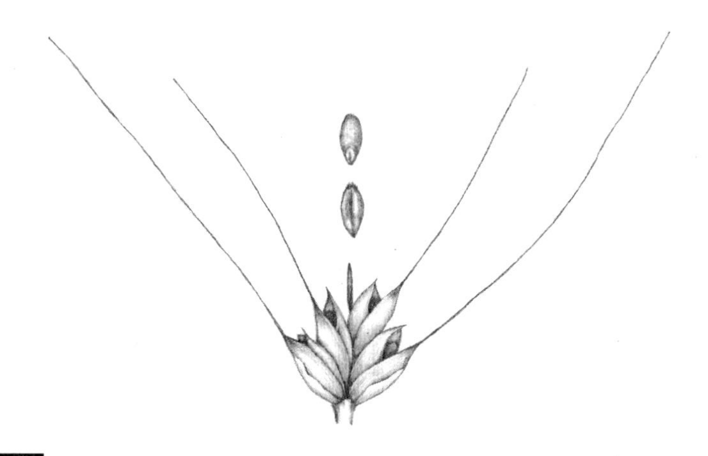

그림 2.3. 밀*Tricetum* spp. 밀은 중동이 원산지인 야생풀에서 유래했으며 현재 세계적으로 다른 어떤 작물보다 재배 면적이 넓다. 쌀과 옥수수에서부터 귀리, 기장, 수수에 이르기까지 다른 식용 풀의 낟알과 마찬가지로 밀의 작은 낟알도 씨처럼 생겼지만 사실은 영과라고 불리는 완전한 열매다.

설을 공동 소유한 800명의 재배자가 모여 만든 단체다. 그는 어린 시절부터 농경을 접했고 대학 졸업 후 경영 쪽으로 방향을 바꾸어 현재까지 이십 년이 넘도록 복잡한 글로벌 시장에서 펄루스 곡물을 팔고 있다. 다부진 체격에 머리카락이 모래 색깔이고 얼굴이 햇볕에 탄 샘은 지역 농부들이 작물을 가장 좋은 가격에 팔 수 있도록 도와주는 자기 업무를 좋아했다. 지금까지 늘 쉬웠던 건 아니었다. "우리 아버지 시절에는 킬로그램당 가격이 한 해에 0.07센트만 변동되어도 큰일이었을 겁니다. 지금은 하루에도 킬로그램당 가격이 1.1센트 내지 1.5센트까지 변동 폭을 보이며 오르락내리락 하는 걸 볼 수 있지요." 게다가 농부는 자신이 힘들여 가꾼 작물에 강한 유대를 형성하며 감정에 좌우되기 때문에 사업 의식이 흐려지는 경우가 종종 있다. 그가 털어놓았다. "솔직히 말해서 작물을 언제 팔아야 할지 아내들이 결정하는 경우에 대체로 훨씬 좋은 결과를 얻어요."

우리는 콤바인 바퀴 자국들이 길게 이어진 밝은 금빛의 밭들 사이로 차를 몰아 마을을 빠져 나왔다. 나는 낯익은 초원 눈썹을 지나는 동안 미소를 지었다. 거친 풀과 관목이 마치 숱 많은 눈썹처럼 언덕 꼭대기에 괄호 모양을 이루고 있었다. 부근 비터루트 산맥에서 일어난 산불 때문에 연기가 몰려와서 멀리 트랙터 뒤에 피어오르는 흙먼지와 뒤섞였다. 몇 달 내내 비가 내리지 않았지만 가을 농사가 벌써 상당히 진행되고 있었다. 여기 저기 땅을 새로 갈아놓은 밭들이 펼쳐져 있었고 제법 폭이 넓은 긴 띠 모양의 짙은 색 땅이 자기 몫의 씨앗이 뿌려지기를 기다리는 중이었다.

샘은 내게 경작 방법, 비료, 윤작에 대해 말해주다가 다시 판매에 관한 이야기로 돌아왔다. "이곳에서 기른 작물의 90퍼센트 이상이 아시아로 가요." 그가 말했다. 이런 통계 수치가 놀라웠지만 생각해보니 아주 타당한 말이었다. 펄루스는 육지로 둘러싸여 있고 해안에서 550킬로미터 이상 떨어져 있지만 항구에서 불과 몇 분 거리밖에 되지 않았다.

샘이 트럭을 몰아 붐비는 고속도로로 들어서자 곧이어 가파른 내리막길이 이어졌다. 매년 펄루스에서 생산한 수백만 톤의 곡물이 이 길을 따라 가파른 절벽의 협곡까지 내려가는데 이 협곡을 흐르는 클리어워터 강과 스네이크 강이 루이스턴 시에서 합류한다. 그곳에 도착하자 콘크리트 사일로가 높이 솟아 있고 강 위로 거대한 컨베이어벨트가 캔틸레버 방식으로 뻗어 있었다. 우리 위쪽에서 컨베이어벨트가 철커덕 철커덕거리면서 대기 중인 바지선의 화물창 안으로 줄기차게 밀을 쏟아붓고 있었다. 공기 중에 사방으로 떠다니는 황금빛 왕겨들이 햇빛을 받아 반짝거렸고 잔잔한 강물 위에도 표류물처럼 왕겨들이 떠다니고 있었다.

“배를 예인하려면 서너 척의 바지선이 필요해요.” 시끄러운 소음 너머로 샘이 소리쳤고 이어서 곡물이 스네이크 강과 컬럼비아 강을 지나 태평양까지 닿는 과정을 설명했다. 19세기 초의 루이스와 클라크도 바로 이 길을 따라 이동했지만 이 유명한 탐험가들이 빠른 물살과 위험한 급류를 헤치고 갔다면 현대의 배는 수문과 댐, 그리고 사실은 기다란 선 모양의 호수들이 이어진 물길을 따라 이동한다. 1990년대 중반 저널리스트 블레인 하든이 예인선을 타고 이 길을 따라갔을 때 이 배의 선장은 냉철한 예상을 내놓았다. “포틀랜드에 닿을 무렵이면 엄청 지겨워질 겁니다.”

스네이크 강 댐들과 그 뒤에 펼쳐진 잔잔한 호수들이 강물 여행의 스릴을 앗아간다고 할 수도 있겠지만 이 댐들과 호수들은 곡물의 정치적 힘에 관해 중요한 것을 말해주고 있다. 컬럼비아 강의 댐들이 대규모 관개 체계를 제공하고 지역 전력의 절반을 담당한다면 스네이크 강에서는 물과 수력 전기가 부수적인 것에 지나지 않는다. 루이스턴 아래쪽 강 하류의 댐들은 화물을 운반하기 위한 목적으로 세운 것이며 루이스턴에서 나오는 화물이 곡물이다.

1945년 미 의회는 전쟁 부채가 부담스러운 상황에서도 펄루스의 밀과 보리 수송을 정부 최우선 과제로 여겼다. 스네이크 강 하류로 배가 운항하기 위해서는 "그런 댐을 짓는 게 필요"하다고 승인했는데 삼십 년이라는 기간 동안 지금의 가치로 40억 달러 이상의 비용을 들여 추진해야 하는 대대적인 인프라구조 사업이었다. 1975년 준공식에서 아이다호 주지사 세실 앤드루스는 루이스턴 부두에 서서 자기 주의 새로운 항구가 "국제 무역을 통해 우리의 일상생활을 부유하게 해줄 것"이라고 예언했다. 뒤이어 수출 호황이 찾아와 그의 말이 옳았음이 증명되었고 댐 건설을 통해 할 수 있는 것보다 밀과 보리로 할 수 있는 것이 더 많다는 것도 증명되었다. 나아가 변화하는 정치적 기후에서 댐을 보호하기도 했다.

주지사의 연설이 있은 지 몇 주 뒤 멸종위기 종 보호법이 통과되어 테네시 강의 유명한 달팽이시어 같은 몇몇 희귀종 어류들이 보호 대상으로 지정되었고 전국적으로 댐 건설 문제가 복잡하게 얽히기 시작했다. 아이다호 주에서도 1990년대에 스테이크 강 연어와 무지개 송어 네 종이 댐과 고인 물로 떼죽음을 당하여 멸종위기 종 목록에 추가됨으로써 이러한 흐름이 밀어 닥쳤다. 뒤이어 일어난 "연어 전쟁"은 곡물이 국가 정치를 어떻게 좌우하는지 잘 보여준다. 어업 및 환경 관련 단체에서 스네이크 강의 댐을 부수자는 구호를 내걸었고 한동안은 야생 연어를 살리기 위한 활동에서 가시적인 성과를 얻을 것처럼 보였다. 그러나 우호적인 법원 판결과 앨 고어 부통령의 지지로 힘을 얻었던 댐 제거 방안이 차츰 시들해져 갔다. 이 방안 대신에 정부에서는 추가로 수십 억 달러를 들여 물고기 사다리와 부화장을 만들고 심지어는 댐 주변의 물고기를 물리적으로 이동시키기도 했다. 작은 연어를 대형 트럭으로 운반하는 경우도 더러 있었지만 그보다는 곡물을 운반할 때처럼 바지선을 이용하여 이동시키는 경우가 훨씬 더 많았다.

"우리의 댐을 구하자"는 표지판 몇 개가 여전히 루이스턴과 부근 마을에서 눈에 띄지만 글자는 빛이 바랬고 불필요한 표지판처럼 보였다. 이제는 양측 모두 댐 제거 방안이 현실성이 없다고 보았다. 논쟁에 관해 샘에게 물었더니 그가 간단하게 답했다. "댐은 우리의 상품을 운반하는 데 있어 여전히 중요한 일부를 이루고 있어요." 샘을 처음 보았을 때 겸손한 사람이라는 인상을 받긴 했지만 이 말이야말로 그날 했던 말 중에서 가장 절제된 표현이 아니었나 싶다. 1975년 앤드루스 주지사가 준공식에서 리본을 자른 이후 스네이크 강, 컬럼비아 강 수계는 세계에서 가장 붐비는 곡물 통로로 자리 잡았기 때문이다.

수십 억 달러의 댐 계획이 너무 과한 것처럼 들리지만 우리 모두가 의존하고 있는 풀 씨앗을 재배하고 운송하고 판매하기 위해 정치인들은 이런 계획 이외에도 다른 지원을 해주고 있다. 로마인들이 "공짜 밀"의 상징 아노나 여신을 만들었던 것과 동일한 경제적 문화적 힘이 여전히 전 세계 정부로 하여금 곡물 사업에 관여하도록 영향을 미치고 있다. 러시아와 우크라이나에서부터 호주와 아르헨티나에 이르기까지 국가 지원을 받는 기업들이 운송, 수출 터미널, 보조금을 받는 생산에 계속 많은 투자를 하고 있다. 중국의 경우에는 이러한 활동이 적어도 대운하 사업이 시작되었던 5세기까지 거슬러 올라가는데, 총 길이 1,777킬로미터에 달하는 이 수로는 밀과 쌀이 수도까지 공급되도록 설계되었다. 세월이 흘러도 변치 않는 지상 명령인 것이다. 농업 로비스트들이 즐겨 지적하듯이 고속도로 투자에 돈을 아끼면 도로에 파인 곳이 몇 개 더 늘어나지만 농업 관련 투자를 줄이면 사람들이 먹지 못한다.

펄루스에서의 하루가 끝나갈 무렵 샘과 나는 제네시 변두리 지역에 일렬로 늘어선 곡물 엘리베이터들을 지나 금속판으로 지은 건물에 닿았다. 건물에서는 기계가 윙윙 돌아가는 소리가 들렸다. "가브 보실래요?" 그가 물었다.

"물론입니다." 나는 "가브"가 가반조콩을 뜻하는 이 분야 사람들의 은어라는 것을 제대로 이해했기를 바라면서 대답했다.

어느새 시끄러운 공장 안으로 들어서게 된 나는 콩을 가득 실은 지게차가 다가오자 몸을 피했다. 우리는 컨베이어벨트 위에 가반조콩들이 덜덜덜 움직여 세척기와 분류기를 거친 뒤 마침내 전자 감별기 안으로 떨어지는 모습을 지켜보았다. 이 전자 감별기에서는 콩에 흠이 없는지 찾아내고 압축 공기의 힘으로 불량 콩을 솎아냈다. "클리퍼 브랜드" 범선 모양이 선명하게 찍혀 있는 45킬로그램짜리 포장지에 콩을 담아 최종 상품으로 만든 뒤 대기 중인 트럭에 실었다. 그런 다음 서쪽으로 이동하여 시애틀과 그 너머의 아시아 항구로 보내거나 아니면 동쪽으로 이동하여 버지니아 주에 있는 후무스(병아리콩 으깬 것과 오일, 마늘을 섞은 중동 지방 음식_옮긴이) 공장으로 보낸다.

"콩은 윤작에서 중요한 부분을 담당합니다." 포장 공장의 소음을 뒤로하고 떠나면서 샘이 설명했다. "대다수 재배자들은 가을 밀 농사와 봄 밀 농사를 하는데 그런 다음 렌즈콩, 가반조콩, 쪼갠 완두콩 작물을 심어요." 작물을 번갈아 심으면 해충을 줄이는 데 도움이 되지만 이에 못지않게 중요한 점이 있다. 완두콩과 콩이 흙 속의 질소를 고정하여 다음에 심는 곡물에 천연 비료 역할을 한다는 점이다. 이렇게 풀과 콩을 함께 기르는 법은 농업만큼이나 오래되었으며 식물 재배가 이루어지는 거의 모든 곳에서 이 방법을 반복해서 사용했다. 가반조콩(병아리콩), 렌즈콩, 쪼갠 완두콩은 비옥한 초승달 지대에서 밀, 보리와 함께 발달했다. 중국에서는 초기 쌀농사를 짓던 농부들이 곧 대두, 팥, 녹두를 혼합 농사 품목으로 추가했다. 중미에서는 옥수수와 강낭콩을 포함시킨 반면 아프리카에서는 수수와 기장이 무지개콩, 땅콩과 함께 재배되었다. 이러한 시너지 효과는 단지 좋은 농작법이라는 의미를 넘어서서 우리들의 식탁까지 이어지는데, 탄수화물이 풍부한 곡물과 단백질이 맛과 영양 면에서 서로 완벽하게 보완 역할을 한다. 쌀과 콩, 렌즈콩과 보리 샐러드 등의 조합 속에 "완전 단백질"이 들어 있다는 것은 채식주의 요리책의 첫 페이지를 읽어본 사람이라면 다들 아는 기본 상식이다. 특정 곡물에 부족한 기본 영양소가 있더라도 함께 먹는 콩 속에 이 영양소가 들어 있을 수 있으며 그 반대 역시 마찬가지다. 그러나 곡물과 콩의 성분이 이렇게 뚜렷한 차이를 지닌다면 여기서 씨앗의 생물학과 관련하여 근본적 물음이 제기된다.

풀이 자연에서 그토록 큰 성공을 거두고 사람에게도 매우 유용하다는 점을 고려할 때 풀 씨앗 속에 탄수화물이 풍부한 도시락을 마련해 놓은 것은 탁월한 진화적 아이디어임이 분명하다. 그렇다면 왜 모든 식물이 그렇게 하지 않을까? 왜 콩과 견과류는 단백질과 기름의 형태로 에너지를 저장해 놓는 것일까? 야자 씨앗에는 왜 포화지방이 50퍼센트 이상 포함되어 있을까? 왜 호호바 씨 안에는 실제로 뚝뚝 흐르는 액체 밀납이 들어 있을까? 풀 씨앗에 들어 있는 탄수화물이 아무리 생명의 지주라지만 식물은 그 밖의 여러 방법으로 씨앗, 그리고 더 나아가 우리들에게 영양분을 공급한다. 씨앗 속에 마련된 여러 가지 자양분을 가장 잘 연구하기 위한 방법의 일환으로 가까운 사탕 코너를 찾는 일도 들어 있어서 나로서는 무척 흐뭇했다.

제3장

가끔은 괴짜 같다는 느낌이 든다

신은 호두를 주지만 껍질을 깨주지는 않는다.

독일 속담

1970년대 후반 피터 폴 제조회사는 아몬드 조이 초코바의 권장 소매가를 25센트로 올렸다. 이 값은 나의 일주일 용돈과 맞먹는 것이었지만 광고 송에서 "풍부한 밀크초콜릿, 코코넛, 오독오독 씹어 먹는 견과류"라고 요약해서 노래하는 달달한 간식에 그만한 돈을 내도 나로서는 아무 후회가 없었다. 당시 나는 장차 직업 활동에서 이런 부러운 순간이 오리라고는 생각하지 못했다. 내가 좋아하는 초코바를 업무 비용으로 사 먹을 수 있는 기회가 찾아온 것이다. 그러나 그때의 나에게는 전혀 무관했던 한 가지 사실이 지금의 내게는 대단한 의미로 다가왔다. 구운 아몬드를 맨 처음 오도독 깨 먹는 맛과 이 아몬드를 감싸고 있는 초콜릿과 코코넛의 달콤한 맛까지 아몬드 조이 바를 맛보는 과정은 온전히 씨앗을 기반으로 하는 경험이었다는 점이다. 벤저민 프랭클린이 맥주에 대해 "신이 우리를 사랑한다는 증거"라고 했던 논리를 그대로 아몬드 조이 초코바에도 적용하고 싶지만 사실은 다른 이야기가 더 있다. 여기에 관련된 씨앗들이 결코 좋은 맛이 아니며, 식물이 자손에게 도시락을 마련해주는 데는 믿기 지 않을 만큼 다양한 방법이 있다는 것을 아주 잘 보여준다는 점이다.

요즘 아몬드 조이의 가격은 우리 동네 슈퍼에서 85센트이며 자동판매기에서는 1달러가 넘는 가격에 산 적도 있다. 그러나 이 포장단위 안에는 두 조각의 작은 바가 들어 있어서 그 정도 가치가 있다는 느낌이 든다. 이 초코바 한 개를 사면 실제로 그런 사람이 있을지는 확실하지 않지만 친구와 함께 나눠 먹거나 아니면 한 조각을 남겨 두었다가 나중에 먹을 수 있다. 내 경우에는 이렇게 두 조각을 확보한 덕분에 하나를 그 자리에서 바로 먹고도 나머지 하나를 분석용으로 남겨 둘 수 있었다. 초코바를 횡단면으로 자르자 한가운데 잘게 썬 코코넛(범 열대지방의 야자나무 열매)이 보였고 그 위에 아몬드(아시아에서 자라는 장미과 나무 열매)가 있었으며 겉에는 초콜릿(신세계에서 자라는 열대우림 나무 열매)이 얇게 덮여 있었다. 나는 각 층에서 조각을 긁어내어 현미경 슬라이드를 준비했지만 포장을 대충 훑어보니 이 세 가지 중 어떤 것도 초코바에서 지배적인 위치를 차지하는 씨앗 산물이 아니라는 것을 알 수 있었다. 그 영광은 콘시럽에 돌아갔는데 이 감미료는 종종 사탕수수(이 역시 풀에서 나온 산물이다)의 대체물로 사용되는 옥수수 씨앗으로 만든다. 그러나 앞의 장에서 우리는 풀이 어디에나 있으며 탄수화물이 가득한 풀 씨앗이 쉽게 과당으로 변한다는 것을 알고 있다. 초코바의 나머지 성분을 보면 씨앗이 에너지를 저장하기 위해 왜 그렇게 많은 방법을 개발했는지, 왜 우리가 그 점에 대해 고마워해야 하는지 알 수 있다.

밀크 초콜릿 코팅에는 캔디 제조업자가 코코아액, 코코아매스, 혹은 간단히 코코아라고 지칭하는 쓴 맛의 짙은 색 슬러리뿐만 아니라 코코아버터도 들어 있다. 이러한 성분들 모두 잘 익은 카카오 콩 안의 커다란 떡잎에서 직접 얻은 것이다. 카카오 콩을 고온 고압에서 짜면 이 열매의 절반 이상이 코코아버터로 흘러나온다. 이는 지방 성분으로, 실내 온도에서는 고체지만 섭씨 32도 정도에서는 액체가 된다. 사람의 평균 체온이 36.5도이므로 당신의 입 안에 들어간 초콜릿은 그야말로 살살 녹는다. 카카오 콩을 볶고 갈아서 코코아액을 만드는데 이것을 각기 다른 분량의 코코아 버터, 우유, 추가 감미료와 섞으면 잘 진열된 사탕 코너의 다양한 코코아 맛 제품으로 태어날 수 있다. 성분 목록의 아래쪽으로 내려가니 코코아분말이라고 적힌 것이 보였다. 이 역시 익숙하게 아는 카카오 산물로, 카카오 콩에서 버터를 짜고 난 뒤 남은 마른 찌꺼기를 갈아서 만든다.

야생에서 자라는 카카오 콩은 그늘을 좋아하는 작은 나무의 다육질 콩 꼬투리 안에 들어 있으며, 남부 멕시코, 중미, 아마존 숲을 원산지로 한다. 알멘드로 나무의 씨앗을 찾으러 코스타리카에 갔을 때 나는 오래된 카카오 과수원을 자주 보곤 했다. 숲 횡단 길에 서서 위쪽을 둘러보면 나도 모르는 사이에 온통 카카오 콩 꼬투리가 가득한 곳에 와 있다는 것을 발견하곤 했다. 카카오 콩 꼬투리는 호리병박처럼 생긴 특이한 모양의 열매로, 나무 몸통과 가지에 직접 열리며 오렌지색, 자주색, 연노랑색, 진한 핑크색 등 갖가지 색깔의 열매가 있다. 카카오가 마야인, 아스텍인, 그 밖의 초기 아메리카인들의 시선을 끈 것도 놀랄 일이 아니다. 이들은 이 콩을 이용하여 자극적인 에너지 음료를 개발했고 이 나무의 속명은 테오브로마Theobroma, 즉 "신의 음식"이라는 의미로, 이 종을 숭배하는 마음이 그 이름에 살아 있다. 유럽인을 비롯한 전 세계 사람들이 이 열매를 실제로 맛보기까지는 몇 세기가 더 걸렸지만 요즘은 과테말라에서부터 가나, 토고, 말레이시아, 피지에 이르기까지 모든 곳에 카카오나무가 자라며 전 세계 초콜릿 판매량도 연간 1천억 달러가 넘는다. 평균적인 독일인 한 명이 매년 9킬로그램 이상의 초콜릿을 소비하고 영국에서는 빵과 차보다 초콜릿에 쓰는 돈이 더 많다. 생태학적으로 볼 때 카카오 콩이 과하다 싶을 만큼 크기가 크고 풍부한 영양을 지니는 것은 전적으로 타당성이 있다. 알멘드로나 아보카도와 마찬가지로 카카오 씨앗 역시 어두운 숲속에서 싹을 틔우고 자라도록 진화되었으며 이곳에서 어린 나무가 살아남기 위해서는 커다란 에너지 저장고가 필요하다. 그러나 내가 카카오 농장에서, 식물학 교과서에서, 그것도 아니면 초코바에서 본 그 어떤 것도 왜 이 씨앗이 탄수화물이 아닌 지방의 형태로 에너지를 저장해야 하는가에 대해서는 설명해주지 못했다.

나는 아몬드 조이의 성분 목록에 그 다음으로 적혀 있는 코코넛으로 관심을 돌렸다. 세계에서 가장 큰 씨앗의 하나로 꼽히는 코코넛은 야자나무와 열대 해변에 관한 꿈을 꿔본 적 있는 사람이라면 누구나 익숙하게 잘 아는 씨앗이지만 실제로는 미스터리한 면을 갖고 있다. 식물학자들은 코코넛을 광분포종이라고 일컫는데, 이 단어가 일반적으로 사용되기 시작한 것은 세계적 제국과 빠른 범선의 등장으로 갑자기 개인이 세계 모든 곳을 익숙하게 알게 되었던 19세기부터였다. 식물의 입장에서는 그보다 더 멋진 칭찬이 있을 수 없다. 애초 어디서 왔는지 아무도 확실히 알 수 없을 정도로 널리 퍼져 성공적으로 자리 잡았다는 의미이기 때문이다.

코코넛이 이런 위업을 이룰 수 있었던 것은 열매 덕분인데 이 열매는 물 위를 떠다니는 커다란 씨앗의 기능을 한다. 물 위에 뜨는 껍질이 주먹 크기의 핵을 둘러싸고 있으며 텅 비어 있는 핵 안에는 건강음식의 열렬한 팬들이 "코코넛 즙"이라고 일컫는 영양가 많은 액체만 들어 있다. 어떤 브랜딩 전문가가 이 용어를 만들어냈는지는 몰라도 무세포 배젖이라는 보다 정확한 전문 용어를 쓰지 않았다고 비난할 수는 없다. 그러나 "배젖"

그림 3.1. 코코넛*Cocos nucifera*. 세계에서 가장 큰 씨앗의 하나로 꼽히는 코코넛 야자의 씨앗은 갈증 해소용 음료에서부터 요리 기름, 얼굴 크림, 모기 살충제에 이르기까지 모든 것을 제공한다. 해류와 사람에 의해 이동하여 열대 해안지방 전역에 분포하며 원산지는 여전히 미스터리로 남아 있다.

이 광고 문구로는 기억하기 쉽지 않지만 그래도 그것이 지닌 시장 잠재력을 과소평가해서는 안 된다. 코코넛 씨앗이 자라는 동안 이 액체의 많은 부분이 고체로 굳어지면서 코프라라고 불리는 단단한 배젖으로 변한다. 이것이 우리가 잘 아는 흰색의 코코넛 과육이며 초코바와 크림 파이뿐만 아니라 필리핀 스튜, 자메이카 빵, 인도 남부의 처트니(과일, 설탕, 향신료, 식초로 만드는 걸쭉한 소스로, 차게 식힌 고기나 치즈와 함께 먹는다_옮긴이)에도 들어간다. 이 과육으로 즙을 짜면 코코넛우유를 얻을 수 있으며, 열대 해안지방 전역에서 커리와 소스를 만들 때 이 코코넛 우유가 필수 재료로 들어가야 한다. 또한 최소한의 가공 과정을 거치면 코프라의 절반 이상을 코코넛 기름으로 만들 수 있는데, 이 기름은 세계에서 가장 많이 이용되는 식물성 기름 상위 다섯 품목에 들어가며 마가린에서부터 자외선 차단 크림에 이르기까지 모든 것에 공통 첨가제로 사용된다.

할리우드의 세트 디자이너가 어떤 열대 상황을 연출하려고 하든 코코넛은 든든한 밑천이 된다. 시트콤 〈브레이디 번치〉에서부터 영화 〈파리 대왕〉에 이르는 작품들에서는 물을 마시는 컵으로, 영화 〈킹콩〉과 〈남태평양〉, 엘비스 프레슬리의 히트작 〈블루 하와이〉에서는 브라 컵으로 등장한 바 있다. 1960년대의 시트콤 〈길리건스 아일랜드〉에 등장한 교수는 다들 알듯이 코코넛을 이용하여 충전기와 거짓말 탐지기 같은 유용한 물건을 만든 바 있다. 버튼, 비누, 숯, 화분용 흙, 로프, 천, 낚시 줄, 바닥 매트, 악기, 모기 살충제 등 실제로 코코넛을 사용한 상품들이 다양하다는 것을 감안할 때 그의 발명품이 그다지 과장이라고 여겨지지는 않는다. 이처럼 다용도로 사용되다 보니 말레이시아 섬사람들은 코코넛 야자를 "천 가지 용도의 나무"라고 부르고 필리핀 일부 지역에서는 간단하게 "생명의 나무"라고 부르기도 한다. 그러나 순전히 독창성만을 따져볼 때 이 씨앗 자체의 특이한 생태를 따라올 만한 것은 없다.

다 익은 코코넛이 어미나무에서 떨어질 때 대개는 모래 위로 떨어진다. 야생 코코넛 야자나무는 모래, 열기, 움직이는 토양에도 잘 견디기 때문에 열대 해안의 가장자리에서도 자랄 수 있으며, 이 해안에 자라는 코코넛 야자열매는 높은 파도와 폭풍에 밀려 종종 바다로 떠내려간다. 코코넛은 물 위에 뜬 상태로 최소한 석 달 이상 살아갈 수 있으며 바람과 해류를 타고 수백 킬로미터, 어쩌면 수천 킬로미터까지 이동한다. 그 기간 동안 배젖이 계속 단단해지지만 남아 있는 코코넛 즙이 충분해서 마침내 마른 모래 해안가까지 떠밀려갔을 때 씨가 발아할 수 있다. 액체 배젖 덕분에 열매 내부가 계속 촉촉한 상태를 유지하고 기름기 많은 코프라가 에너지를 공급하기 때문에 어린 코코넛은 외부로부터 흡수하는 것 없이도 몇 주 동안 계속 자랄 수 있다. 코코넛 열매에 밝은 색의 어린싹이 돋아 1미터 가까이 자란 것을 열대지방 시장에서 묘목으로 파는 걸 흔치 않게 볼 수 있다.

코코넛 야자가 해상 생활에 적응해야 하는 문제를 제쳐놓더라도 왜 그토록 유별날 만큼 영양이 풍부하고 기름기 많은 도시락이 있어야 하는지도 설명되지 않는다. 어쨌거나 저렇게 크고 섬유질이 많은 껍질 안이라면 탄수화물이나 코코넛버터 같은 것을 넣어두어도 충분히 바다에 떠 있을 수 있다. 아몬드에 대한 나의 연구 역시 똑같은 근본적 문제에 부딪힌 적이 있었다. 중앙아시아에서 자라던 복숭아, 살구, 자두의 사촌 종을 재배하여 얻어낸 아몬드 나무는 맨 처음 지중해로 퍼져 갔다가 거기서 다시 전 세계로 확산되었다. 사람들은 아몬드 특유의 맛 외에도 풍부한 영양 가치를 알아보았는데 아몬드 열매에는 기름 외에도 에너지의 20퍼센트 이상이 순수 단백질로 저장되어 있었기 때문이다. 왜 그럴까? 무엇 때문에 씨앗의 영양 전략이 그처럼 다양하게 진화되었을까? 분명 그에 대한 대답은 남은 '아몬드 조이' 조각에서 찾아볼 수 있는 범위를 넘어선다. 초코바를 먹는 과정에서는 다른 누구의 도움도 필요하지 않았지만 이제 초코바의 생물학을 이해하는 데는 분명히 도움이 필요했다. 연구 과정에서 불쑥불쑥 이름이 튀어나오곤 했던 사람을 만나야 할 때가 되었다고 판단했는데, 그를 가리켜 씨앗 세계의 "신"이라고 하는 사람이 한둘이 아니었다.

"그 질문이요?" 그가 웃으며 말했다. "박사학위 과정 학생들이 논문 자격시험을 치를 때 저는 늘 그 질문을 하지요. 지금까지 아무도 대답을 하지 못했어요!"

캐나다의 캘거리 대학, 그리고 이어서 겔프 대학에서 식물학 교수로 재직하는 데릭 뷸리 교수는 사십 년이 넘도록 씨앗에 관한 질문으로 학생들을 쩔쩔매게 해왔다. 모두에게는 다행스럽게도 그의 연구는 많은 해결

방안을 내놓았다. 뷸리의 실험실에서는 씨앗의 성장기에서부터 휴면기와 발아기에 이르기까지 씨앗 생물학의 모든 측면을 탐구해왔다. 그러나 이러한 학문적 성취에도 불구하고 그는 자신의 경력이 전혀 생각지도 못했던 일이었다고 말했다.

"제가 살던 집에서는 초록색을 볼 수 없었어요." 뷸리는 이렇게 설명하면서 "뿌연 연기에 지저분하고 오래된 도시"인 랭커셔 주 프레스턴에서 보낸 어린 시절을 회상했다. "우리가 살던 곳을 보았다면 아마 연립주택이라고 불렀을 거예요. 집 앞에 마당이라고는 없으며 뒤쪽에는 좁은 콘크리트 바닥 옆에 길이 바로 붙어 있었지요." 뷸리의 할아버지가 시골로 은퇴하여 토마토를 기르고 상을 받은 국화와 달리아를 재배하지 않았다면 그의 삶은 완전히 달라졌을지도 모른다. 할아버지 집을 찾아가 온실 식물에 물을 주는 일이 뷸리에게는 "어린 시절의 큰 기쁨"이었다. 그 일이 세상의 초록 식물과 그런 식물을 낳은 씨앗에 열정을 갖도록 불을 지폈다. 이후 그 열정은 수백 건의 논문과 네 권의 책을 낳았다. 그중에는 내 연구 과정에 늘 함께했던 동반자 『씨앗 백과사전』도 들어 있었는데 무게만 3.2킬로그램이나 나가고 총 페이지 수가 800쪽에 달했다. 나는 적임자에게 연락을 한 것이라고 여겼지만 몇 분 지나지 않아 간단한 대답을 얻지는 못할 것이라고 깨달았다.

"이것의 진화 과정은 논리적이지 않은 것 같아요." 뷸리는 이렇게 말문을 연 뒤 탄수화물, 기름, 지방, 단백질, 기타 에너지 전략들이 식물 왕국 곳곳에 일정한 기준 없이 아무렇게나 나타난다고 말했다. 최근에 진화한 많은 종도 오래된 종과 똑같은 기본적 방식으로 에너지를 저장하는 일이 많아서 어느 것이 다른 것보다 더 발달된 것이라고 뚜렷하게 구분되지 않았다. 게다가 씨앗에는 대개 몇 가지 종류의 에너지가 들어 있으며 어미식물은 강우량, 토양 비옥도, 그 밖의 성장 조건에 따라 그 비율을 달리 할 수도 있다.

비슷한 환경에 놓여 있거나 비슷한 생활 이력을 지닌 식물이라고 반드시 동일한 전략에 의존하지도 않는다. 주지하다시피 풀 씨앗에는 탄수화물이 많지만 곡물 밭에 가장 흔하게 자라는 풀 중 하나로 유채꽃이라고 불리는 두해살이 겨자과 식물의 작은 씨앗에서는 엄청난 양의 카놀라유가 나온다. ("코코넛 즙"과 마찬가지로 "카놀라"도 현명한 브랜드 명칭이다. 아마 제품에 "유채꽃 기름"이라고 적었다면 아무도 제품 판촉 활동이 잘 진행될 거라고 낙관하지 않을 것이다[영어로 유채꽃에 해당하는 단어는 'rape'인데 이는 '강간'이라는 뜻으로도 쓰이기 때문에 카놀라 대신 "유채꽃 기름"이라고 적는다면 "강간 기름"이라고 연상될 것이다_옮긴이].)

"한 가지 일반적인 규칙이 있어요." 마침내 그가 털어놓았다. "기름과 지방을 저장하는 씨앗은 무게 대비 가장 많은 에너지를 갖고 있지요. 탄수화물 한 무더기보다는 지방질에서 더 많은 활력을 얻잖아요." 또한 불리는 씨앗이 대체로 발아 이후까지는 그 에너지를 이용하지 않는다고 말했다. 대다수 종은 손쉽게 이용할 수 있는 충분한 과당을 갖고 있어서 이를 이용하여 배아의 생명 활동을 촉발하며, 그 다음에 가서야 저장된 예비 영양분을 이용하는 보다 복잡한 과정을 시작한다. 탄수화물은 비교적 쉽게 과당으로 바뀌지만 단백질, 지방, 기름을 세포 활동에 유용한 형태로 바꾸기 위해서는 일련의 여러 과정이 필요하다. 우리 신체도 그와 같은 방식으로 작동하며, 철인 3종 경기에 참여한 선수들이 바나나나 시리얼 바, 심지어는 잼 샌드위치를 먹는 모습은 보여도 베이컨이나 올리브유를 먹는 모습은 보이지 않는 것도 이런 이유 때문이다.

따라서 씨앗의 진화라는 관점에서 볼 때 새로 싹이 나는 식물과 그것의 성장조건에서 요구되는 자원에 강조점이 놓인다. 그러나 이러한 사실은 카카오와 아몬드 같은 숲속의 씨앗들이 그늘에서 천천히 안정적으로 성장하기 위해 지방과 기름을 이용하는 이유를 설명해줄지 몰라도 탁 트인 밭에서 빠르게 성장하는 겨자씨가 왜 같은 성분을 이용하는지를 설명하는 데는 아무 연관성이 없다. "예외가 있지요." 뷸리가 말했다. 우리는 전화로 이야기를 나누는 중이었지만 고개를 흔드는 그의 모습이 눈앞에 보이는 것 같았다. "예외는 늘 있어요."

영국의 물리학자 윌리엄 로렌스 브래그가 일전에 말한 바 있듯이 과학이란 새로운 사실을 알아낼 수 있는가 하는 문제가 아니라 "새로운 사실들에 관한 새로운 사고방식을 발견할 수 있는가" 하는 문제이다. 데릭 뷸리와의 대화에서 새로운 정보를 알아낸다고 해서 에너지학에 관한 나의 의문이 해결된 것은 아니었다. 그 대신 그와의 대화는 진화 자체에 관한 중요한 근본적인 진리를 일깨워줌으로써 문제를 해결해주었다.

찰스 다윈은 예전에 "인간이 유기체의 최정상 단계까지 …… 올랐다고 자부심을 느껴도 봐줄 만하다"고 쓴 바 있다. 이 말은 존경받는 빅토리아 시대 신사들 모두가 너무나 당연하게도 자신들을 진화 사다리의 맨 꼭대기에 올려놓던 시대에 부응하는 말이었다. 문제는 진화 사다리니 최정상 단계니 하는 개념 전체, 즉 뭔가 완벽한 것을 향해 지향성을 갖고 올라간다는 개념 자체에 있었다. 물론 다윈이 이해하는 진화의 개념은 훨씬 더 많은 미묘한 차이를 지녔지만 우리의 집단 지성 속에 위와 같은 개념이 뿌리를 내리고 만화나 대중적 설명, 심지어는 진지한 학술 저서에서도 계속 자리를 잡았다. 반대 사실을 뒷받침하는 직접적 증거가 사방에 있는데도 우리의 마음은 무의식적으로 그런 개념 쪽으로 흘렀다.

진화가 단일한 방향성으로 진행되었다면 그 많은 생명 다양성, 즉 2만

종의 풀, 3만 5천 종의 쇠똥구리, 그 외에도 여러 종의 오리, 철쭉, 소라게, 이끼, 휘파람새가 존재하는 것을 어떻게 설명할 수 있을까? 박테리아나 고세균류 등 지구에서 가장 오래된 생명 형태가 다른 모든 종을 합친 것보다 훨씬 종이 다양하고 번식력이 좋은 이유는 무엇일까? 일정 시점을 놓고 볼 때 진화는 우리에게 이상적인 형태를 제시하기보다는 수만 가지 해결책을 제시할 가능성이 훨씬 많다.

나의 잘못은 씨앗이 에너지를 저장하는 "가장 좋은" 방법을 완성시켰다고 가정한 데 있었다. 자연 선택이 여러 가능성을 제거하고 마침내 단 한 가지, 아니 그 정도까지는 아니라도 아무리 많아야 특정 환경(숲, 들판, 사막 등)에 맞춘 서너 가지 전략만 남겨 놓았을 것이라고 생각하고 싶었던 것이다. 진화 과정 자체가 가능성을 멋지게 실현해가는 끊임없는 과정

그림 3.2. 1881년 12월 6일자 잡지 《펀치》에 실린 이 풍자만화에서 다윈이 지켜보고 있다. "인간은 단지 벌레일 뿐이다"라는 제목의 이 만화는 벌레에서 원숭이를 거쳐 진화의 최정상이라고 가정되는, 실크해트를 쓴 빅토리아 시대의 신사까지 생명 형태가 나선형으로 발전하는 모습을 보여주고 있다.

이었듯이 현실은 훨씬 더 복잡하고 훨씬 더 흥미진진했다. 씨앗이 각기 다른 곳(떡잎, 배젖, 외배젖 등)에 도시락을 마련해 놓을 수 있는 것처럼 거기에 들어 있는 에너지도 여러 가지 형태를 띨 수 있었던 것이다.

오로지 탄수화물 한 가지만 제공했더라도 분명 씨앗은 여전히 자연에서 성공을 거두고 우리 역시 여전히 씨앗에 의존하여 주식을 해결했을 것이다. 그러나 기름, 지방, 밀랍, 단백질, 기타 영양분이 없었다면 씨앗 습성이 다용도의 활용성을 갖지 못하여 그렇게 많은 육지 생태계를 지배하지 못했을 것이다. 사람들도 전 세계 단백질 소비량의 45퍼센트 이상을 완두콩, 콩, 견과류 등으로 충당하지 못했을 것이다. 또한 우리는 튀김 음식을 먹지 못하고, 리놀륨 마룻바닥 위를 걷지 못하며, 집에 페인트칠을 하지 못하고, 로켓과 경주용 차 엔진에 윤활유를 넣지 못하며 베르메리와 렘브란트와 르누아르와 반 고흐와 모네의 작품에 감탄하지도 못했을 것이다. 이 모든 활동의 밑바탕에는 씨앗으로 만든 기름이 있었다.

심지어 씨앗에서 가장 보기 드문 에너지원조차 인간에게 소중한 용도를 갖는 것으로 밝혀졌다. 남미의 타구아 야자나무는 배젖 안에 있는 모든 세포벽을 두텁게 하는 방식으로 도시락을 마련하는데 더러는 세포의 살아있는 내용물 안까지 파고들어갈 정도로 두텁게 만드는 경우도 있다. 그 결과 씨앗이 매우 단단해져서 이 씨앗을 잘라 겉면에 광택을 내면 단추나 보석으로 만들 수 있고 조각상을 만들 수도 있으며 체스 말, 주사위, 빗, 편지 개봉용 칼, 장식용 손잡이, 섬세한 악기를 제작할 때 코끼리 상아 대용품으로 이용할 수 있다.

"성공하는 것 자체가 최종 목표예요." 뷸리가 말했다. 진화 과정은 끝없이 반복되므로 분명 새로운 씨앗 전략이 나올 것이며 효과를 거둔 전략은 무엇이든 한동안 지속될 가능성이 있다. 이 점을 고려하다 보니 다소 이상한 방식으로 다시 아몬드 조이 초코바가 생각났고 맨 처음 내 귀에 꽂혔던 이 초코바의 광고 송 문구, "가끔은 괴짜 같은 느낌이 들 때도 있고 아닐 때도 있지요"(괴짜에 해당하는 영어 단어는 'nutty'이며 이 단어의 본래 의미는 '견과류가 들어 있다'이다. 영어에서는 중의적인 의미를 갖고 있지만 한글로 옮기는 과정에서 그 의미가 살아나지 못했다_옮긴이)도 다시금 새기게 되었다. 이 광고에서는 "괴짜 같은" 사람들이 스카이다이빙을 하거나 말을 뒤로 타고 달리면서 아몬드 조이를 먹는 사이사이에 예의범절이 반듯한 사람들이 마운즈를 먹는 장면이 번갈아 나오는데, 이 제품은 아몬드 조이 초코바에서 아몬드만 빼고 다른 것은 기본적으로 똑같이 만든 초코바다.

신경학자 올리버 색스가 "뇌벌레"라고 일컬은 바 있는 매우 유혹적인 곡조에 이 광고 문구가 실리면서 아몬드 조이 초코바와 마운즈 초코바 둘 다 미국 초콜릿 판매량 상위 품목에 올랐다. 그러나 다른 한편 여기서 중요한 진화적 교훈을 얻을 수 있다. 단것을 좋아하는 입맛을 만족시키는 것이 목표일 때에는 좋은 레시피의 내용물을 조금씩 바꾸는 식으로 성공적 제품을 여러 개 내놓을 수 있다. 이와 마찬가지로 어린 식물체에게 영양분을 제공하는 것이 목표일 때에도 여러 가지 해결책이 있을 수 있으며 초콜릿 공장의 창의적인 요리사처럼 진화 과정도 결국에는 여러 가지 해결책을 찾아낼 것이다.

아몬드 조이 초코바 실험을 정리하기 전에 그 안에 들어 있는 자잘한 성분들을 훑어보다가 언급할 가치가 있는 두 가지 씨앗 산물을 더 발견했다. 하나는 대두에서 나온 레시틴이고 다른 하나는 아주까리에서 나온

PGPR(폴리글리세롤 폴리리시놀리에이트)이었다. 두 성분 모두 저장 지방에서 생긴 파생물의 형태로 씨앗 속에 들어 있으며 레시틴은 예비 비축 에너지를 이용하는 데 중요한 역할을 한다. 이 성분을 초콜릿 바에 첨가하면 부드러운 식감을 만들어내고 유화제 기능을 하며 설탕 입자가 코코아버터 안에서 움직이지 않고 잘 고정되도록 도와준다. 대두 레시틴은 마가린과 냉동피자에서부터 아스팔트, 도자기, 논스틱 쿠킹 스프레이에 이르기까지 다른 모든 상품에서도 볼 수 있다. 게다가 심혈관 건강을 위한 보충제로 여겨지며 완전 천연 방식으로 콜레스테롤 수치를 낮춰준다고 칭송되고 있다.

성분 목록에는 유화제에 이어 여러 가지 보존제, 캐러멜 착색제, 그리고 알레르기에 대한 경고 문구 등이 적혀 있었는데 내가 찾고 있는 마지막 씨앗 상품은 흔적도 보이지 않았다. 이 상품을 찾으려면 초코바에서 과감히 더 나아가 자매 제품 중 하나를 시도해봐야 했다. 이 제품은 아몬드 조이 퍼지-앤-코코넛-스월이라는 등록 상품명을 갖고 있으며 브라이어스 아이스크림 회사에서 만들었다. 거기에는 탈지우유와 인공향료 외에도 구아 검이 들어 있는데 이 추출물이 지닌 이상한 성질은 아이스크림의 식감과 글루텐을 함유하지 않은 빵에서부터 인도 북부 지방의 오토바이 가격에 이르기까지 모든 것에 영향을 미친다. 씨앗에 저장된 에너지가 얼마나 놀라울 정도로 다양하며 씨앗이 우리 삶에 얼마나 뜻밖의 방식으로 관여하는지 이보다 잘 보여주는 사례는 없을 것이다.

구아 검은 인도의 '사막 주'인 라자스탄 주의 농장에서 주로 재배하는 콩에서 나오며, 콩 꼬투리가 삐죽삐죽 다발을 이루고 있다. 식물학자들은 이를 배젖 콩으로 분류하는데, 이 집단의 경우에는 우리가 일반적으로 콩이나 땅콩, 그 밖의 완두콩과에 속하는 다른 콩 식물에서 알던 두툼한 떡잎이 씨앗에 들어 있지 않다. 그 대신 구아 검 씨앗은 배젖에 에너지를 저장하며 많은 곁가지를 형성한 탄수화물이 이 배젖 안에 들어 있다. 화학 교과서에 실린 그림에서는 이 분자들을 마치 런던 지하철 노선표같이 그려놓았지만 라자스탄 사막에서 자라는 어린 구아 식물의 입장에서는 그러한 분자들이 필수적인 손쉬운 적응방식이다.

"이 조직들이 이중 역할을 합니다." 데릭 뷸리가 내게 말했다. "첫째, 이 조직들이 분해되어 식량으로 쓰일 수 있으며, 이때 생겨난 포도당이 식물 성장에 에너지를 공급하지요. 다른 한편 이 조직들은 촉촉한 보호 층을 형성하여 배아를 둘러싸요." 그는 구아 씨앗 안에 들어 있는, 곁가지를 형성한 분자들이 수분을 붙잡아 움켜쥐는 능력이 얼마나 놀라운지 설명해주었다. 구아 같은 사막 식물의 경우에는 이러한 비결을 갖고 있기 때문에 아주 드물게 어쩌다 한 번 소나기가 내릴 때마다 이를 중요한 발아 기회로 삼는다. 이는 몇 차례에 걸쳐 진화해온 습성이지만 기후가 건조한 곳에서는 늘 그렇게 해왔다. 메뚜기콩도 그럴 수 있으며 호로파 역시 마찬가지다.

라자스탄 주의 농부들은 수천 년 동안 구아를 재배하면서 이를 가축 사료로 쓰거나 때로는 초록색 콩 꼬투리를 재료로 야채 요리를 만들었다. 그러나 씨앗에 들어 있는 구아 검이 점도를 높여주는 점에서 녹말보다 여덟 배나 효과가 좋으며 맛있다는 것을 깨달으면서 구아의 운명이 달라지기 시작했다. 씨앗에서 추출하여 정제시킨 구아 검은 곧 나의 아몬드 조이 아이스크림에서부터 케첩, 요구르트, 인스턴트 오트밀에 이르는 모든 것 속에 첨가제로 들어가게 되었다. 2000년 무렵 식품 산업에 판매하는 인도의 구아 수출량이 2억 8천만 달러를 넘어섰지만 이후 펼쳐질 호황에 비하면 이는 아무것도 아니었다.

프래킹fracking이라는 용어는 석유와 천연가스를 추출하는 과정을 지칭하며, 산업계에서는 수압파쇄라는 정식 명칭으로 알려져 있다. 이 과정에는 기반암 깊숙이 시추공을 파는 과정과, 가스가 풍부한 암반층을 가압 액체로 부수고 벌리는 과정이 포함된다. 수압파쇄 공법으로 뚫은 유정에서 석유를 퍼낼 때 값비싼 탄화수소가 같이 올라온다. 지난 십 년을 거치는 동안 예전에는 알려져 있지 않던 테크놀로지가 수십 억 달러의 세계적 사업으로 성장했고 셰일 가스와 석탄층 메탄가스가 들어 있는 거대한 새 매장고를 확보해주었다. 덕분에 북미가 외국 석유에 의존하는 상황을 효과적으로 끝내고 세계 에너지 시장도 근본적으로 바뀔 것이라고 경제학자들은 예상하고 있다. 미국의 시추 사업자들만 따져 봐도 연간 약 3만 5천 개의 유정에서 수압파쇄 작업을 하고 있다. 또한 각 유정마다 천만 리터에 달하는 수압파쇄 액을 쏟아붓고 있는데 이 끈적거리는 액체는 물, 모래, 산, 화학 성분을 한데 합쳐 놓은 것으로, 이 모든 것을 결합시켜주는 한 가지 성분이 바로 구아 검이다.

라자스탄에서 구아의 도매가가 불과 몇 년 사이에 1,500퍼센트 이상 상승했고 때로는 일주일에 두 배로 오른 적도 있었다. 예전에는 이 구아 검을 소 먹이로 주었던 가난한 농부들이 이를 팔아 텔레비전을 사고 오토바이를 사고도 남는다는 것을 갑자기 깨닫게 되었다. 이제 많은 이들이 새 집을 짓거나 가족 해외여행을 떠나고 있다. 2011년과 2012년의 콩 부족 현상으로 북미의 몇몇 시추 회사가 문을 닫았고, 구아 검 가격이 수압파쇄 비용의 3분의 1 가까이 되어 "회사 2분기 수익에 예상보다 큰 충격을 줄" 것이라는 경고가 나온 주일에는 석유 재벌 핼리버튼 사의 주가가 거의 10퍼센트 정도 하락했다. 빠듯한 공급과 치솟는 가격표 때문에 식품산업의 많은 회사들이 점도 증가제를 얻기 위해 어쩔 수 없이 다른 곳으로 눈을 돌려야 했다. 그리하여 다른 건조 기후 국가의 "배젓" 콩 씨앗에서 대안을 찾고 있는데 이는 전혀 놀랄 일이 아니며 그중에는 캐롭(지중해 지역의 메뚜기콩), 타라(페루 해안 지역의 관목), 계피(중국의 결명초)도 포함되어 있다. 구아 검의 호황에 편승하여 이 세 가지 종, 그리고 이를 재배하는 농부들의 운이 한껏 치솟을 것으로 예상된다.

구아 씨앗을 갈아 펌프로 땅속에 내려 보내면 엄청난 행운이 기다리고 있을 것이라고 그 어떤 신탁도 예언하지 못했을 것이다. 최근 2007년에 나온 인도 작물 보고서의 잠재적 시장 목록에는 수압파쇄 공법이 올라 있지도 않았다. 구아 이야기를 살펴보면 씨앗의 진화 과정에서 나온 혁신이 용도 면에서도 혁신을 불러올 수 있다는 것을 알 수 있다. 구아 콩이 물을 머금는 능력이 있었기에 우리는 이 능력을 이용하여 산업용 점도 증가제를 얻었으며 어느새 씨앗 에너지가 화석 에너지를 추출하는 데 이용되고 있다. 석유 산업의 측면에서 볼 때 이는 다시 고향을 찾는 것 같은 의미가 담겨 있다. 세계에서 수압파쇄 공법이 가장 생산적으로 이루어지고 있는 지역 중 하나가 펜실베이니아 주에 있으며 이곳은 1859년 최초로 상업적 성공을 거둔 유정을 시추했던 곳이었기 때문이다. 씨앗의 입장에서는 언덕이 많은 펜실베이니아 주 시골 지역의 땅속으로 들어가는 일이 아주 오랜만에 찾아가는 귀향길의 의미를 지닌다.

탄화수소가 아니라 화석을 얻기 위해 수압파쇄 공법을 사용했다면 펜실베이니아 주의 마셀러스 셰일에 구멍을 뚫은 유정에서는 작은 달팽이와 조개껍데기가 들어 있는 온수가 뿜어져 나왔을 것이다. 그러나 여기서도 씨앗은 하나도 나오지 않았을 것이다. 식물이 없는 해저에서 이 암반이 형성되었기 때문이기도 하지만 아직 씨앗이 진화되기 수백만 년 전의 시대에 형성된 것이기 때문이다. 다른 새로운 적응방식이 그렇듯이 씨앗도 처음에는 특이한 것으로 시작되었으며 보다 커다란 드라마의 단역배우로 등장한 셈이었다.

씨앗이 처음 등장한 시기는 석탄기 초기(3억 6천만~2억 8천 6백만 년 전)였으며 이 시기의 대다수 식물은 포자로 번식했다. 이 포자식물이 남겨놓은 거대한 습지 숲을 통해 우리는 이 식물을 잘 알고 있는데, 이 숲은 이제 화석이 되어 석탄이라고 불리는, 검고 반짝이는 돌로 남아 있다. 펜실베이니아 주의 석탄 매장층은 셰일 바로 위 그보다 연령이 적은 암반층에 있으며 아주 두꺼운 층을 이루고 있어서 미국 산업혁명을 일으키는 데 기여했을 뿐만 아니라 지질학자도 경의를 표하는 차원에서 이 시기 전체를 "펜실베이니아기"라고 명명하게 되었다. 수압파쇄 공법을 이용해서 씨앗의 진화과정을 엿보고 싶었다면 유정을 좀 더 얕게 파고 남은 부분은 손으로 구멍을 내야 했을 것이다.

광부들은 자신들이 화석의 세계에 살고 있다는 것을 예전부터 늘 알고 있었지만 과학자들은 이제 막 이해하기 시작했다. 최근에 화석 식물을 연구하는 고식물학자 팀이 오래된 광산 갱도를 탐험하여 지도로 만들기 시작하면서, 씨앗이 어디서 어떻게 진화했는가에 대한 우리의 이해를 다시 정립하고 있다. 그들은 석탄기의 생태계를 이해하기 위한 가장 좋은 방법이 그중 한 곳을 걸어보는 것이라고 깨달았는데, 그것이 가능한 유일한 곳은 바로 석탄 광산 안에 있었다.

씨앗은 맺어준다

과학의 원리와 법칙은 자연의 겉모습에 있지 않다.
과학의 원리와 법칙은 겉으로 드러나지 않게 감춰져 있으며,
적극적이고 정교한 탐구 방법을 통해 자연으로부터 힘들게 얻어내야 한다.
_존 듀이, 『철학의 재구성』(1920년)

제4장

부처손이 알고 있는 것

단 하나의 석탄층을 형성하는 데에도
엄청난 양의 식물 잔해가 필요하다는 사실 때문에
우리는 석탄기가 지구 역사상 다른 어떤 시대보다
초목이 풍성하고 무성했을 것이며
구름 낀 무더운 기후 아래 거대한 습지에서
초목이 자랐을 것이라고 믿게 되었다.

에드워드 윌버 베리, 『고식물학』(1920년)

"당신을 탄광 안에 들여보내는 일은 거의 불가능할 거예요" 빌 디미셸은 내가 결코 듣고 싶지 않았던 말을 꺼냈다. "석탄회사는 지구 온난화에 책임이 있다는 비난과 안전 규정이라는 이중의 불운 때문에 지탄의 대상이 되어 왔어요." 그가 설명했다. 석탄회사들은 빌의 팀에 새로운 얼굴이 함께하는 것을 반기지 않았으며 특히 책을 쓰고 있다면서 꼬치꼬치 캐묻는 생물학자는 더더구나 반기지 않았다.

이 말은 석탄기의 숲속을 거닐어 보고 싶은 나의 소망에 찬물을 끼얹었지만 빌이 어떻게 판단하고 있는지는 정확히 가늠할 수 없었다. 스미스소니언 박물관의 화석 식물 큐레이터인 빌은 오래전부터 탄광 탐험대를 이끌어왔다. 빌은 여러 대학과 정부 관계기관에서 온 동료들과 함께 일리노이 주에서 총 길이 160킬로미터인 오래된 강 계곡을 발견했는데, 광산의 암벽 천장에 숲의 세세한 모습이 아름답게 보존되어 있었다. "우리는 그저 위를 쳐다보면서 식물 지도를 그려요." 그가 말했다. "어디에서 무엇이 자라고 있었는지 보는 거죠." 빌은 별 거 아닌 단순한 일처럼 말했지만 그 지도에 모습을 드러낸 숲의 모습은 결코 단순하지 않았다. 사실 이는 씨앗 진화 과정의 전체 맥락을 재정립하는 작업이었다. 빌이 이어서 전해준 이야기에는 좋은 소식도 있었다. 암벽 겉면에 똑같은 화석 몇 개가 보이는 곳이 여러 군데 있다고 했다. "무엇을 염두에 두고 있는지 말해주세요." 그가 말했다. "여기저기 알아볼게요."

6개월 뒤 나는 사막 협곡 바닥에 빌과 나란히 서게 되었고, 전 세계에서 모인 수십 명의 고생물학자들이 암반층의 짙은 색 경계선을 향해 서로 앞 다투어 비탈면을 오르는 모습을 지켜보았다. "뉴멕시코에서 온 사람이 접할 수 있는 탄층은 여기밖에 없어요." 빌이 미소 지으며 말했다. 그가 일리노이에서 탐험했던 탄광과는 규모 면에서 비교도 되지 않았지만 위쪽 비탈면에 노출되어 있는 가는 광맥은 규모 말고 다른 점에서는 놀랄 만큼 비슷했다. 먼 옛날 늪지 숲이 탄화된 상태로 남아 있었으며 그곳 식물의 아름다운 표본들이 주변 암석에 보존되어 있었다.

사람들이 석탄층에 닿아 발굴을 시작하면서 곧 협곡에는 돌을 때리는 망치 소리가 울려 퍼졌다. 이 날은 고생물학자가 석탄기-페름기의 이행기라고 일컫는 시기를 주제로 열리는 학회 첫 날이었다. 이 이행기는 지구 역사상 매우 중요한 시기로, 덥고 습한 기후가 갑자기 건조하고 변동이 심한 기후로 바뀐 때였다. 전통적으로 전문가들은 이 시기를 씨앗이 승리를 거둔 순간이라고 여겼다. 석탄기 습지를 지배했던 거대한 속새류와 다른 포자식물들은 따뜻하고 습한 환경에서 자랐다. 이들 식물은 페름기의 변화된 기후에 적응하지 못했고 종자식물이 번성하여 포자식물을 능가하고 지구 식물군의 지배자로 자리 잡을 수 있는 기회를 주었다. 멋진 이야기지만 빌을 비롯하여 점차 수가 늘고 있는 다른 전문가들에게는 한 가지 문제가 있었다. 이것이 완전히 틀린 이야기라는 점이다. 페름기에 들어와서 포자식물이 쇠퇴했다는 것은 아무도 부정하지 않지만 씨앗의 진정한 승리는 아마도 그보다 훨씬, 훨씬 더 이전에 찾아왔다는 것이다.

"저는 특정한 뭔가를 예상하면서 현장에 나가곤 했어요." 빌은 이렇게 말한 뒤, 교과서 지식이 사전에 어떤 개념을 형성하여 덧씌움으로써 우리 정신을 억누를 수 있다고 설명했다. "이제는 현장에 가서 관찰해요. 구덩이를 판 다음 제가 찾아낸 것을 그냥 보는 게 훨씬 생산적이라는 걸 알게 되었지요." 스미스소니언 박물관의 고생물학자로 삼십 년을 살아오면서 빌 디미셸은 많은 구덩이를 팠다. 다부진 체격에 야구 모자와 카키색 조끼를 착용한 그는 노련한 경험에서 나온 효율성을 보여주면서 뉴멕시코의 발굴터 이곳저곳을 돌아다녔으며, 그곳에서 망치를 휘두르는 일은 거의 없었지만 새로운 발견이 나올 때마다 일일이 찾아가서 논평했다. "정말 해냈군." 어디선가 그가 큰소리로 외치는 말이 들렸다. "해냈어!" 빌은 자기보다 훨씬 젊은 과학자의 열정을 지금까지 간직하고 있지만 그와 몇 시간 동안 대화를 나누고 나서 그의 긴 경력 뒤에 진짜로 숨어 있는 것이 무엇인지 이해했다. 바로 그칠 줄 모르는 호기심이었다. 내가 한 가지 물음을 던질 때마다 정작 그 자신은 수십 가지 물음을 갖고 있는 것 같았다. 이 물음들이 한꺼번에 쏟아져 나왔고 층층이 쌓인 낡은 사고를 씻어낼 수 있을 만큼 신선한 생각들이 가득 차 있었다. 현장의 고생물학자답게 그는 수많은 암석을 옮기면서 지적 발견을 해내고 있다.

이러한 접근방식에 힘입어 빌은 다시 새로운 눈으로 일리노이 탄광에서 어떤 새로운 빛을 볼 수 있었다. 그곳은 대체적으로 전형적인 석탄기 숲처럼 보였고 현대의 속새류나 석송과 친척 관계에 있는, 나무처럼 큰 포자식물이 두드러지게 많았다. 하지만 먼 옛날의 지형이 아주 조금이라도 오르막비탈을 이룰 때마다 그와 동료의 눈에는 점점 더 많은 화석 종자식물이 보였다. 또한 더 위쪽 비탈에서 나온 잔해들이 가득 뒹굴고 있던 작은 지류들의 물길을 찾았을 때 거기에는 온갖 침엽수들이 뒤섞여 있었다. 석탄 숲에 포자식물이 압도적으로 많았다는 것을 의심하는 사람은 없지만 석탄기의 지형에서 늪지대는 일부분에 지나지 않았다. 그렇다면 고지대, 언덕 비탈, 산에는 무엇이 자라고 있었을까?

"어이, 빌!" 누군가 소리쳤고 우리 쪽을 향해 손짓을 하면서 그쪽 비탈면 아래에 있는 어떤 돌 판을 와서 보라고 했다. 내가 뉴멕시코에 와서 보고자 했던 이야기의 충실한 요약본이 그 돌 판에 새겨져 있었다. "멋지네, 스콧." 빌이 좀 더 자세하게 보려고 허리를 숙이면서 말했다. (이 학회에 참석하기 위해 멀리 중국, 러시아, 브라질, 우루과이, 체코 공화국에서도 사람들이 찾아왔지만 석탄기-페름기에 관심을 가진 전문가는 소규모 집단이었고 모두들 서로 이름을 부르는 가까운 사이처럼 보였다.) 이 돌 판은 가운데 부분이 깔끔하게 둘로 쪼개져 있었고 식물 줄기 두 개가 나란히 서로 거울상을 이루고 있었다. 하나는 칼라미테스Calamites 속에 속하는 거대한 속새류였고 다른 하나는 양치류 종자식물pteridosperm이라고 불리는 초기 종자식물이었다. 칼라미테스는 선명하게 도드라져 보였고 현대 속새류 줄기에 있는 마디 모양처럼 짙은 색의 마루와 홈이 새겨져 있었다. 양치류 종자식물의 몸통은 도마뱀 가죽처럼 생겼고 돌 판의 황갈색 표면을 배경으로 검은색과 오렌지색의 비늘이 덮여 있었다. 두 종 모두 오래전에 멸종되었지만 내 입장에서 볼 때 두 종이 나란히 함께 있는 모습은 먼 옛날 포자와 씨앗 사이

그림 4.1. 뉴멕시코 석탄층에서 나온 이 화석들은 먼 옛날 포자와 씨앗이 투쟁을 벌였다는 것을 단적으로 보여준다. 칼라미테스라고 불리는 거대한 속새류 줄기와 초기 양치류 종자식물의 줄기가 화석에 나란히 나타나 있었다. 이들 식물은 석탄기의 거대한 늪지 숲에 나란히 자라고 있었던 것이다.

에 있었던 투쟁을 구체적으로 보여주는 상징이었다.

나는 사진을 찍은 뒤 서둘러 언덕으로 올라가 탐사 작업에 합류했다. 석탄을 덮고 있는 암석 겉면은 쉽게 쪼개졌고 나는 손으로 직접 화석을 찾아냈다. 양치류와 속새류 몇 가지를 찾았지만 대개는 종을 알 수 없는 잎과 줄기와 뾰족한 가지들이 뒤섞여 있었다. 내 주변에서 작업하는 고생물학자들이 잔뜩 흥분하여 이야기를 나눴다. 눈에는 그저 흙과 잡동사니로만 보였지만 그들의 눈이 고대 세계를 재구성하고 있다는 것을 알 수 있었다. 칼라미테스와 양치류 종자식물의 살아있는 모습을 머릿속으로 그려보려고 애쓰던 나는 곧 석탄기를 묘사한 교과서 그림을 떠올렸다. 닥터 수스 책에서 본 것처럼 이끼로 뒤덮인 거대한 나무들이 안개 자욱한 늪에 가득 차 있으며, 영원(도롱뇽목 영원과의 동물_옮긴이)처럼 생긴 말만 한 크기의 양서류가 살고 있는 모습의 그림이었다. 이 시대는 포유류나 조류 등 우리가 잘 아는 동물은 말할 것도 없고 공룡도 나타나려면 아직 한참 있어야 하는 그런 시기였다. 잠자리나 몇몇 거미류는 있었을 테지만 개미, 딱정벌레, 호박벌, 파리는 없었을 것이다. 모기가 살지 않는 늪이라니 귀가 솔깃할 만큼 끌리지만 그러한 것들이 없었던 만큼 숲 역시 낯선 모습이었을 것이다. 그런데 만일 빌의 말이 옳다면 석탄기의 풍경은 실제로 훨씬 친숙한 모습일지도 모른다는 생각이 불현듯 들었다.

"침엽수기라고 불러야 해요!" 대화가 오가던 중 빌은 불쑥 이런 말을 했다. "최근의 증거에 따르면 실제로 석탄은 아주 일부였어요." 빌의 팀이 일반적 통념에 의문을 갖기 시작하자 이제껏 드러나 있지 않던 식물군을

그림 4.2. 석탄기의 석탄 숲을 묘사한 이 고전적 그림에서는 양치류, 속새류, 그 밖의 포자식물로 뒤덮인 늪지 세계를 보여주고 있다. 하지만 최근의 증거에 따르면 세계의 일부만이 습하고 더웠으며 침엽수를 비롯한 다른 종자식물이 고지대 서식지를 광범위하게 지배하고 있었다는 것을 짐작할 수 있다.

보여주는 강력한 징표들이 나타나기 시작했다. 늪지대 위쪽 고지대에 침엽수와 여타 종자식물들이 군락을 이루고 있었다는 것이다. 이 식물 군락은 가장 축축한 곳을 제외하고 거의 모든 지역을 덮고 있었지만 흔적이 거의 남지 않았다. 고지대에서 씻겨 내려온 잎이나 가지 정도만 더러 흔적을 남겨 놓았다. "육지 식물이 가진 문제지요." 좋은 화석을 남기려면 입자가 고운 퇴적층과 물이 있어야 하는데, 포자식물이 지배하는 늪지에는 이런 조건이 흔하지만 여타 다른 지역에는 드물었다. 따라서 석탄기의 화석 기록상에서는 거대한 속새류와 석송이 월등히 많더라도 이들 식물이 석탄기를 지배했다고 볼 수는 없다.

새로운 기후 연구들이 이런 주장에 더욱 힘을 실어주면서, 석탄기가 무덥고 습한 날씨로 이루어진 단조로운 시대였다고 전형적인 이미지를 규정하는 데 이의를 제기하고 있다. 오히려 석탄기에는 후덥지근한 시기와 빙하 시기가 교대로 나타났다고 한다. 가장 습한 시기에만 석탄이 쌓였다가 이 시기가 중단되면 긴 건조기가 이어졌고 이때에는 종자식물이 보다 넓은 육지를 덮고 있었다는 얘기다. 이러한 입장에서 볼 때 포자식물은 더 이상 우월한 지위에 있지 못하며 상대적으로 비정상적인 것이 된다. 분포나 지속 기간 두 가지 측면 모두에서 볼 때 소수인 것이다. 그러나 이들 식물은 늪지에서 자랐기 때문에 전체 비율과 맞지 않게 압도적으로 많은 화석을 남겼고 이것이 잘못된 결론을 낳았다. 고생물학자는 이를 가리켜 보존의 편향성preservation bias이라고 일컫는다.

"소어 어디 있어요?" 누군가 외치는 소리가 들렸다. "체코인들이 씨앗을 찾았어요!" 겨우 반나절 함께했을 뿐인데도 내가 무슨 연구를 하는지 다들 알고 있었고 이 탐사 작업에 참여했다는 것만으로도 서로 이름을 부를 수 있는 가까운 사이라고 인정해주었다. 그날의 탐사활동을 이끌었던 리더가 내 쪽으로 오더니 검은 점이 점점이 박힌 작은 돌덩이를 건넸다. 확대경으로 보니 수박씨의 가장자리에 얇은 막이 달려 있는 것처럼 보였다. 이것이 무슨 씨앗인지 빌에게 물었더니 그저 어깨만 으쓱해 보였다. "날개 달린 씨앗이라고 부르는 게 최선일 겁니다." 그의 설명에 따르면 화석 씨앗은 대체로 이름이 없는데 이는 그 씨앗을 만든 식물과 함께 발견되는 일이 거의 없기 때문이다. 그날 늦게 앨버커키에 있는 뉴멕시코 자연사박물관의 화석 전시실을 둘러보며 곰곰이 생각해 보는 동안 빌의 말이 무슨 뜻인지 알 수 있었다. 수십 년에 걸쳐 수집해놓은 씨앗 수십 개에는 다음과 같은 이름표가 붙어 있었다. "씨앗?" "밑씨?" "원뿔형 열매의 일부?" "이름을 알 수 없는 자실체." 게다가 널리 알려진 고대 식물의 "씨앗"이 나중에 노래기의 일부로 밝혀진 유명한 사례도 있었다.

"누군가 고식물의 씨앗을 연구해주었으면 해요." 한 큐레이터가 나중에 학회 친교 시간(온통 화석으로 가득한 창고에 포도주와 맥주, 푸짐한 술안주를 차려놓았다)에 내게 말했다. "일전에 망고 씨같이 생긴 걸 찾아냈는데 범선처럼 용골이 큰 배 모양에 온통 털이 덮여 있었어요. 그건 무슨 씨앗이었을까요?"

나도 진심으로 같은 생각이었다. 먼 옛날의 씨앗을 연구하면 빌이 말했던, 드러나지 않은 식물 군락의 단서를 얻을 수 있을 것이다. 요컨대 어디엔가 박물관에 이름 모를 씨앗들이 진열되어 있다면 분명 늪지 위쪽 언덕에 이름 모를 종자식물이 있었을 것이고 그 자손이 빗물에 씻겨 아래쪽 진창으로 흘러 내려갔을 것이다. 더욱이 그 씨앗들은 영양 공급, 확산, 휴면, 방어 등 씨앗의 가장 중요한 특징들이 막 진화하기 시작하던 시기의 것들이다. 씨앗 생물학자로서 빌의 이론에서 가장 흥미로운 측면은 씨앗의 진화 이야기와 관련되는 대목이다.

전통적 견해에서는 석탄기가 막 시작되는 시기 혹은 그보다 조금 더 일찍부터 씨앗이 출현했다고 본다. 그렇다면 7천 5백만 년이 넘도록 그다지 큰 변화가 없었던 것이다. 페름기에 들어 기후가 변할 때까지 씨앗이 온갖 이점을 지녔음에도 그저 석탄 늪지에서 소규모로 근근이 생명을 이어갔다고 믿어야 한다. 이러한 해석은 풀리지 않는 분명한 두 가지 의문을 남긴다. 첫째, 씨앗이 엄청나게 성공적인 진화적 변화를 의미한다면 왜 그렇게 오랫동안 시시한 존재로 남아 있었을까? 둘째, 영양 공급, 보호, 휴면 같은 씨앗의 특징이 계절적 변화를 보이는 건조 기후에 아주 적합하다면 어떻게 늪지에서 진화했을까? 그런데 씨앗의 진화가 고지대에서 이루어졌다고 재규정하면 이러한 문제는 해결된다. 한순간에 씨앗의 전략은 논리적 적응방식이 되고 이러한 적응방식 덕분에 초기의 혁신적 식물들이 아무도 없는 거대한 서식지에서 군락을 이룰 수 있었던 것이다. 빌을 비롯하여 점점 수가 늘어나는 그의 동료들은 이제 종자식물이 석탄기에 널리 확산되고 수적으로 증가하여 비록 화석 기록상으로는 겨우 암시만 얻을 수 있을 뿐이지만 다양한 형태로 발달함으로써 석탄기를 지배했다고 믿는다. 페름기에 들어서 종자식물이 "급속도로" 늘어난 것도 마침내 이해가 된다. 기후가 영원히 건조해지자 종자식물은 매우 합당한 이유로 빠르게 확산되었던 것이다. 이미 거기에 자리 잡고 있었기 때문이다.

"오랜 활동을 하는 동안 실제로 제가 한 일은 이 조각들을 하나로 정리한 거예요." 빌은 이렇게 말하면서 많은 협력자들에게 공을 돌렸다. 그러나 과학계에서 오랜 믿음을 뒤집으려면 반드시 논쟁이 따른다. "거세게 이의를 제기하는 동료들이 있어요." 그가 수긍했다. "하지만 저는 그저 온화한 태도로 계속 미소를 잃지 않으면서 이야기하지요. 학위 논문 지도교수는 제게 늘 이렇게 말했어요. '논쟁하지 말고, 그냥 계속 연구하라'고요."

빌은 이 충고를 마음 깊이 새긴 것 같았다. 탐사 여행이 끝난 뒤 학회는 실내로 자리를 옮겼고 사람들이 각자의 연구를 발표했다. 종종 열띤 토론이 벌어졌지만 빌은 늘 멀찌감치 거리를 두었다(또한 얼굴에 미소를 띠는 일도 많았다). 하지만 나중에 가서 그가 자기 철학을 살짝 다르게 비틀어서 말하는 걸 들었다. "바보와는 절대로 논쟁해서는 안 돼요. 구경꾼은 차이를 알지 못하거든요."

빌의 동료 중 정말로 "거세게 이의를 제기"하는 사람이 있는지는 몰라도 앨버커키에서는 그런 사람을 만나지 못했다. 학회에서 이야기를 나눈 모든 사람들이 역동적인 석탄기 기후 개념을 지지했고 이 기후에서는 석탄 숲이 육지 풍경에서 흥미로운 부분이긴 해도 결코 지배적이지는 못했다. 하워드 팰컨 랭이라는 이름의 사근사근한 영국인은 침엽수의 기원을 수천만 년 정도 더 위로 거슬러 올라가는 것으로 정함으로써 고지대에서 종자식물이 빠르게 진화했다는 개념에 힘을 실어주었다. 한 대학원생은 자신의 지도교수가 "빌 곁으로 가서 배울 수 있는 모든 것을 배우라"고 일러주었다고 말했다. 하지만 가장 멋지게 표현한 사람은 체코에서 온 스타니슬라프 오플루슈틸이었다. 한때 전통적 견해를 강하게 믿었지만 지금은 문제가 해결된 것으로 여긴다고 내게 말했다. "빌이 제 마음을 바꿔놓았어요."

나는 석탄기에 대해 마음속으로 상상하던 이미지가 완전히 달라진 상태로 뉴멕시코를 떠났다. 커다란 영원류와 잠자리가 달라진 이미지 속에 그대로 등장하지만 이제는 훨씬 익숙한 풍경, 즉 침엽수림을 배경으로 이 동물들을 상상했다. 빌 디미셸의 연구 활동으로 씨앗의 진화 이야기는 늪지를 벗어나 건조한 고지대 환경으로 옮겨갔고 그런 환경이라면 씨앗이 건조 기후에 대해 많은 적응 방식을 지닌 점도 이해되었다. 하지만 포자에서 씨앗까지 이르는 과정은 여전히 먼 여정이었다. 이러한 도약을 정말로 이해하기 위해서는 식물의 사생활에 대해 다소 무례한 질문을 해야 한다.

포자식물이 수정을 할 때에는 대개 어둡고 축축한 곳에서 하며 자가 수정을 하는 경우도 많다. 예를 들어 양치류는 매년 수천 개 심지어는 수백만 개의 포자를 날려 보내는데 이 포자는 현미경으로 봐야 할 만큼 아주 작은 입자이며 잎의 가장자리나 아래 면에서 나와 마치 흙먼지처럼 떠다닌다. 각각의 포자는 두꺼운 벽으로 둘러싸인 하나의 세포로 이루어져 있으며 추가적인 보호 장치나 저장 에너지를 따로 두지 않는다. 이 포자는 축축한 흙이 있는 알맞은 구역에 닿았을 때에만 싹을 틔우며, 그럴 때에도 우리가 알고 있는 것과 같은 새로운 양치류가 자라지는 않는다. 대신 양치류 포자에서 전혀 다르게 생긴 별개의 식물체가 자라며 이 식물체는 손톱보다 작고 조그만 하트 모양의 초록색 덩어리처럼 생겼다. 양치류의 수정에 꼭 필요한 기관이 바로 이 식물체, 즉 배우체gametophyte 안에 들어 있다.

배우체는 난세포를 만들 때 헤엄을 치는 정자도 만들어서 내보내는데, 이 정자는 토양의 진흙탕 물속에서 2센티미터 내지 5센티미터 정도 이동할 수 있다. 이 여정을 통해 정자와 부근의 난세포가 결합할 때에만 수정이 이루어져 우리가 익히 아는 새로운 양치류가 싹을 틔운다. 이 체계의 세부적인 것은 조금씩 다르지만 모든 포자식물은 다른 세대에 수정을 위임하며 정자가 난세포를 만나려면 물이 필요하다. 이러한 특징은 습한 날씨에서 잘 작동하지만 석탄기의 커다란 늪지가 마르기 시작할 때마다 말썽이 생기곤 했다. 번식이 커다란 도전을 맞은 데다 두 단계로 나뉜 생활주기 때문에 변화하는 기후에 적응하기가 두 배 더 어려웠다.

"포자식물이 중대한 적응방식을 시도할 때 생활주기의 두 단계 모두에서 적응에 성공해야 해요. 이는 매우 힘든 일입니다." 빌이 이렇게 설명했다. 다시 말해서 작은 배우체는 생김새가 다를 뿐만 아니라 토양, 습도, 빛 등의 필요조건이 제각기 달랐을 것이다. "학생들에게 이렇게 말하곤 해요. '당신의 정자나 난자가 자라서 당신의 3분의 1짜리라고 할 수 있는 새로운 꼬마 당신이 태어나고, 이 꼬마 당신들이 수정을 해서 또 다른 당신을 낳는다고 상상해 봐요. 게다가 꼬마 당신들의 생김새도 다르다면 어떨까요? 꼬마 당신들이 전적으로 독립적인 생명체이고 당신의 존재에 대해서는 아무것도 알지 못한다면 어떨까요? 당신이 뭔가 다른 삶을 살아보고 싶다고 마음먹었다면 어떻게 될까요? 꼬마 당신들이 당신의 결심을 따르려 하지 않거나 따를 수 없다면 당신은 아무것도 하지 못해요!'"

몇 가지 점에서 볼 때 씨앗은 포자의 한계에 대응하기 위해 진화한 것 같다. 수정을 흙에 맡겨버리는 대신 어미식물 위에서 부모의 유전자를 결합시킨 다음 이 자손에게 식량을 싸주고 내구성을 지닌 보호용 상자 안에 넣어 멀리 퍼뜨리는데, 이 덕분에 이런저런 기후를 견뎌내고 마침내 알맞은 조건이 되었을 때 싹을 틔울 수 있다. 결국에 가서는 헤엄치는 정자도 꽃가루로 대체하여 물이 필요하지 않게 되었다. 참고할 만한 먼 옛날의 씨앗 화석이 거의 없기 때문에 이러한 이행과정의 세부 사항에 대해서는 전문가들이 여전히 논쟁을 벌이는 중이다. 하지만 초기 석탄기에 이 이행과정이 상당히 진행되었다는 점에 대해서는 다들 동의한다. 또한 모든 단계가 화석으로 보존되어 있지는 않지만, 종자식물의 후손 중에서 현대까지 살아남고 심지어는 지금도 우리 주변에서 무럭무럭 잘 자라는 식물들이 살아있는 표본이 되어줄 것이다. 이런 후손을 보기 위해 굳이 어떤 학회까지 참석하러 갈 필요는 없었다. 바로 우리 집 뒷마당에도 자라고 있었다.

매일 라쿤 오두막까지 짧은 산책을 하는 동안 나는 종자식물 옆을 지나다닌다. 잔디에 있는 이끼도 지나고 한 무리의 고사리 옆도 지나는데, 이 고사리들은 오랜 세월 동안 잔디 깎기, 잡초 뽑기, 관목 불, 게다가 우리 집 닭들의 약탈에도 꿋꿋하게 살아남았다. 그러나 내가 보고 싶은 포자식물은 길을 따라 몇 킬로미터 더 내려가서 바위 절벽에 자란다. 바다가 내려다보이는 이 절벽은 우리 섬을 찾는 방문객들이 범고래를 보기 위해 모여드는 곳이기도 하다. 어느 맑은 1월 아침 나는 샌드위치를 싸서 이곳으로 향했다. 크기는 작지만 어느 것에도 뒤지지 않을 만큼 주목할 만한 가치가 있는 종, 바로 부처손을 찾아보기 위해서였다.

짧은 산책길을 걷는 동안 아래쪽에는 잔잔한 바다가 저 멀리까지 펼쳐지고 파도 위로 햇빛과 잔물결이 일렁거렸다. 나는 이른 점심을 먹기 위해 발길을 멈추고 겨울 햇빛의 온기를 가능한 한 많이 쬘 수 있는 공터를 찾았다. 우리 지역은 좁은 지협에 나무들이 자라고 있어서 그런 공터를 만나기가 쉽지 않았다. 그런데 샌드위치 포장을 뜯기도 전에 내가 찾던 대상을 발견했다. 그것은 옆에 있는 바위 틈바구니 사이로 살짝 모습을 드러내고 있었다. 솔직히 큰 수고를 들이지 않아도 찾을 수 있을 거라고 생각하고 있었다. 나는 학생들을 데리고 이곳에 현장 학습을 오는 일이 많았고, 일전에는 식물학 강의를 듣는 학생들이 지나가는 범고래는 아랑곳하지 않은 채 이 작은 식물들에 온통 관심을 보여서 뿌듯한 자부심을 느끼며 지켜보았다. (이 학생들은 섬에서 자랐기 때문에 고래는 익숙했지만 이 식물

그림 4.3. 부처손*Selaginella wallacei.* 모든 종자식물의 공통 조상이 그랬듯이 이 부처손도 암 포자와 수 포자를 각기 분리하는 진화상의 도약을 이루었다. 꽃가루의 전신인 수 포자는 그림의 위쪽 오른편에 나와 있으며 포자낭에서 작은 먼지처럼 떨어져 나온다. 이보다 큰 암 포자는 바로 아래 있다.

은 처음 보는 부처손이었던 것이다!)

좀 더 자세히 보기 위해 무릎을 꿇고 앉았다. 부처손의 조상은 석탄 숲에 있던 거대한 부처손까지 곧장 거슬러 올라간다. 내 앞에 있는 부처손은 겨우 몇 센티미터밖에 자라지 못했지만 작은 줄기에 눌려 있는 잎들은 뉴멕시코에서 보았던 화석 위에 있었더라도 낯익어 보였을 것이다. 그러나 부처손은 뭔가 알고 있었고 이 때문에 이제껏 존재했던 다른 모든 포자식물과는 확실하게 구분되었다. 가지 하나를 살짝 집어 들고 눈을 가늘게 뜬 채 햇빛에 비춰 보았다. 그러고는 두 눈을 비비면서 한숨을 내쉬었다. 이제 돋보기를 가져오지 않으면 포자 관찰의 즐거움도 더 이상 누리지 못하는 삶의 지점에 이르렀다고 인정해야 할 때가 되었다.

라쿤 오두막으로 돌아와 해부 현미경의 도움을 얻자 애초 보고자 했던 것이 선명한 초점 안으로 들어왔다. 현미경 아래에 포자들이 정말로 은은

한 빛을 발하면서 각 잎사귀 아래 면에 있는, 작은 반점 투성이의 황금색 포자낭 안에 박혀 있었다. 그러나 확대경 아래에서 바라본 작은 물체가 아름답게 보이는 일은 흔히 있었다. 이 포자들의 두드러진 점은 크기였는데, 정확히 말하면 크기가 다양하다는 점이었다. 아래쪽 줄기에 있는 포자들은 모두 큰 강의 돌처럼 큼지막하고 부드러운 곡면을 지녔지만, 가지 끝 쪽에 있는 포자들을 보니 불그스름한 흙가루처럼 미세한 알갱이들이 황금색 주머니에서 흘러나오고 있었다. 부처손은 뭔가를 알고 있으며 이것은 종자식물의 조상들도 깨우쳐야 했던 것인데, 다름 아닌 성을 구분하는 법이었다. 커다란 포자는 난세포의 전신인 암 포자이고 작은 것은 정자의 시작인 수 포자다. 이러한 체계 덕분에 유전자 혼합이 증가했을 뿐만 아니라 식물이 "도시락을 마련하고", 장차 새 식물을 낳을 운명인 암 포자 안에 에너지를 넣어두기 시작했다. 여전히 암 포자와 수 포자 모두 어미식물을 떠나 이동한 뒤 배우체로 자라야 하며, 헤엄치는 정자를 위해 물이 있어야 하는 것 역시 여전했지만 그럼에도 이 영리한 적응방식은 종자식물 안에서 최소한 네 차례의 진화 과정을 거쳤다. 그러다가 그중 어느 한 차례에 이르러 씨앗이 생겨났다.

완전무결한 화석을 찾아내는 일이 그렇듯이 부처손을 관찰하는 것 역시 과거를 들여다보는 일이었다. 부조화를 보이는 이 포자들은 먼 옛날의 한 경향을 현대에 와서 대표하는 파견대사라고 할 수 있으며, 씨앗의 진화 과정에서 중대한 단계를 잘 보여주고 있다. 암수의 성이 분리되고 나면 나머지 이야기는 쉽게 상상할 수 있다. 세월이 흐르면서 초기의 종자식물은 암 포자를 멀리 보내지 않고 그대로 두어 잎 위에서 난세포가 성장하도록 하는 법을 배웠다. 수 포자는 여전히 널리 퍼뜨렸으며, 약간의 변형을 가한 결과 바람을 타고 이동하는 꽃가루 알갱이가 되었다. 이 꽃가루가 난세포 위에 앉게 되었을 때 식물은 자기 자신이 씨앗의 모든 기본 요소를 갖추었다는 걸 불현듯 깨달았다. 즉, 수정된 어린 식물을 보호하고 식량을 마련하여 다음 세대로 자라도록 떠나보낼 수 있게 된 것이다. 이런 체계가 생기고 나자 종자식물은 건조 기후로 바뀔 때마다 직접적인 이점을 누렸다. 포자는 정자가 헤엄칠 수 있도록, 또한 수분을 좋아하는 배우체를 위해서도 물이 필요했지만 종자식물은 돌풍이 부는 데서도 번식할 수 있었다. 또한 내구성을 지니고 영양분을 잘 갖춘 자손은 흙에 떨어진 뒤에도 발아와 성장에 알맞은 조건이 마련될 때까지 기다릴 준비가 되어 있었다.

씨앗의 진화를 보여주는 화석 기록은 여전히 모호하지만 부처손이 그랬듯이 현대의 다른 식물들도 간극을 메우는 데 도움이 된다. 대다수 사람들은 은행나무를 인기 있는 장식용 나무로, 혹은 기억력 증진이나 혈액순환 개선을 위한 생약의 원료로 알고 있다. 그러나 은행나무는 포자 시대의 유물인 헤엄치는 정자가 꽃가루에서 만들어지던 초기 종자식물 군 가운데 유일하게 살아남은 식물이다. 야자나무처럼 생긴 소철나무 군도 이런 특징을 갖고 있으며 그중 한 식물은 맨눈으로도 볼 수 있을 만큼 커다란 정자를 만든다. (콜롬비아 해안 지역에 자라는 치과나무의 정자는 살랑거리는 꼬리가 수천 개 달려 있으며 다른 어떤 식물이나 동물의 정자보다도 크다.) 이 식물들은 침엽수나 그보다 덜 알려진 몇몇 종과 함께 겉씨식물gymnosperm 군을 형성하며 씨앗이 아무 장식 기관 없이 잎이나 원뿔형 비늘 위에서 자란다고 해서 이런 이름이 붙여졌다.

겉씨식물은 석탄기에 몇 차례 나타났던 건조기 때부터 공룡 시대까지 줄곧 식물군 내에서 지배적인 위치를 차지했고 오늘날까지도 아주 흔하게 볼 수 있다. 페스토(바질, 마늘, 잣, 파르메산 치즈, 올리브유를 혼합하여 갈아서 만든 가열하지 않은 소스_옮긴이) 위에 보이는 잣을 맛있게 먹어본 사람이라면 겉씨를 잘 알 것이다. 소나무, 전나무, 독미나리, 가문비나무, 삼나무, 사이프러스 나무, 카우리소나무, 그 밖의 침엽수들이 여전히 다른 나무들보다 많은 면적을 차지하고 있는 온대림이나 그 주변에서 사는 십억 명가량의 사람들 역시 겉씨를 잘 알 것이다. 그러나 겉씨식물이 널리 분포되어 있을지는 몰라도 이 유서 깊은 나무와 관목들은 오래전에 식물 다양성의 왕관을 젊은 씨앗 혁신세력들에게 넘겨주었다.

몇몇 겉씨식물이 보호막을 갖게 되면서 씨앗 진화에서 중대한 최종 단계가 시작되었다. 사람들이 목욕 후에 몸을 감싸는 것과 같은 방법, 같은 이유로 시작되었다. 우리 아들 노아는 세 살이 되어도 여전히 아기 때 쓰던 파란 플라스틱 통을 사용한다. 이제는 혼자서도 욕조 밖으로 나올 수 있지만 그럴 때면 곧바로 보들보들한 큰 수건으로 온몸을 감싸준다. 벌거벗고 다니는 것에 대해 내숭스러운 반감이 있어서가 아니라 노아의 벌거벗은 작은 몸이 너무 연약해 보이기 때문이다. 내 입장에서는 아이를 보호하고 영양을 보충해주고 싶은 본능적인 아빠의 반응이 튀어나오는 것이다. 식물이 수건에 대해 의식적인 판단을 하면서 수선을 피우지는 않지만 이와 동일한 진화적 동력에 의해 겉씨식물 중 한 세력이 맨몸뚱이를 드러낸 씨앗을 감싸고 밑에 있는 잎을 접어서 자라는 난세포를 에워싸게 되었다. 식물학자들은 이 방을 심피carpel라고 부르며 이것을 지닌 식물은 속씨식물angiosperm이라고 알려져 있는데, 이는 "그릇에 담긴 씨앗"이라는 의미의 라틴어다.

나는 뉴멕시코에서 화석 속씨식물은 하나도 보지 못했다. "학회를 잘못 찾아왔네요." 한 참석자가 퉁명스럽게 말했다. 암반 역시 잘못 짚었고 주요 지질 연대 몇 단계가 차이가 났다. 보호용 잎으로 씨앗을 감싸는 것이 간단한 단계, 심지어는 당연한 단계처럼 보일지 몰라도 겉씨가 1억6천만 년이 넘도록 일반적인 경향으로 자리 잡고 있다가 이후 백악기 초기에 들어서야 비로소 속씨식물이 나왔다. 보다 넓은 시야에서 볼 때 설치류와 박쥐에서부터 고래, 땅돼지, 원숭이에 이르는 태반 포유류의 다양성이 펼쳐진 기간은 이의 3분의 1정도밖에 되지 않는다. 식물학자는 이렇게 오랫동안 지연된 점에 대해서 영문을 알지 못하지만 씨앗을 그릇에 담는 방법이 좋은 아이디어로 인정받게 된 점에 대해서는 이의가 없다. 일단 자리를 잡게 된 속씨식물은 급속도로 퍼져 나갔으며 다윈은 이러한 증가를 "가공할 만한 미스터리"로 여기면서, 신중하고 점진적인 변화라는 자신의 개념을 위협한다고 보았다. 이제 속씨식물은 모든 식물 생명체의 대다수를 차지하고 있으며 이들의 씨앗이 이 책 내용의 많은 부분을 지배하고 있다.

진화의 관점에서 볼 때 씨앗에게 가장 중요한 단계는 포자식물에서 겉씨식물로 나아간 도약이었다. 빌 디미셸은 우리가 속씨식물에 온통 관심을 집중하는 데 대해 한탄했다. "이야기의 핵심을 놓치고 있어요." 그가 말했다. "어쩌다 보니 그냥 속씨식물이 많은 거예요." 하지만 맨몸뚱이의 씨앗을 감싸게 됨으로써 체계가 개선되고 여러 가지 새로운 기회가 열린 점은 분명하다. 요컨대 수건은 시작이었던 셈이다. 노아는 줄무늬 파자마를 입는 경향이 두드러지게 되었지만 사람들은 저마다 마음에 드는 것으로 맨몸을 감쌀 수 있다. 반바지와 하와이안 셔츠를 입는 사람도 있고 칵테일 드레스를 입는 사람도 있으며 심지어는 갑옷을 입는 이도 있다. 단순한 잎 조직에서 시작되었던 씨앗 감싸개는 곧 현란한 구조로 진화하는데 현재 우리는 이를 총칭하여 열매라고 알고 있다. 옷이 그렇듯이 열매도 보호용 목적이기도 하지만 다른 한편 매력적 요소도 지니고 있어서 속씨식물이 동물을 꼬드겨 자기 자손을 널리 퍼뜨리게 하는 강력한 방법이 되고 있다. (열매와 씨앗, 그리고 사람을 포함한 동물 사이에 어떤 연결 관계가 있는지는 12장에서 알아볼 것이다.)

그러나 열매의 진화보다 훨씬 중요한 것은 감싸개로 둘러싸인 씨앗이 수분에 어떤 영향을 미쳤는가 하는 점이다. 난세포가 씨방 안에 숨어 있는 상태에서는 바람이 꽃가루를 운반하는 믿음직한 도구가 되지 못한다. 대신 속씨식물은 점차 동물, 특히 곤충에 의존하여 이 꽃에서 저 꽃으로 꽃가루를 운반하게 되었다. 형형색색의 꽃잎, 꿀, 향기 등 우리가 꽃에서 연상하는 모든 유혹적 수단이 이러한 요구에 맞춰 발전되었고, 바람에 날린 꽃가루가 제멋대로 떨어져 이루어지던 수분 과정이 이제는 유전자를 혼합하기 위한 자연의 가장 정확한 (그리고 가장 아름다운) 방법으로 이루어지게 되었다. 이 체계 덕분에 다윈도 그토록 어리둥절해했을 만큼 급속한 다양화가 이루어졌고 속씨식물도 "꽃식물"이라는 또 다른 이름을 지니게 되었다.

자연 속에서 꽃식물은 자기 자신의 진화를 촉진할 뿐만 아니라 자신과 긴밀하게 얽혀 있는 동물과 곤충의 진화까지도 자극함으로써 수정, 씨앗, 확산의 방법을 맘껏 선보였다. 대부분의 경우 확산자, 소비자, 기생자, 그리고 무엇보다도 꽃가루 매개자가 다양해졌고 그 결과 이들이 의존하는 식물 역시 다양해졌다. 그러나 꽃에 의한 수정의 진화는 인간에게도 매우 중요한 것으로 입증되었다. 수분을 인위적으로 조절하고 그 결과물을 씨앗의 형태로 오래도록 보관하는 능력이 없었다면 우리의 조상이 농업에서 성공을 거두는 것은 상상하기 힘들었을 것이다. 저자이자 식량 운동가인 마이클 폴란은 한 단계 더 나아간 주장을 펴면서 식물 육종 활동이 식물과 인간 모두를 영구적으로 변화시킨 "일련의 공진화 실험"이었다고 주장한다. 폴란은 달콤함, 영양분, 아름다움, 심지어는 취한 상태를 갈구하는 인간의 욕망이 우리가 먹는 작물의 유전자 속에 암호화되어 있다고 주장했다. 이러한 특성을 지니게 된 결과 인간은 즐거움을 누릴 수 있었고, 식물의 입장에서는 우리가 원래 서식지에 있던 식물을 전 세계에 있는 텃밭과 농장으로 충실하게 확산시켜 주므로 이점을 누릴 수 있었다. 그러나 종자식물과 우리의 친밀한 관계는 단지 우리의 배를 채우는 데 그치지 않았으며 더 나아가 인간에게 상상력을 불어넣어 주었다. 기나긴 세월 동안 이어져온 이러한 관계로부터 우리가 얻어낸 지식은 자연의 작동 방식을 이해하는 가장 깊은 통찰의 보고가 되기도 한다. 이것이 없었다면 역사상 가장 유명한 실험도 이루어지지 못했을 것이다.

제5장

멘델의 포자

교배를 하기 위해 고른 다양한 완두콩은 여러 면에서 차이를 보였다.
줄기의 길이와 색깔, 잎의 크기와 모양,
꽃의 위치와 색깔과 크기, 꽃자루 길이,
콩꼬투리의 색깔과 모양과 크기, 씨앗의 모양과 크기 등등…….

그레고어 멘델, 「식물의 잡종에 관한 실험」(1866년)

“대통령의 날에 완두콩을 심어라.” 열성적인 식물 재배자와 함께 살고 있는 나는 이 격언이 주문이자 명령이라는 걸 알게 되었다. 엘리자 입장에서는 완두콩을 심는 일이 부푼 기대감으로 새로운 계절을 시작하는 출발점이었으며 그녀의 텃밭 흙은 언제나 막 갈아놓은 상태로 일찍부터 대기하고 있었다. 올해에는 우리 두 사람 모두 완두콩을 심을 계획이었다. 그러나 라쿤 오두막의 화단에 무리지어 웃자라 있는 또 다른 풀들을 뽑는 동안 내 완두콩 계획이 늦어질 것이라는 점은 분명해 보였다. 새 흙을 퍼오고 닭들이 접근하지 못하도록 일종의 보호막을 고안해야 하는 데다 씨앗 주문까지 해야 하는 점을 감안할 때 종려 주일까지 이 일들을 해낼 수 있다면 다행일 것이다. 그렇지만 일정이 이렇게 늦어지면서 모라비아 브륀(지금의 체코공화국 브르노)의 식목일에 보다 가까워지게 되었는데 내가 상기시키고 싶은 그 유명한 텃밭은 아직도 여전히 눈으로 덮인 채 요지부동의 상태에 있을 것이다.

1856년 봄 그레고어 멘델이 첫째 줄에 심은 완두콩에서 싹이 나오게 하려고 애쓰고 있었을 때 날씨 외에도 많은 것이 그에게 우호적으로 진행되었다. 수도원장 시릴 냅은 성 토마스 아우구스틴 수도원을 연구 대학처럼 운영하면서 휘하의 수도사들이 식물학과 천문학에서부터 민속 음악, 언어학, 철학에 이르기까지 무엇이든 연구하도록 장려했다. 이들은 좋은 음식을 먹고 훌륭한 도서관을 가졌으며 연구에 매진할 수 있는 시간도 충분했다. 멘델의 경우에는 수도원장이 전용 온실까지 만들어주고 오렌지 나무 온실과 넓은 수도원 밭도 용도를 바꾸어 사용할 수 있도록 해주었다. 다른 한편 이 젊은 수도사는 수백만 년 동안 진행되어 온 진화의 혜택까지도 누렸다. 씨앗 특유의 성질이 없었다면 그가 유명한 발견을 해내는 과정이 설령 불가능하지는 않아도 많은 시련에 봉착했을 것이다.

현대 유전학의 아버지가 포자식물로 실험을 했다고 상상해보라. 날마다 손과 발을 진창 속에 담근 채 작은 배우체를 찾고 이 배우체에서 생긴 정자와 난세포를 한곳에 모으느라 애를 썼을 것이다. 아주 미세한 정자가 자유롭게 헤엄쳐 가서, 보이지 않는 흙 속에서 수정을 하는데 이러한 식물의 교배를 어떻게 통제할 수 있었겠는가? 포자식물은 절대로 인위적 조작을 허용하지 않으며 야생 조상들과 비교해볼 때 인간의 손으로 재배한 양치류와 이끼류가 근본적으로 달라지지 않은 모습을 유지했던 것도 이런 이유 때문이다. (사람의 입장에서 별다른 쓸모가 없었던 포자의 또 다른 특성 역시 주목해볼 가치가 있다. 포자는 자손에게 "도시락을 싸주지" 않기 때문에 아무런 영양 가치가 없었다. 가끔 포자식물의 잎을 조금 먹어보는 일은 있을지 몰라도—이 역시 매우 예외적이다—포자식물을 이용하여 빵이나 포리지, 그 밖의 다른 음식을 만드는 일은 없다.)

멘델은 양치류나 이끼류를 연구해볼 생각은 전혀 하지 않았다. 농부의 아들이었던 그는 식물에 대해 충분히 잘 알고 있어서 그처럼 무질서하게 이루어지는 생식 활동 체계가 유전에 관해 아무것도 가르쳐주지 못한다는 것을 깨달았다. 하지만 쥐 실험은 시도해본 적이 있었는데 한 수도사의 숙소가 급속도로 늘어가는 설치류의 우리로 온통 가득 차 있는 것을 목격한 지역 주교가 이를 볼썽사나운 일이라고 여긴 뒤에야 이 실험을 중단했다. 마침내 완두콩으로 결정한 멘델은 이 체계가 자신의 실험에 이상적으로 적합하다는 것을 깨달았다. 꽃을 따서 인공수분을 하면 그 자신이 매개자가 되어 교배하고자 하는 식물을 정확하게 고르고 그들의 특성이 어떻게 유전되는지 관찰할 수 있었다. 포자와 달리 완두콩의 씨앗은 양쪽 부모로부터 받은 유전자가 결합하여 다른 완두콩을 만들어내며 이 완두콩은 쉽게 분류하고 검사하고 수를 셀 수 있다. 또한 쥐와 달리 실외에 살며 냄새도 향긋하고 심지어는 수도원 주방에 맛있는 잉여농산물을 공급할 수도 있었다.

나는 씨앗이 도착하자 곧바로 상자를 열고 그중 몇 개를 식탁 위에 꺼내놓았다. 모두 같은 종이었지만 생김새는 멘델의 완두콩처럼 제각각이었다. 어떤 것은 녹색에 검은 점이 군데군데 찍혀 있는가 하면 갈색 콩도 있었고, 주름진 완두콩이 있는가 하면 둥근 완두콩도 있었다. 19세기 모라비아에 살던 멘델은 지방의 씨앗 상인으로부터 서른네 가지 종류의 완두콩을 어렵지 않게 구입했다. 나는 두 개를 심을 공간밖에 없었지만 이 작은 연구로 한 가지 종류의 완두콩을 추적해볼 수 있다. 멘델이 키웠을 완두콩에도 당연히 이 종류가 들어 있었을 것이다. "뷔르템베르크 겨울 완두콩"은 현재 독일 남부 지방에 속한 예전의 한 왕국에서 재배했다고 해서 이런 이름이 붙여졌다. 뷔르템베르크와 부근의 모라비아를 연결하는 철도가 있었고 멘델이 완두콩을 구입할 당시 두 지역은 우호적인 관계를 맺고 있었다. 심지어 1866년 오스트리아-프러시아 전쟁이 일어났을 때에는 같은 편에서 싸웠으며 이 해는 멘델이 자신의 성과를 발표했던 해이기도 하다. 한 수도사가 수도원 밭을 어슬렁어슬렁 돌아다니며 일했다고 하면 기본적으로 무척 평화로웠을 것이라고 느껴지지만 사실 멘델은 격동의 시기에 살았다. 유럽의 오래된 제국들은 민중의 동요와 급변하는 정치 동맹 상황에서 간신히 버티고 있었으며 학자들 역시 긴급한 지적 대변동, 즉 자연선택에 의한 진화 이론을 놓고 서로 다투고 있었다.

1859년 찰스 다윈의 『종의 기원』 초판본이 하루 만에 다 팔렸고 독일어 번역본이 일 년 만에 나왔다. 수도원 소장본에 멘델이 달아놓은 상세한 메모를 보면 그가 완두콩으로 힘들게 연구하는 동안 이 책의 내용을 잘 이해하고 있었다는 것을 알 수 있다. 그러나 이 완두콩이 그에게 알려준 것들의 중요한 의미를 완전히 파악하고 있었는지 아닌지는 여전히 논의 대상으로 남아 있다. 지나고 보니 멘델이 천재처럼 보이지만 당대에는 이름을 얻지 못했고 그가 실제로 무슨 생각을 했는지도 거의 알려진 바가 없다. (역사상 가장 운이 나빴던 사고라고 여겨질 법한 어떤 관리 업무를 처리하느라 이 수도원의 후임 수도원장이 멘델의 공책과 자료들을 모두 불태워버렸다.) 우리는 멘델이 단순한 애호가 수준을 훨씬 넘어섰다는 것을 알고 있다. 과학에 대한 통계적 접근과 치밀한 방법은 당대보다 몇 십 년을 앞서 있었다. 또한 이런 접근 방법을 완두콩뿐만 아니라 엉겅퀴, 조팝나물, 꿀벌에도 적용했으며 이는 그가 유전의 보편법칙에 실제로 관심을 갖고 있었다는 것을 나타낸다. 또한 멘델 스스로도 뭔가 중요한 발견을 했다고 느꼈다. 논문은 비교적 잘 알려지지 않은 모라비아의 한 학회지에 발표되었지만 그는 이 논문을 별도로 마흔 권 인쇄하여 당대의 많은 지도적 과학자들에게 보냈다. 이 가운데 뜯지도 않고 읽지도 않은 채 그냥 놔두었던 몇 권이 나중에 다시 발견된 적이 있었다.

선셋 사에서 출판한 『웨스턴 가든 북』에서는 완두콩을 심을 때 깊이 2.5센티미터로, 간격 5센티미터 내지 10센티미터를 띄워서 심으라고 권고한다. "더 가까이 심어야 해." 엘리자가 말했다. "아니면 민달팽이가 뜯어 먹을 거야." 모라비아의 식물 재배자들도 민달팽이와 달팽이에서부터 바구미, 진딧물에 이르기까지, 더러는 먹잇감을 찾아 돌아다니는 참새까지 완두콩을 노리는 온갖 적을 상대한다. 멘델 역시 틀림없이 한 줄에 촘촘하게 심었을 것이다. 이는 곧 엄청난 수의 완두콩을 뿌렸다는 의미이며, 이렇게 하여 "1만 그루 이상"을 생산하여 향후 연구 과정에서 이 완두콩들을 떠올려서 살펴보았을 것이다. 나의 작은 시도는 이 수에 비길 바가 못 되지만 그럼에도 완두콩을 고르는 문제에 관해 내가 그 수도사에게 한두 가지 알려줄 게 있다는 믿음에서 나름 위안을 얻었다. 우연한 일이었지만 나는 17톤짜리 완두콩 수확 콤바인을 조종하면서 상업 농업을 경험해본 적이 있었다. 고등학교 2학년을 마친 뒤 여름방학을 맞아 오후 6시부터 아침 6시까지 일주일에 7일 동안 야간 교대조로 콤바인을 운전하면서 계속 덤프트럭에 완두콩을 가득 채웠다. 콤바인은 천천히 움직이는 기계여서 나는 플래시 불빛을 이용해 소설책을 읽으면서 대부분의 시간을 보냈다. 그러나 내게 멘델과 같은 인내력과 동기가 있었다면 트럭 위로 올라가 그 완두콩들을 세보면서 색깔과 모양과 크기의 미묘한 차이들을 모두 기록했을 것이다.

멘델의 글을 다시 읽으면서 한 줄에 완두콩을 몇 개 심어야 하는가 하는 문제 외에도 아주 많은 것을 깨우쳤다. 씨앗이, 그리고 씨앗과 우리의 밀접한 관계가 자연 세계에 대한 우리의 이해 방식에 얼마나 깊은 영향을 미쳤는지 그의 실험을 통해 알 수 있었다. 멘델의 실험들은 진화 과정에

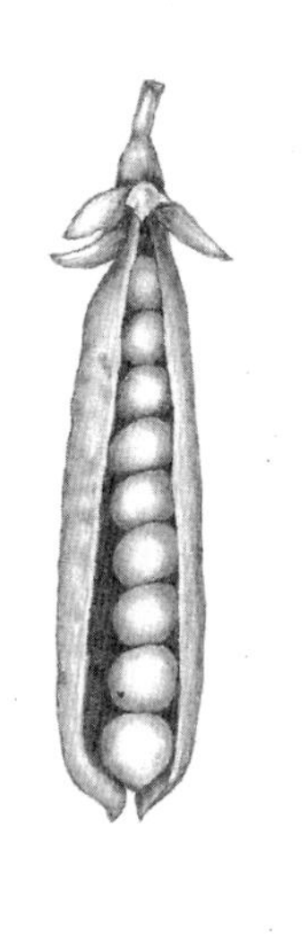

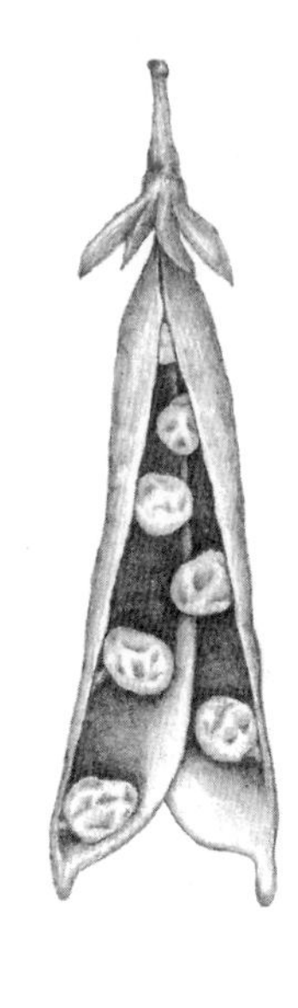

그림 5.1. 완두*Pisum sativum*. 완두는 둥근 콩과 주름진 콩 등 두 가지 모양의 씨앗이 있을 뿐만 아니라 그 밖에도 쉽게 조작할 수 있는 다양한 특징을 보이기 때문에 그레고어 멘델에게 완벽한 연구 종이었다.

관한 통찰을 일깨웠으며, 이는 찰스 다윈의 연구에 못지않게 많은 의미를 지니면서도 그것과는 전혀 다른 통찰이었다.

다윈도, 자연선택의 공동 발견자인 앨프리드 러셀 월리스도 멀리 떨어진 곳을 다니는 동안 통찰을 얻었는데, 이는 우연한 일이 아니다. 다윈은 비글호를 타고 오랜 항해를 했고 월리스는 말레이 제도를 여행했다. 자연에 관해 그처럼 광범위한 법칙을 이해하려면 자연에 대한 광범위한 시야가 필요했던 것이다. 낯선 풍경 곳곳에 이국적인 생명체가 퍼져 있는 것을 보는 신선한 시야를 경험함으로써 익숙한 환경에서는 모호했던 생명 형태를 파악하는 데 도움이 되었다. 뒷마당에서 보는 핀치 새는 그냥 핀치 새인 것이다. 그러나 개별 특징이 실제로 어떻게 한 세대에서 다음 세대로 전해지는가 하는, 진화의 기본 사항을 이해하기 위해서는 핵심을 찌르는 초점이 있어야 한다. 멘델은 사람들이 다른 어떤 것보다 잘 아는 자연 체계를 다시 살펴봄으로써 깨달음을 얻었다. 비록 그가 농경 생활에 전념한 적은 없었지만 자기보다 앞서 살았던 수많은 재배자와 농부들이 완성해 놓은 기법을 이용하여, 농업의 가장 기본적인 통찰을 과학적인 유전 법칙으로 발전시켰다.

고고학자들은 초기 정착지의 흙 속을 살필 때 농경이 시작된 정확한 시점을 알아내기 위해 씨앗을 찾는다. 야생종보다 갑자기 커진 오래전의 곡물이나 견과류가 보이면 누군가 좋은 특징을 가진 식물을 선택하여 재배하기 시작했다고 이해한다. 농부의 입장에서 이는 세상에서 가장 자연스러운 일이다. 일전에 어느 날 오후 노아와 함께 마른 옥수수 알을 까서 금속 그릇에 담은 적이 있었다. 땡그렁, 땡강, 땡그르 소리가 났다. 우리는 이 옥수수 알을 모두 갈아서 옥수수 가루 반죽을 만들 계획이었지만 만일 보관용 씨앗을 찾는 중이었다면 분명하게 선택할 수 있었을 것이다. 단단한 묵은 옥수수 알 중에는 옥수수 속대에서 손쉽게 잘 떼어지는 크고 기름진 알맹이들이 있었다. 알이 굵은 낟알은 쉽게 잘 떨어지는데 이런 특징을 다음 세대에 전해줘야 한다.

멘델이 살던 시대에는 식물 교배가 발달하여 각 지역마다 콩, 상추, 딸기, 당근, 밀, 토마토, 그 밖의 수십 가지 작물이 있었으며 완두의 지역적 변종도 수십 가지를 자랑했다. 사람들이 유전학은 알지 못했을지라도 선별적 교배를 통해 식물(그리고 동물)을 극적으로 변화시킬 수 있다는 것은 모두들 이해했다. 예를 들어 잡초처럼 생긴 해안 지역의 겨자 한 종에서 우리가 잘 아는 여섯 종 이상의 유럽 채소가 생겨났다. 맛있는 잎사귀에 관심이 있는 농부는 이를 양배추, 콜라드 그린, 케일로 변형시켰다. 식용 결순과 꽃봉오리를 지닌 식물을 선별해서 재배하면 방울양배추, 콜리플라워, 브로콜리가 나오는 반면 살찐 줄기에 양분을 주면 콜라비가 된다. 가장 큰 씨앗을 저장해두는 간단한 방법으로 작물 개량을 꾀하는 경우도 있고 정말로 정교함을 요하는 경우도 있었다. 아시리아 인들이 4천년도 훨씬 전에 세심한 방법으로 대추야자를 인공수분하기 시작했고 일찍이 중국 상나라(기원전 1766~1122년)의 양조업자는 완벽한 혈통의 수수를 만들어내어 타가수분이 되지 않도록 보호했다. 시에라리온의 멘데족만큼 식물 재배와 식물 연구 간의 본능적 연결 관계를 잘 표현하는 문화도 없었는데, "새로운 쌀을 시험적으로 만들어보다"는 문구에서 "실험하다"에 해당하는 동사가 파생되었다.

멘델은 이전에 있었던 수많은 식물 교배자와 달리 체계에 대한 이해가 없는 상태에서 체계를 조작하는 데 만족하지 않았다. 그의 천재성은 호기심, 인내심, 끈기, 그리고 상당한 수학적 재능에 있었다. 8년의 시간 동안 그는 완두를 신중하게 교배하여 줄기 길이, 콩꼬투리 색깔, 꽃의 위치, 그리고 가장 유명한 것으로는 주름진 완두콩 대 둥근 콩 등 특정 형질의 운명이 어떻게 되는지 여러 세대에 걸쳐 추적하였다. 어떤 부모에서 어떤 자손이 나오는지 꼼꼼하게 기록함으로써 이런 형질들이 예측 가능한 방식으로 반응한다는 것을 발견했다. 다윈을 비롯하여 그의 동시대인들 대부분은 교배를 하면 부모의 특징들이 섞인다고 믿었지만 멘델은 형질들이 별개의 단위로 유전된다고 이해했다. 개체가 모든 형질에 대해 두 가지 변이를 지니고 있으며 이는 각각의 부모에게서 무작위로 유전된 것임을 자신의 완두를 통해 알아냈다. 현대의 용어로 옮기면 개체가 모든 유전자마다 두 가지 대립유전자를 지닌다고 말할 수 있다. 어떤 대립유전자는 우성이며 겉으로 발현되는 반면(예를 들면 둥근 완두콩) 다른 대립유전자는 열성이고 두 개가 함께 만나지 않는 한 겉으로 발현되지 않은 채로 있는데(예를 들면 주름진 완두콩), 유전학자들은 이를 가리켜 이중열성이라고 부른다. 오늘날 기초 생물학 수업에서 퓨넷바둑판법을 본 적 있는 사람이라면 누구라도 이러한 개념에 대해 어렴풋이나마 들어보았을 것이다. 실제로 대다수 교과서에서는 멘델의 완두콩을 사례로 이용한다. 순수 혈통의 주름진 완두콩과 둥근 완두콩을 교배하면 둥근 완두콩의 자손이 나오지만 이후의 세대는 둥근 완두콩과 주름진 완두콩이 3대 1의 비율로 나온다. 현재는 이것이 수업 시간의 연습 문제로 나오지만 1865년에는 그레고어 멘델만이 지구상에서 유일하게 이를 이해하는 사람이었다. 그는 마지막 완두콩을 콩꼬투리에서 깐 다음 자신의 혁명적인 발견을 논문에 요약 정리해두었으므로 이 논문은 틀림없이 가장 유명하고 영향력 있는 글이 되었을 테지만 오늘날까지 실제로 이 논문을 읽어본 사람은 아무도 없다.

몇 주 지나자 라쿤 오두막 옆에 심었던 완두가 멋지게 싹을 틔우고 민달팽이가 넘보지 못할 정도까지 자랐다. 6월 무렵이 되자 완두는 임시변통으로 현관에 걸쳐놓은 격자 구조물을 타고 180센티미터 높이로 자랐으며 내 책상 뒤쪽 유리창을 통해 처음으로 자주색 꽃이 피는 것을 볼 수 있었다. 멘델은 완두꽃을 "특이하다"고 했는데 이는 좁다란 꽃잎들 사이에 중요한 부분이 감춰져 있었기 때문이다. 그러나 이는 수분을 통제하는데 이상적인 배열이다. 나는 그의 세심한 지시에 따라 어린 수술을 떼어낸 다음 내가 선택한 꽃가루를 암술 위에 뿌렸다. 멘델은 면봉도 없던 시절에 이 모든 작업을 해냈으며 나는 그의 방식대로 작업을 하면서 한 꽃의 화분낭을 뒤집으면 다른 꽃의 암술에 정확하게 꽃가루를 전할 수 있다는 걸 알았다. 또한 그가 자신의 텃밭에서 느꼈을 평화 비슷한 것을 나 역시 느낄 수 있었다. 그 유명한 수분 작업 역시 나의 수분 작업과 똑같이 선선한 봄날 아침 새소리와 꽃에 둘러싸인 가운데 이루어졌기 때문이다.

완두를 인위적으로 관리하는 마지막 단계는 꽃에 작은 주머니를 씌워 다른 것과 섞이지 않게 하는 일이다. 나는 옥양목 대신 종이로 주머니를 만들었지만 이 점만 아니라면 나의 완두 밭은 모라비아에 있던 그 유명한 텃밭의 복사판이라고 할 수 있었다. 또한 이 과정은 예전에 내가 중미에서 알멘드로 나무를 연구하던 시절과 곧바로 연결되었다. 알멘드로 나무는 열대지방에 살고 키가 45미터나 되지만 콩과 식물에 속하며 온통 자주색 꽃이 핀다. 게다가 내가 알멘드로 나무를 상대로 인공수분을 한 적은 없지만 그럼에도 내 학위 논문은 멘델의 실험을 곧바로 이어받았다. 멘델은 씨앗의 혈통에 관해 연구할 수 있는 길을 열어주었고 그 덕분에 150년이 지난 후 내가 씨앗의 유전자 형태를 바탕으로 전체 개체군에 관해 이해할 수 있었다. 어떤 나무들이 번식할 것인지, 꽃가루는 얼마나 멀리 이동했는지, 누가 씨앗을 여기저기 운반했는지 등등을 파악할 수 있었다. 현대 유전학에서 쓰이는 도구가 다르기는 하지만 멘델 역시 내가 열대우림에서 했던 작업과 그 작업이 의미하는 바를 정확하게 이해했을 것이라고 믿는다. 그렇더라도 멘델이 자기 앞에 여러 가지 좌절이 기다리고 있다는 것을 알았더라면 암술에 꽃가루를 묻히는 일을 그토록 끈기 있게 해낼 수 있었을까 하는 의심은 든다.

완두에 관한 멘델의 논문이 하늘에서 쿵 하고 떨어졌다고 말한다면 온당치 않을 것이다. 왜냐하면 그런 비유 속에는 그의 논문이 어떤 반향을 일으켰다는 의미가 내포되어 있기 때문이다. 1866년 논문이 발표된 후 20세기로 넘어오기까지 과학 문헌에서 「식물 잡종에 관한 실험」을 인용한 횟수는 24번도 되지 않았다. 이와 대조적으로 다윈의 저서는 수천 번

인용되었다. 멘델이 자신의 발견 내용을 브륀 자연과학학회에 발표했을 때 아무도 질문을 하지 않았다. (참석자들의 "활발한" 참여가 있었다는 한 지역신문 기사는 친구, 아니면 아마도 수도사 자신이 썼을 것이라고 여겨진다.) 멘델이 살아있는 동안 그의 연구에 대해 알고 있던 몇 안 되는 사람들도 이 내용에 의혹을 품었거나 아니면 내용을 이해하지 못했으며, 멘델은 자신의 연구에 어떤 함의가 들어 있는지 흡족한 대화 한 번 제대로 해보지 못했을 것이다. 게다가 멘델은 자신의 발견을 조팝나물이나 과꽃과科의 작은 야생화에 그대로 시도했다가 실패했다. 멘델은 몰랐겠지만 이 식물들은 좀처럼 수분을 하지 않는다. 그 대신 복제식물처럼 생긴 이상한 씨앗을 만들어내는데 이 씨앗은 멘델이 완두 연구에서 그토록 꼼꼼하게 기록했던 것과 달리 양쪽 부모에게서 물려받은 유전 현상을 하나도 보여주지 않는다. 그로서는 불운한 선택이었으며 이로 인해 더욱 사기가 꺾이고 의심이 커졌으며 낙담했다. 전기 작가들의 설명에 따르면 젊은 시절의 멘델은 학생들에게 사랑받고 장난도 좋아하는 상냥한 사람이었다고 한다. 그러나 말년의 멘델은 과학뿐만 아니라 사회와도 점점 거리를 두었다. 1878년 씨앗을 파는 한 행상인은 나이든 수도사에게서 유전에 관한 이야기 좀 들어보려고 했으나 아무 말도 듣지 못했다. "멘델에게 완두 연구에 관해 물었을 때 그는 의도적으로 화제를 다른 데로 돌렸지요."

멘델이 무슨 생각을 하고 있었는지 알 수는 없지만 한 가지 일화로 미루어볼 때 자신의 연구 결과에 여전히 확신을 갖고 있었으며 종국에 가서 그것이 어떠한 영향을 가져올지 감지하고 있었다. 1884년 멘델이 죽고 그로부터 한참이 지난 뒤 수도원에 있던 한 동료의 회상에 따르면 멘델은 "나의 시기가 분명히 올 거야"라는 말을 자주 했다고 한다.

나의 완두 밭을 수확할 때가 왔다. 늦여름이었으며 뜨거운 열기에 덩굴이 축 늘어지고 콩꼬투리는 누렇게 변했으며 그 속에서 익은 완두가 딱딱하게 말랐다. 멘델은 혼자 일할 때도 많았지만 숙련된 조수와 수도원의 수련 수도사들에게서도 도움을 받았다. 나를 도울 스태프진은 세 살짜리 꼬마 한 명으로 구성되었지만 씨앗 프로젝트라면 뭐든 열의를 보이는 노아는 열심히 한패가 되었다. 우리는 덩굴을 뽑은 다음 그늘진 현관에 앉아 콩꼬투리에서 완두콩을 까기 시작했다. 눈 깜짝할 새 노아가 완두콩을 한 줌 낚아채더니 입 안에 털어 넣었다. 오래전 나는 덫으로 포유류를 잡는 프로젝트에 개 한 마리를 데리고 나갔다가 이놈이 달려들어 덥석 잡아먹어 버리는 바람에 장차 꽤 괜찮을 조짐을 보였던 데이터의 시작 단계부터 망쳐버리는 실수를 한 적 있었다. 하지만 이번에는 노아가 씨앗을 도로 뱉는 바람에 데이터를 확보했다. 엄마의 텃밭에서 나오는 달콤한 씨앗과 달리 이 완두콩은 완전하게 자라 있었고 생 렌즈콩처럼 딱딱하게 말라 있었다. 노아는 아무 말도 하지 않았지만 내 쪽을 향해 넌더리를 내는 표정을 지었는데, 이 표정을 보니 아이가 아주 어렸을 때 했던 말이 생각났다. 어느 날 아침식사를 차려주었을 때의 일이었는데 노아는 나름 신경써서 이런 문구를 지어냈다. "엄마가 요리하면 빵이 되고 아빠가 요리하면 똥이 돼."

콩꼬투리가 쌓여 있는 더미 사이를 살살 헤집으며 가는 동안 멘델의 인내심이 얼마나 대단했는지, 그리고 그 많은 완두콩을 모두 일일이 세는 작업이 얼마나 엄청났을지 다시금 깊은 감명을 받았다. 8장에 가서 다시 이야기하겠지만 예기치 않은 해충으로 수확이 감소하여 콩이 별로 많지 않았는데도 마지막 완두콩을 다 깠을 무렵에는 조금 지루한 느낌이 들었다. 그러나 모든 콩이 똑같이 생겨서 흥미로웠다. 사실 이것이 중요한 점이었다. 나의 실험은 멘델의 연구에서 1세대를 똑같이 만들어내는 것이었으며 순수 혈통을 지닌 두 가지 종류를 교배했다. 표면이 매끈하고 동그란 뷔르템베르크 완두콩과 뚜렷하게 주름진, 빌 점프라고 불리는 오래된 미국 완두콩을 교배했다. 멘델이 옳다면 둥근 모양을 만드는 우성 유전자가 주름진 모양을 만드는 빌 점프의 유전자를 완전히 압도해야 했다. 몇 달 동안 보살펴 왔고 이제 예상했던 결과가 그대로 나왔다. 빌 점프 유전자는 완전히 사라져버린 것처럼 표면이 매끈하고 동그란 완두콩만 작은 항아리에 가득 들어 있었다. 나는 완두콩을 한 줌 집어 손바닥 위에 굴려 보면서 멘델이 어떤 마음이었을지 느껴보았다. 하나의 체계를 예상할 수 있을 만큼 확실하게 이해했다는 뿌듯함을 느꼈을 것이다.

뭔가를 알고 나면 그것이 미스터리로 여겨지지는 않는다. 그러나 멘델의 발견 이후 수십 년이 흐르도록 멘델처럼 유전의 비밀을 엿본 사람은 없었다. 그가 브륀에서 생을 마감하며 조용히 죽는 동안 전 세계 과학자들은 부모의 형질이 어떻게 자손에게 유전되는지 이해하기 위해 여전히 애쓰고 있었다. 1899년 불만을 품은 한 식물학자는 이렇게 말했다. "진화에 관한 일반적인 생각은 필요하지 않아요. 우리에게는 특정 형태의 진화에 관한 특정 지식이 필요합니다." 이러한 소망에 화답하기라도 하듯 이듬해 세 명의 연구자가 멘델 유전에 대한 "재발견"을 발표했고 현대 유전학 분야가 탄생했다. 이들은 개별적으로 멘델의 연구를 여러 면에서 그대로 따라했고 비슷한 결론에 이르렀다. 또한 개별적으로 모두 멘델과 같은 방식을 사용했는데, 수분을 통제하고 종자식물의 특성을 살펴보는 방법이었다. 여기에 이용된 식물은 옥수수, 양귀비, 꽃무, 달맞이꽃, 그리고 완두의 둥근 콩이나 주름진 콩이었다.

씨앗 속에서 이루어지는 일관된 유전자 혼합 덕분에 씨앗은 자연 속에서 커다란 진화적 잠재력을 갖게 되었다. 포자 수정은 제멋대로 이루어지고 종종 자가수정도 일어나지만 씨앗은 꽃을 피우는 전략을 점점 복잡하게 이용함으로써 양쪽 부모의 유전자를 규칙적으로 직접 결합시켰다. 이러한 습성에 힘입어 거의 모든 육지 서식지에서 다양한 종자식물이 생겨나고 우위를 점했다. 또한 앞으로 이 책에서 이야기하게 될 씨앗의 다른 특징들도 훨씬 더 빠르게 발달되었다. 인간의 입장에서는 스트링 빈과 스타프루트 등 다양한 작물의 교배가 가능해졌으며 진화 과정에 관해 가장 깊은 통찰을 얻었다. 그러나 우리가 당연하게 여기기 쉬운 또 다른 특징 하나가 없었다면 씨앗의 유전자는 그렇게 쓸모 있지는 않았을 것이다.

한 세대의 둥근 콩을 교배함으로써 나는 멘델에게 더 가까이 다가갔지만, 그의 멋진 실험을 1년 더 지속하여 정말로 그가 했던 것과 똑같이 그 유명한 3대 1의 비율을 확인해보고 싶었다. 퓨넷바둑판법을 신뢰할 수 있다면 이 해에 생긴 잡종을 교배함으로써 순수 빌 점프의 주름진 겉모습을 지닌 이중열성 완두콩을 예상 수만큼 수확할 수 있을 것이다. 다음 대통령의 날이 돌아올 때까지 한 상자 분량의 마른 완두콩이 라쿤 오두막의 책장 선반에 고이 잘 있을 것이므로 나는 충분히 해낼 것이다. 실제로 이 씨앗은 이 년, 삼 년, 아니 그보다 훨씬 긴 시간 동안 견뎌낼 것이고 그 기간 동안 씨앗 특유의 가사 상태로 깊은 잠을 잘 것이다. 식물 재배자가 이 점에 의지하고 교배자도 이 점에 의지하며, 완두콩에서부터 열대우림 나무에 이르기까지, 그리고 알프스 초원의 야생화에 이르기까지 모든 생태계도 이 점에 의지한다. 그러나 씨앗이 발아하기 전까지 어떻게 몇 년, 심지어는 몇 세기 동안 휴면 상태로 있을 수 있는가 하는 점은 근본적인 미스터리며 과학자들은 이제야 겨우 이 미스터리를 조금 이해하기 시작하는 중이다.

씨앗은 견딘다

이런 시장을 또 찾을 수 있을까?
장미 한 그루로 어디 가서
수백 개의 장미 정원을 살 수 있을까?

어디에서
씨앗 하나로
온전한 야생을 얻겠는가?
_루미, 「씨앗 시장」(1273년경)

제6장

모두셀라

밀이 잔뜩 쌓여 있으니 적에게 포위된 주민들이
오랫동안 먹을 만큼 충분하며
여기에 포도주와 기름도 풍족하고
온갖 콩류와 대추도 무더기로 쌓여 있다.

플라비우스 요세푸스, 마사다의 창고를 묘사한 부분, 『유대 전쟁』(75년경)

로마 장군 플라비우스 실바는 72년에서 73년으로 넘어가는 겨울 마사다 요새 밑에 도착했다. 역사가 전하는 바에 따르면 그는 휘하에 대군단을 이끌고 있었으며 이 밖에도 군대를 따라다니는 민간인과 노예 수천 명을 거느리고 있었다. 당시 그가 무슨 생각을 했는지 역사는 기록을 보존하고 있지 않지만 마사다 요새를 본 적이 있는 사람이라면 필시 "아, 젠장"이라거나 이 비슷한 말을 했을 것이다.

320미터 높이의 나선 모양 바위산 꼭대기에 자리 잡고 사방이 가파른 절벽으로 둘러싸여 있는 이 근거지는 요새화된 포대 벽, 망루, 가득 찬 무기고를 자랑했다. 사방으로 시야가 확 트여 있었고 요새에 접근할 수 있는 유일한 방법은 구불구불 가파르게 이어진 절벽 길을 따라가는 것이었는데, 이 길은 "뱀 길"이라는 불길한 이름으로 알려져 있었다. 게다가 마사다 요새를 지키는 사람들은 시카리라고 알려진 극렬한 유대인 반란 세력이었으며 적을 암살할 때 매우 위험한 단검을 썼기 때문에 그 단검 이

그림 6.1. 에드워드 리어의 1858년도 작품 「사해 위의 마사다(또는 세베)」를 통해 마사다 요새로 가는 가공할 만한 접근로를 볼 수 있다. 로마 공격군이 만들어 놓은 오래된 경사로가 오른편에 오르막 능선으로 선명하게 드러나 있다.

름을 따서 이렇게 불렸다. 실바 장군은 자신의 군대가 요새 주변의 바위투성이 거친 사막에 야영을 할 수밖에 없는 반면 반란 세력은 맨 처음 마사다를 세운 헤롯 대왕이 자기 취향에 따라 멋지게 지어놓은 주택과 궁전에서 지낼 수 있는 선택권이 있다는 것도 깨달았을 것이다.

로마군은 장기간의 포위 공격을 위해 진을 쳤다. 실바는 위대한 반란이라고 알려진 광범위한 유대인 봉기의 마지막 저항 세력 시카리를 진압하라는 명령을 받았다. 그가 이끄는 기술자들이 몇 달에 걸쳐 경사면을 세웠으며 지금도 선명한 모습을 볼 수 있는 이 경사면은 산의 서쪽 면을 따라 거대한 땅의 파도처럼 솟아 있다. 이 경사면이 완성되자 실바의 병사들은 정상까지 진군하여 공성 망치로 성벽을 부수고 요새를 단번에 함락했다. 당시 이 승리는 실바 장군에게 커다란 출세를 안겨주었다. 팔 년 동안 고대 유대 총독을 지냈고 이후 로마로 돌아와 황제 다음 서열인 집정

관에 올랐다. 그런데 돌아보면 마사다 포위 공격은 유대 민족주의라는 대의명분을 위해, 그리고 주화 수집가를 위해 기여한 바가 훨씬 많았으며 아울러 씨앗의 휴면 상태를 이해하는 데에도 많은 기여를 했다.

마사다에 들어선 실바의 로마 군단은 단검을 휘두르는 전사들을 보게 될 것이라고 예상했지만 그들을 맞이한 것은 섬뜩한 침묵이었다. 1천 명에 가까운 시카리 남자와 여자와 아이들은 투항하거나 포로가 되는 대신 집단 자살을 감행했다. 이들이 보여준 저항과 희생의 이야기는 유대 민족에게 거의 신화에 가까운, 끈질긴 항거의 상징이 되었다. 미래의 이스라엘 지도자들은 국가 수립을 준비하는 과정에서 마사다를 민족 단합과 결단의 비유로 받아들였다. 수십 년 동안 어린 이스라엘 소년단과 소녀단, 병사들이 통과의례로 뱀 길을 등반했고 이제는 마사다가 지역에서 가장 인기 있는 관광 명소가 되었다. 실바가 오늘날에 다시 살아 돌아온다면 케이블카를 타고 정상까지 갈 수 있으며 티셔츠에서부터 머그컵에 이르기까지 온갖 것에 "마사다는 결코 다시는 함락되지 않을 것이다"라고 선명하게 새겨진 문구를 보게 될 것이다.

마사다를 끝까지 지켰던 사람들은 그들이 이룩해 놓은 것보다는 그들이 남겨놓은 것 때문에 주화수집가와 씨앗 전문가의 머릿속에 더 많이 기억되고 있다. 값어치 있는 것은 어느 것 하나 로마인들에게 넘겨주고 싶지 않았던 마지막 시카리들은 재산과 식량을 중앙 창고로 가져간 뒤 건물을 불태웠다. 목재 기둥과 서까래가 불타자 돌 벽이 안으로 무너져 내려 커다란 더미를 이루었고 이후 거의 2천 년 가까이 아무도 손대지 않은 채로 남아 있었다. 1960년대에 고고학자들이 잡석들을 골라내며 작업한 결과 고대 유대인들의 은화를 발굴했고, 이 때문에 유대인의 화폐 제도를 둘러싸고 몇 가지 끊이지 않는 의문이 생겼다. 놀라울 것도 없는 일이지만 많은 주화에 우아한 곡선의 유대 대추야자 나뭇잎이 새겨져 있었는데 이는 유대의 대추야자 열매가 지역의 주식이자 수익성 있는 수출품이었기 때문이다. 아우구스투스 황제가 이 대추야자를 좋아했다고 전해지며 갈릴리호 남쪽에서 사해 연안까지 요르단 강을 따라 거대한 대추야자 과수원들이 늘어서 있었다. 고고학 발굴 팀이 좀 더 깊이 파 들어가자 곧 식량을 발견했다. 소금, 곡물, 올리브유, 포도주, 석류가 나왔으며 상당히 많은 양의 대추야자도 있었는데 아주 잘 보존되어 있어서 씨앗 주위에 열매 조각까지 붙어 있었다.

시카리들이 자기 지역의 유명한 작물을 비축해놓은 것은 전적으로 이해가 되지만 마사다에서 대추야자가 나온 것은 획기적인 일이었다. 성경과 코란에서 대추야자가 언급되고 테오프라스토스에서부터 대 플리니우스에 이르기까지 모든 이가 대추야자의 달콤한 맛을 칭송하긴 했지만 유대에서 자라던 특정 대추야자 종은 오래전에 사라진 상태였다. 달라진 기후와 정착 형태의 변화로 인해 희생되었기 때문이다. 이제 수 세기가 지나고 나서 한때 헤롯 왕의 주 재정원이었던 이 열매를 처음으로 눈으로 보고 만질 수 있었다. 하지만 이후에 일어난 일은 이보다 훨씬 더 놀라웠다. 박물관 직원들이 마사다의 대추야자 씨앗을 깨끗하게 닦고 이름표를 붙이고 분류 작업까지 다 마치고 나서 사십 년이 지난 뒤 누군가 이 씨앗을 심어보기로 했다.

"미친 듯이 흥분했다는 말로도 다 표현하지 못할 겁니다." 일레인 솔로위가 2005년의 어느 봄날 화분흙에서 새순 하나가 솟아오르는 것을 발견했던 순간을 떠올리면서 말했다. 네게브 사막에 있는 한 키부츠에서 농업 전문가로 일해 오는 동안 "수십만 그루의 나무"를 심었던 솔로위 박사가 마사다의 대추야자를 심어보기로 했다. "뭐가 나오리라고는 정말 기대

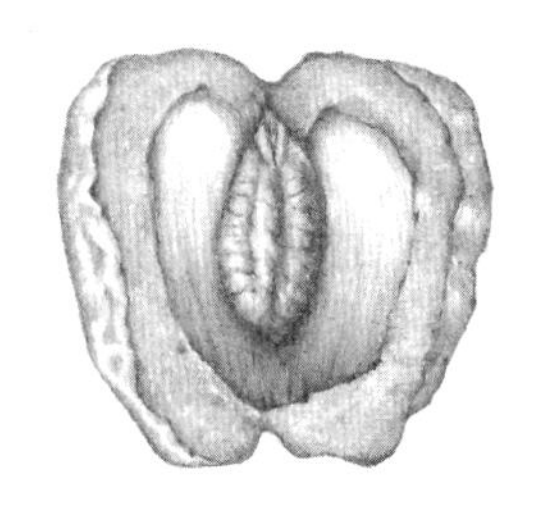

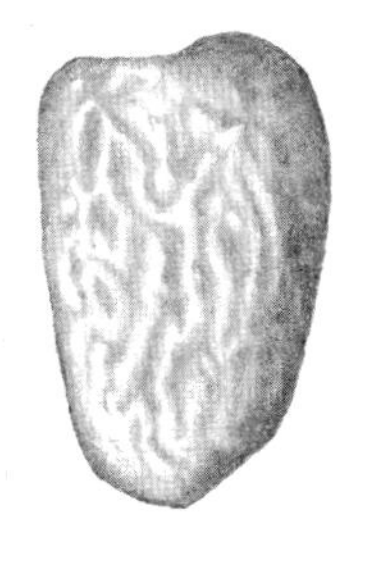

그림 6.2. 대추야자*Phoenix dactylifera*. 달콤한 열매 때문에 먼 옛날부터 재배되었던 대추야자는 씨앗이 긴 수명을 지닌 것으로도 기록을 갖고 있다. 마사다 요새의 폐허에서 가져온 대추야자 씨앗이 거의 2천 년 동안 휴면 상태에 있다가 싹을 틔웠다.

하지 않았어요." 그녀가 털어놓았다. "그 씨앗들은 문에 박힌 못처럼 완전히 죽은 것이라고 생각했거든요. 아니, 그보다 더 확실하게 죽어버린 것이라고 여겼지요!" 솔로위는 이런 아이디어 전체를 생각해낸 사람이 새러 샐런이라면서 자신의 공동 연구자에게 공을 돌렸다.

"원래 그런 것처럼 보였어요." 내가 전화를 걸었을 때 샐런이 말했다. "솔직히 말하면 전 그렇게 될 거라고 예상했었지요." 예루살렘 시간으로 밤 10시였고 그녀는 늦게까지 일하는 중이었다. 그런데도 열의를 보이며 대화를 시작했고 어떻게 가능한지는 모르겠지만 옆방의 아들과도 계속 대화를 이어나갔다. 심지어 아들에게 저녁식사를 차려주기도 했다. 새러의 끝 모를 에너지를 느끼면서 혹시 대추야자에 그녀의 손길이 닿았기 때문에 생명의 불꽃이 살아났던 것은 아닐까 하는 생각마저 들었다. 소아과 의사 수련을 받은 샐런은 자연의학 분야의 세계적 전문가가 되었고 특히 이스라엘의 토종 식물을 이용한 자연 의학에 정통했다. 그녀를 중심으로 한 실험실 팀은 솔로위의 현장 팀과 협력하며 수십 가지 다양한 약초를 기르고 실험했다. "그런데 저는 예전에 이곳에서 자라던 식물에도 관심을 갖게 되었어요." 그녀가 설명했다. "지금은 사라진 식물들이요." 먼 옛날의 질병치료자들은 유대의 대추야자를 이용하여 우울증과 폐결핵에서부터 일반 통증에 이르기까지 모든 것을 치료했다. "그걸 다시 살려내면 더 큰 목적에 기여할 수도 있을 거예요." 그녀가 뭔가 생각에 잠긴 듯이 혼잣말처럼 말했다.

일레인 솔로위에게 그토록 큰 놀라움을 안겨주었던(하지만 새러 샐런은 그렇지 않았다) 대추야자는 이제 3미터 높이로 자랐고, 구약성서에 가장 나이 많은 사람으로 언급된 인물의 이름을 따서 므두셀라라는 이름도 얻었다. 그러나 성경에 나오는 므두셀라는 969세까지 살았지만 이 작은 대추야자에 비하면 절반의 나이 정도밖에 되지 않는다. 방사성 탄소 연대측정법으로 확인한 결과 마사다에서 발견된 대추야자는 요새가 함락되기 수십 년 전부터 그곳에 보관되어 있었다고 한다. 므두셀라가 겉모습은 어린 나무처럼 보여도 나이가 거의 2000년이나 되며 지구상에서 가장 오래된 생명체의 하나로 꼽힌다. 그 정도 나이라면 조금 애지중지 떠받든다고 해도 못마땅하게 여길 사람은 없을 것이다. "출입문이 있는 별도 정원을 그에게 만들어주었어요. 별도의 급수 시설과 도난 경보기, 보안 카메라도 있고요." 일레인이 웃으면서 말했다. "그는 모든 걸 가진 나무예요."

일레인이 남성 대명사를 사용한 것은 대추야자가 단성이며 2012년 므두셀라에 처음 꽃이 피었을 때 그 꽃에 수술이 가득했기 때문이다. 유대의 대추야자가 멸종되지 않고 살아남으려면 누군가 암 대추야자 씨앗의 싹도 틔워야 한다. 이런 작업을 할 생각이 있느냐고 물었을 때 새러는 뉴스를 털어놓을 뻔했다. "물론 하고 있어요!" 그녀가 소리쳤다. "하지만 그 이야기를 당신한테 해줄 수는 없어요!" 과학계에서는 모든 데이터를 분석하고, 검토하고, 발표하기 전에 무심코 그 내용을 발설하는 것은 좋은 생각이 아니다. 그러나 이 책이 출판될 즈음이면 새러와 일레인이 자신들의 작업 결과를 세상에 발표할지도 모른다. 운이 좋다면 그러한 발견을 통해 우리는 유대의 대추야자가 어떻게 그토록 오랫동안 살아있었는지 알 수 있을 뿐만 아니라 대추야자가 정확히 어떤 맛과 달콤함을 지니는지, 정말 두통을 낫게 해줄 수 있는지도 알 수 있을 것이다.

므두셀라 이야기는 자연적으로 발아한 씨앗 사례 중 가장 오래된 사례에 속한다. 이는 믿기지 않을 정도로 오래 견디는 인내력에 관한 이야기이며, 마사다 요새를 지키려 했던 영웅적 행위를 적절하면서도 평화로운 일화로 더욱 빛나게 해주었다. 또한 이처럼 오래 견디는 인내력 덕분에 요르단 계곡에 유대의 대추야자가 또 다시 번성할 수 있을지도 모른다는 가능성이 열렸다. 그러나 아주 오래된 씨앗이 놀랍게도 갑자기 싹을 틔우고 자란 것이 이번 한 번만 있었던 것은 아니다. 1940년 독일군 폭탄이 대영박물관 식물부에 떨어졌을 때 씨앗의 수명에 관한 연구에 충격적인 일이 일어났다. 소방관이 불을 끄고 잔해를 치우고 난 뒤 박물관 직원들이 돌아와 보니 몇몇 표본에 싹이 나 있었다. 1793년 중국에서 가져온 자귀나무 씨앗이 뜨거운 열기와 축축한 습기에 반응하여 발아했으며 완벽하게 정상적으로 보이는 새순이 올라왔다. (묘목 세 그루를 부근의 첼시 피직 가든에 심었는데 1941년 이곳에 또다시 폭탄이 떨어졌다.) 그때 이후로 진취적인 식물학자들이 씨앗의 수명 기록을 계속 새로 써나가는 중이다. 사나포선(민간 소유이지만 교전국의 정부로부터 적선을 공격하고 나포할 권리를 인정받은 배_옮긴이)의 전리품을 숨겨 놓았던 한 은닉처에서 핀쿠션 프로테아와 다른 아프리카 외래종이 발견되었는데 이 식물들의 경우에는 2백 년, 북아메리카 원주민의 딸랑이 장난감 속에 보존되어 있던 칸나 씨앗의 경우에는 6백 년, 마른 호수 바닥에서 발견된 연꽃의 경우에는 1천 3백 년의 기록을 세웠다. 가장 커다란 가능성을 지닌 새로운 사건은 북극권 지역에서 일어났으며, 3만 년이 넘도록 다람쥐 굴속에 얼어 있던 작은 겨자의 살아 있는 조직을 떼어내어 심었다. 씨앗 혼자 저절로 발아하지는 못했지만 씨앗의 한 부분이라도 그토록 오랫동안 생명을 지니고 있었다는 사실은 장차 므두셀라의 기록이 깨지게 될 것임을 암시한다.

"씨앗의 수명은 거의 무한하다고 할 수 있어요." 휴면 상태의 한도가 언제까지인지 물었을 때 새러가 이렇게 말했다. 반면 일레인의 대답은 훨씬 평범했지만 그래도 진실에 더 가까운 것 같았다. 그녀의 설명에 따르면 모든 씨앗은 결국 죽으며 몇 년 혹은 몇 십 년 안에 대부분 죽는다. 그러나 므두셀라는 "완벽한 장소"에서 발견되었다. 벌레나 설치류가 들어가지 못하고 수분도, 손상을 입히는 햇빛도 닿지 않는 바싹 마른 환경 속 무너진 건물 깊숙이 파묻혀 있었기 때문이다. 19세기에 이집트학이 유럽과 북미에서 엄청난 유행을 일으켰을 때 사람들은 파라오와 함께 묻혀 있었던 곡물과 콩이 비슷한 환경에서 보존되었다고 주장했다. 부도덕한 지역 가이드들이 관광객들을 상대로 "미라 밀"을 판매하는 사업을 활발하게 벌였으며 《하퍼스》를 비롯하여 《가드너스 크로니클》 등 주류 잡지에서는 이 미라 밀의 놀라운 수확량과 건강상의 이점을 광고했다. 심지어 오늘날에도 "투탕카멘 왕의 완두콩"이 씨앗 카탈로그에 주요 공물로 올라 있다. 파라오의 씨앗이라는 주장이 사실이라는 증거는 어디에도 없지만 므두셀라 이야기로 미루어볼 때 전혀 불가능한 것도 아닐 것이다.

고대의 식물 종을 다시 살려내는 일이 과학계에서 뉴스 머리기사를 장식할 만한 것이기는 해도 어디까지나 이는 식물이 늘 하는 일에 대한 하나의 극단적 사례에 불과하다. 넓은 의미에서 볼 때 기간이 아무리 길더라도 휴면기란 씨앗이 다 자라고 나서 발아하기 전까지 그렇게 아무 활동도 보이지 않는 시기를 가리킨다. 작은 상자에 넣어 파는 정원용 씨앗들이 휴면기에 있으며 잔디를 심기 위해 앞마당에 뿌리는 풀 씨앗 역시 휴면기에 있다. 딱딱하게 말라 있고 보관이 쉬우며, 수분기가 있는 한 조각 땅이라도 만나는 순간 바로 싹을 틔울 준비가 되어 있는 상태인 것이다. 휴면기가 없다면 농부와 정원사는 다음에 재배하기 위해 씨앗을 갈무리해둘 수 없으며 곡물이나 콩, 견과류도 우리네 찬장이나 식료품 저장실에 그렇게 오랫동안 보관해둘 수 없을 것이다. 우리는 이런 일들을 당연하게 여기지만 몇 달 또는 몇 년 동안 씨앗을 그렇게 놔둘 수 없다면 우리의 식량 생산 체계 전체가 어리석은 짓이 되었을 것이다. 그러나 씨앗의 이러한 인내력이 사람과 농업에 아무리 중요한 의미를 지닌다고 해도 식물 그 자신보다 더 중요할 수는 없다.

입김을 불어 민들레 솜털을 날려본 적 있는 사람이라면 씨앗이 곳곳으로 멀리 퍼져 간다는 것을 잘 알 것이다. 매우 현실적인 점에서 볼 때 휴면기는 씨앗이 오랜 기간 동안 퍼져 갈 수 있게 해준다. 씨앗을 어떤 특정 시점, 즉 발아에 꼭 알맞은 조건이 형성되는 미래의 어느 시점으로 옮겨다 놓을 수 있는 것이다. 씨앗의 수명이 긴 식물은 자신들이 사는 시기와 장차 다가올 좋은 성장의 계절 사이에 겨울철이나 가뭄, 그 밖의 장벽이 가로 놓여 있더라도 그 자손이 살아남을 수 있다. 또한 홍수나 화재, 혹은 특정 연도에 모든 어린 식물을 휩쓸어버릴 만한 우연한 사건이 일어나더라도 피해를 입지 않고 위험을 막을 수 있다. 휴면기의 씨앗이 그대로 흙속에 남아 다음의 기회를 기다릴 것이기 때문이다. 이 때문에 종자식물은 예측 불가능한 혹독한 기후나 변화가 심한 기후에서 명확한 진화상의 이

점을 누렸다. 이는 석탄기의 바위투성이 메마른 고지대에서 씨앗이 진화되었다는 빌 디미셸의 이론에도 아주 잘 들어맞는다. 이러한 지대에서는 휴면기가 있는 씨앗이 짧은 수명의 경쟁자 포자식물에 비해 또 다른 분명한 이점을 누린다. 또한 휴면기를 두는 것이 왜 열대우림을 제외한 거의 모든 환경에서 탁월한 씨앗 전략이 되는지도 이것으로 설명된다. 열대우림의 경우에는 기본적으로 늘 우호적인 날씨가 이어지며 씨앗의 입장에서는 부패, 해충, 포식자의 더 큰 위험을 피하기 위해 곧바로 싹을 틔우는 것이 더 낫기 때문이다.

식물이 맨 처음 휴면기를 생각해냈을 때 그저 씨앗을 일찍 떨어뜨린 것 말고는 별달리 한 일이 없었다. 이렇게 다 익지 않은 상태로 떨어진 씨앗으로서는 특별한 적응방식이 있을 수 없었다. 발아할 준비를 갖추기까지 좀 더 성장할 시간이 필요했을 뿐이다. 파슬리를 재배하려고 시도해본 사람이라면 이해하겠지만 이런 방식을 따르는 종들도 있다. 이럴 경우 싹이 트기까지 거의 영원에 가까운 시간이 걸린다. 작은 배아는 뿌리가 밖으로 나올 만큼 커질 때까지 씨앗 내부에서 여러 날 동안 자라야 하기 때문이다. 시간이 흐르면서 대다수 식물은 씨앗의 수분 양이 95퍼센트나 줄어 바싹 마를 때까지 더 오래 씨앗을 매달고 있는 습성을 개발했다. 이는 씨앗의 물질대사 속도를 늦출 수 있는 단 한 가지 가장 중요한 요인으로 남게 되었으며, 이에 대해서는 다음 장에서 상세하게 설명할 것이다. 우선은 건조화가 하나의 출발점이 되었다고 생각하자. 곧이어 씨앗의 휴면은 신비에 가까울 만큼 매우 복잡한 여러 전략으로 진화되었다. 일반적으로, 그리고 이 책에서도 휴면은 포괄적인 의미로 규정된다. 씨앗이 다 익은 다음 싹이 나올 때까지 기간이 얼마나 걸리든 어떤 정지 상태로 있든 모두 휴면이라고 정의한다. 그러나 캐럴 배스킨 같은 전문가는 단순히 활동하지 않는 씨앗과 엄밀한 의미의 휴면 상태에 있는 씨앗 사이에 중요한 차이를 둔다.

"진짜 휴면 상태에 있는 씨앗은 쾌적한 온도와 촉촉한 토양에 두더라도 발아하지 않습니다." 그녀가 말했다. 다시 말해서 휴면 상태의 씨앗은 그저 빈둥빈둥 앉아서 비와 햇빛을 기다리는 게 아니다. 배스킨이 정의하는 휴면 상태에서는 씨앗이 싹을 틔우는 순간을 늦추기 위해 갖가지 다양한 방법을 써서 적극적으로 발아를 막아야 한다. 씨앗에게 중요한 것은 발아이기 때문에 이러한 정의는 직관에 어긋나는 것처럼 들릴 것이다. 그러나 이러한 휴면 상태를 통해 씨앗은 날씨, 햇빛, 토양조건, 그 밖의 환경을 구성하는 다른 요인과 상호작용할 수 있는 정교한 방법을 터득한다. 온대지방에서 가장 일반적인 전술은 온도를 이용하는 것인데 이 전술에서는 씨앗이 봄에 싹을 틔울 준비를 갖추기 전에 겨울의 긴 한기를 거쳐야 하고 이어 날씨가 풀리는 기간도 반드시 거쳐야 한다. 이 전략에서는 종종 일조 요구량을 함께 이용하기도 하는데 이 일조 요구량은 놀라울 만큼 정확하게 특정되어 있다. 어떤 야생 겨자는 깊이 180센티미터나 되는 눈밭 속에서도 햇빛의 각도와 길이 변화에 반응하고, 많은 숲 식물 종들은 그늘 없이 환한 햇빛(싹을 틔우기에 좋은 조건)과 잎을 통과하여 내려오는 적외선 파장의 차이를 인식한다. 휴면상태의 씨앗은 어떤 조건이 필요하든 특정 조건이 충족되기 전까지는 발아하지 못하며 그렇게 하려고도 하지 않는다.

"이러한 진화 과정을 이끌어낸 것은 씨앗이 아니라 어린싹이었어요." 캐럴이 설명했다. 흙이 축축해지면 발아가 성공할 수 있지만 진짜 중요한 것은 그 다음 일이었다. 어미식물은 씨앗에 영양분을 마련하고 씨앗을 멀리 퍼뜨리기 위해 여러 가지 투자를 하지만 씨앗이 제철도 아닌 때 싹을 틔워서 갈증이나 추위, 열기, 그늘 때문에 바로 죽어버린다면 이 모든 투자는 아무 의미가 없다. 진화상의 이런 높은 위험성들은 휴면 상태의 씨앗이 깨어나는 데 필요한 매우 구체적 단서로 연결된다. 가장 정교한 사례들 중 몇몇을 불이 나기 쉬운 지역에서 볼 수 있는데, 이런 지역에서는 화재로 빈 서식지가 만들어지고 타고 남은 재의 영양분이 풍부하게 생긴 뒤에 어린 식물이 가장 잘 자란다. 특정 아카시아들과 옻나무에서부터 락로즈와 가시금작화에 이르기까지 이런 체계에 적응한 씨앗들은 불꽃의 뜨거운 열기에 겉껍질이 부서지거나 아니면 작은 마개가 뽑혀 수분이 들어오기 전까지 종종 완전 방수 상태를 유지하거나 물을 흡수하지 않는다.

또한 연기 속 뜨거운 기체에 반드시 노출되어야 하는 씨앗들도 있고 아니면 부분적으로 숯이 된 나무에서 화학물질이 방출될 때 이에 반응하는 씨앗들도 있었다. 발아 전문가는 실험실에서 들불을 재현하기 위해 갑자기 씨앗에 불을 확 뿜거나 연기를 쐬는 것으로 알려졌다. 사막식물의 경우에는 이따금씩 지나가는 소나기와, 실제로 목마른 어린 식물에 영양분을 줄 만한 지속적인 비를 분간하는 데 어려움을 겪었다. 사막식물들이 어떻게 이 두 가지를 분간하는가에 대해서는 여전히 논란이 있다. 그러나 몇몇 전문가는 이들 식물의 씨껍질에 "우량계"가 들어 있다고 믿는데, 이 우량계는 말하자면 발아를 방해하는 화학물질로, 적정 양의 비를 맞으면 씨앗에서 빠져 나간다.

캐럴 배스킨과 그녀의 남편이 씨앗 생물학에서 다른 어느 것보다 강한 흥미를 느꼈던 것은 씨앗이 어떻게 휴면 상태에 있으며, 깨어나기 위해서는 무엇이 필요한가 하는 점이다. "우리를 매료시켰지요." 그녀가 말했다. 그녀와 제리는 씨앗의 휴면 상태가 모두 열다섯 등급과 단계로 나뉘며 각 주제마다 많은 편차도 있다는 것을 확인했다. 휴면 상태가 되는 원인(예를 들어 물이 스며들지 않는 씨껍질, 아직 다 자라지 않은 배아, 화학물질, 혹은 환경적 제약)에 따라, 그리고 휴면의 "깊이"(휴면 상태를 극복하기 힘든 정도)에 따라 이러한 차이가 생긴다. 이들 부부는 켄터키 주에 있는 집 뒷마당에서부터 하와이의 산악지대에 이르기까지, 그리고 중국 북동지역의 추운 사막에 이르기까지 새로운 생각들을 구상하고 있다. 이렇게 새로운 생각들을 계속 구상하는 것은 우리가 실은 과정 자체에 관해 거의 이해하지 못하기 때문이다. 건조화가 중요하다는 점은 모두 동의하며 과학자들이 여기에 관련된 화학물질과 유전자 중 많은 것을 알고 있다. 그러나 겉으로는 생명이 없는 것처럼 보이는 씨앗이 서리, 연기, 열기, 낮의 길이, 햇빛에 들어 있는 파장들의 비율 등 여러 가지 요소들을 어떻게 인지하는가는 여전히 수수께끼로 남아 있다.

심지어는 휴면 상태가 끝나고 발아가 시작되는 근본적인 경계조차 애매하다. 과학에서, 그리고 일반적으로 우리 삶에서 과정이 어떻게 이루어지는지 정확한 내막은 이해하지 못해도 무슨 일이 일어나는지에 대해서는 많은 것을 알 수 있다. 예를 들어 나는 컴퓨터를 켤 때 무슨 일이 일어나는지 알고 있다. 타이핑을 할 수 있고 인터넷 검색을 할 수 있으며 아들의 우스꽝스러운 행동을 찍은 사진과 이메일을 보내 아들의 할머니와 할아버지를 기쁘게 해드릴 수 있다. 그러나 기술 지원 팀에게 자주 전화를 거는 것에서도 입증되듯이 실제로 컴퓨터가 어떻게 작동하는가에 관해서는 어렴풋한 감조차 잡지 못한다. 씨앗의 휴면 상태와 관련된 과학은 그보다는 사정이 나은 편이지만 그럼에도 아직 알아야 할 것이 많이 남아 있으며 그 때문에 흥미가 생긴다.

우리의 대화가 끝나갈 즈음 나는 캐럴에게 휴면 상태를 가사 상태에 비유하면 괜찮을지 물었다. (과학이 완벽한 대답을 내놓지 못할 때 공상과학에 의지하는 것은 지극히 자연스럽다.) "꼭 들어맞지는 않아요." 그녀가 대답했다. "씨앗은 여전히 활동 중이거든요." 이 말을 들은 나는 미소를 지었다. 별 다른 활동 없이 딱딱하게 말라 있는, 휴면 상태의 작은 씨앗 덩어리를 "활동 중"이라고 말할 사람은 씨앗 생물학자밖에 없을 것이다. 그러나 캐럴을 비롯한 많은 이들은 씨앗이 살아있는 다른 것과 마찬가지로 물질대사를 계속하고 있다고 믿는다. 천천히, 아주 천천히 할 뿐이라고.

H. G. 웰스의 고전적 소설 『잠든 자가 깨어나다』에서 주인공은 눈을 떴을 때 세상이 달라진 것을 깨닫는다. 이백 년이 흘렀고 그가 알던 사람은 모두 죽었다. 좋은 점은 예금 계좌에 복리 이자가 붙어 세계에서 가장 부유한 사람이 되었다는 점이다. 휴면 상태는 씨앗에게도 비슷한 경험이다. 요컨대 므두셀라는 깨어 보니 개인 정원이 생겼다. 보다 일반적으로 씨앗은 한 계절, 많아야 몇 년, 몇 십 년 정도 잠을 자지만 대가는 상당하다. 우호적인 성장 조건이 마련되고 운이 따르면 상당한 땅도 차지할 수 있다. 웰스의 소설에서 잠들어 있던 자는 눈을 뜬 뒤 재산권을 행사하지 못하도록 방해하는 이상한 옷차림의 사람들과 마주친다. 씨앗 역시 잠에서 깨고 나면 주변의 낯선 동료들과 경쟁을 해야 한다. 씨앗이 휴면 상태에 있는 동안, 그리고 그 이전에도 오랫동안 부근 토양 속에는 온갖 종류의 씨앗들이 계속 쌓여 왔기 때문이다.

자연 속 어느 곳에서도 토양 씨앗은행과 같은 환경을 찾을 수 없다. 휴면 상태를 가사 상태에 비유한다면 씨앗은행은 경쟁의 유예를 의미한다. 각기 다른 종과 각기 다른 세대의 씨앗 수백 개 혹은 수천 개가 강력한 라이벌이 되어 함께 나란히 때를 기다리고 있다. 그러다 갑자기 알맞은 조건이 형성되면 (특히 불이 나거나 다른 폐해가 휩쓸고 간 뒤) 터를 잡기 위한 격렬한 싸움이 시작된다. 부근에 있는 많은 이웃들 간의 경쟁은 씨앗 진화의 원동력이 되어 왔으며 씨앗 크기에서 발아 속도, 저장 영양분의 양과 질에 이르기까지 모든 것에 영향을 미쳤다. 전문가들 중에는 더 오래된 씨앗의 DNA가 퇴화되기 시작하고 이상한 점들이 축적되어 가면서 심지어는 씨앗은행이 식물 개체군 내에 새로운 유전적 변이를 만들어내기 시작한다고 믿는 이들도 있다. 씨앗은행을 연구하는 사람들이 보기에 그 다양성과 긴 수명이 너무도 놀라워, 과학에서는 좀처럼 쓰지 않는 문장부호인 감탄 부호를 쓰도록 만들기도 한다. 찰스 다윈은 큰 숟가락 세 개 분량의 연못 진흙에서 537개 씨앗의 싹을 틔운 적이 있었는데 "모두 모닝컵 하나에 담겼다!"

씨앗은행은 아주 오랫동안 지속되기 때문에 과거를 엿볼 수 있는 매력적인 기회가 되기도 한다. 므두셀라의 경우 "은행" 역할을 한 것은 먼 옛날의 창고였지만 자연 환경에서도 토양 속에 보존된 씨앗 중에는 오래전 육지에서 사라진 종도 포함되어 있다. 생태학자들은 서식지 역사, 다시 말하면 과거 어떤 식물이 어디에서 자랐는가 하는 것에 관해 단서를 얻고자 할 때 씨앗은행에 의지한다. 다윈이 씨앗에 매료된 것은 무궁화를 관찰했을 때였다. 들과 정원에서 자라는 이 식물은 어두운 숲 사이에 새로운 노면을 만들기 위해 땅을 파는 동안 싹이 나왔다. 다윈은 이 씨앗들이 토양 속에서 "오랫동안 방해받지 않은 채"로 있었으며, 이 숲의 나무들이 자라기 전 빈터였던 이곳을 개간하던 때부터 내려온 유물이라고 결론지었다. 토양을 건드려 오래전 잊힌 씨앗은행이 드러날 때 때로는 예상치 않았던 곳에서 가장 극적인 재발견이 이루어진다. 1667년 봄 런던 사람들은 발걸음을 멈추고 놀란 모습으로 도시에 갑자기 만발한 꽃을 지켜보았다. 황금색 겨자를 비롯하여 여러 야생화들이 갑자기 나타나 템스 강에서 북쪽으로 퍼져 나가기 시작했는데, 6개월 전 런던 대화재로 수천 채의 가옥과 건물이 파괴된 결과 맨땅이 드러나고 오랜 세대에 걸쳐 땅속에 묻혀 있던 씨앗은행이 모습을 나타낸 것이다.

씨앗은행이 과거를 엿볼 수 있는 기회라고 해도 식물의 입장에서는 휴면 상태라는 개념 전체가 여전히 미래에 초점을 맞추고 있다. 장차 시간이 흐른 뒤 자손을 퍼뜨리자는 것이다. 아마 정원사나 농부가 어느 누구보다 이런 사실을 잘 알고 있을 것이며 그들은 해마다 같은 땅에서 솟아나는 잡초 싹을 뽑곤 한다. 사실 윌리엄 제임스 빌 교수가 실험에 나서게 되었던 계기도 낙담한 한 무리의 농부들 때문이었는데 이 실험은 이후 역사상 가장 장기간 이루어진 과학 실험의 하나가 되었다. 1879년 가을 미시간 농업대학의 식물학 교수였던 빌은 지역 농부들의 호소에 응답하여 프로젝트를 시작했다. 지역 농부들은 대체 얼마나 오랫동안 잡초를 뽑고 제초 작업을 해야 밭의 잡초 씨앗을 다 없앨 수 있는지 알고 싶다고 했다. 이에 대한 답을 알아내기 위해 빌 교수는 연구실 부근 언덕에 유리병 스무 개를 정성껏 묻었다. 각 병에는 스물세 가지 지역 종의 씨앗 50개가 들어 있었는데, "장차 각기 다른 시기에 실험을 하기 위한 목적"이었다. 이후 삼십 년이 지나는 동안 빌은 5년마다 유리병 한 개를 파내어 씨앗을 심고 얼마나 많이 발아하는지 추적했다. 그가 은퇴할 때가 되자 젊은 동료에게 실험을 넘겨주었다(씨앗을 묻어 놓은 비밀 장소의 "보물 지도"도 함께 주었다). 이후 실험 관리인들은 마지막 "빌의 유리병"이 2100년 이전에 다 떨어지지 않도록 시간 간격을 늘였다. 맨 처음 부탁했던 농부들의 후손이 여전히 같은 밭을 경작하고 있는지는 알려져 있지 않지만 만일 그렇다면 지금도 여전히 현삼과 난쟁이 아욱 같은 잡초를 뽑고 있으리라는 걸 우리는 알고 있다. 이 두 종의 씨앗들은 땅 속에 유리병을 묻은 지 120년이 지난 2000년에 유리병을 파냈을 때 곧바로 싹이 났다.

이제 많은 사람들이 빌의 실험을 참신하다고 여기며, 위대한 19세기 동식물 연구자들의 시대로부터 물려받은 멋진 유산이라고 생각한다. 그의 단순한 아이디어는 지금도 몇 년마다 한 번씩 씨앗이 아주 오래 살 수 있다는 사실을 일깨워주고 있다. 현대의 연구 방법들이 점차 복잡해지긴 했어도 빌의 실험은 씨앗 연구에서 중요한 발전의 초석을 놓았다. 이전까지 어떤 과학자도 미래를 위해 그렇게 많은 씨앗을 별도로 보관해둔 적이 없었다. 수천 가지 종의 씨앗 수십억 개를 보관했던 것이다. 그러나 이제는 유리병 대신 보안이 철저한 금고나 혹독한 기후의 북극 동굴 속에 씨앗을 보관한다. 빌이 그랬듯이 현대의 씨앗 보관자들도 자주 표본을 꺼내어 싹을 틔운다. 그러나 훌륭한 교수와 달리 이들은 오래된 씨앗은행을 이해하려고 노력하지 않으며, 대신 새로운 씨앗은행을 만들고 있다.

제7장

은행에 갖다 두자

작업은 바빌로프 교수의 손에 맡겨졌다.
…… 투르케스탄, 아프가니스탄,
인근 국가들을 돌아다니고 수많은 편지 왕래를 통해
밀, 보리, 호밀, 수수, 아마 등의 씨앗들을 대대적으로 모았다.
중앙 사무소는 레닌그라드에 있으며
매우 큰 건물을 사용하고 있어서,
씨앗으로 대표되는 경제적 식물의 살아 있는 박물관이라고 할 만하다.

윌리엄 베이트슨, 『러시아의 과학』(1925년)

호스투스 저수지는 콜로라도 주 포트콜린스의 정서쪽에 위치한 길이 10.5킬로미터의 협곡을 가득 채우고 있다. 네 개의 댐이 물을 막고 있으며 도시 어느 곳에서든 높다란 흙벽이 뚜렷하게 보인다. 이 중 한두 개 댐만 터져도 30분이 채 되지 않아 도시 중심지까지 물이 밀어닥칠 것이며, 이 정도 시간으로는 어떠한 조직적인 대피도 할 수 없다. 한 정부 연구에서는 도시의 일부 또는 전부뿐만 아니라 하류의 몇몇 다른 지역까지 "심각하게 훼손되거나 파괴될 것"이라고 결론지었다. 재건축과 복구비용이 60억 달러를 넘을 것으로 추산되었다.

그런데 이런 곳에서도 무사할 것이라고 예상되는 건물 하나가 있다. 콜로라도 주립대학 캠퍼스 끝 ROTC 센터와 육상 경기 운동장 사이에 놓여 있는 건물이다. 문 위에는 미국 국립유전자원보존센터라고 적혀 있지만 대다수 사람은 아직도 이곳을 예전 이름, 즉 국립 씨앗은행으로 알고 있다. 대강 관찰한 사람이라면 별 특징 없는 콘크리트 블록 벽 안에 지진,

눈보라, 장시간 정전, 커다란 화재에도 견딜 수 있는 실험실과 극저온 금고가 있다는 것을 짐작조차 하지 못할 것이다. 또한 혹시라도 호스투스 댐이 터질 때를 대비하여 건물이 물에 뜨도록 설계되어 있다.

"이중 토대로 되어 있어요." 커다란 실내 출입문을 지날 때 크리스티나 월터스가 말했다. "건물 안에 또 건물이 있는 것과 같아요." 소장 씨앗들은 3미터나 되는 홍수가 밀려와도 안전하도록 중앙 핵심부에 있다. "토네이도에 대해서도 생각했어요." 그녀가 덧붙였다. "벽은 강화 콘크리트로 되어 있어요. 시속 120킬로미터로 달리는 캐딜락이 들이받아도 멀쩡할 거예요."

무슨 이유로 캐딜락을 몰고 와 국립 씨앗은행을 들이받는지 이유는 명확히 알 수 없지만 그 장면을 떠올리면서 웃었다. 크리스티나 월터스와 이야기하는 동안 웃을 일이 많았다. 에너지가 넘치는 중년의 그녀는 강한 집중력을 보이면서도 유머를 멋지게 섞어 가면서 씨앗에 관해 이야기했고 매번 농담이 끝날 때마다 다른 주제의 대화로 옮겨가고 나서도 한참 동안 그녀의 눈에서는 미소가 사라지지 않았다. "들어가실까요?" 그녀가 말했고 우리 앞에 있는 또 다른 문이 쉬익 소리와 함께 열렸다. 안으로 들어서서 도서관의 공간 절약용 책장처럼 생긴, 기다란 이동식 책장들을 하나씩 지나는 동안 불이 자동으로 켜졌다. 소장 중인 표본이 20억 개가 넘으므로 국립 씨앗은행에서 공간을 마련하기가 힘들 것이다.

"우리는 농무부 소속이라서 확실하게 작물에 초점을 두고 있어요." 크리스티나가 말했다. 소장 품목에는 우리가 상상할 수 있는 모든 식량 식물 종뿐만 아니라 이들과 가장 가까운 친척 관계인 야생종도 포함되어 있다. 단지 잘 알려진 작물을 비축해 놓자는 취지만은 아니었고 유용하게 쓸 수 있는 여러 가지 유전자, 예를 들어 맛과 영양의 미묘한 차이뿐만 아니라 가뭄이나 질병에 대한 내성을 지닌 유전자를 모아놓자는 뜻도 있었다. 씨앗은행에서는 보다 큰 목표, 구체적으로 말하면 보존, 보다 명확한 이해, 다양성 그 자체를 염두에 두고 수천 가지 종을 보관하고 있다. "이게 뭐지?" 크리스티나가 가장 가까이 있는 선반에서 은색 포일 백을 꺼내며 말했다. "아, 수수." 그녀가 말했다. "난 수수를 좋아해요."

크리스티나 월터스가 수수를 좋아한다기보다는 자기 직업을 좋아한다고 말하는 것이 맞을 것이다. 그녀는 1986년 박사 후 연구원으로 씨앗은행에서 일하기 시작하여 이후 발아에서부터 유전학에 이르기까지 연구 프로그램 전반을 감독하는 지위까지 올라갔다. 데릭 뷸리가 그랬듯이 그녀 역시 농장을 갖고 있던 할아버지 덕분에 식물에 대한 열정을 갖게 되었다고 했다. 정작 그녀의 가족은 이사를 많이 다녔고 심지어는 정원을 가져본 적도 없었지만, 어릴 때 슈퍼마켓에서 파는 작은 관상용 식물을 사 달라고 엄마에게 졸랐던 기억이 있다. "그저 흔한 콜레우스였어요." 그녀가 웃으며 말했다. "알잖아요. 자주색 잎이 달린 식물이요!" 대학에 들어간 뒤 식물에 대한 관심이 씨앗으로 집중되기 시작했지만 과정이 늘 순탄했던 것은 아니다. 한 교수는 그녀에게 "진짜 식물"을 연구하는 것이 나을 것이라고 제안하기도 했다. 하지만 크리스티나는 이에 굴하지 않은 채 계속 씨앗의 건조화 과정, 수명, 생리학을 전공했다. 그로부터 삼십 년이 지났고 휴면 상태의 씨앗 내부에서 어떤 일이 벌어지고 있는지(그리고 어떤 일이 벌어지지 않는지)에 대해 그녀보다 잘 이해하는 사람은 세계적으로도 거의 없다.

"아주 오랫동안 이곳에서 일했지요." 그녀는 불쑥 이렇게 말하고는 수수를 제자리에 갖다놓고 출입문 쪽으로 향했다. 나는 기쁜 마음으로 뒤따랐다. 씨앗은 추운 곳에서 더 오래 생명력을 유지하는데, 거대한 냉장 시스템은 씨앗 보관실 전체를 항상 영하 18도 수준으로 유지한다. 우리는 덜덜 떨면서 그 방을 나왔고 발밑에는 차가운 공기가 뭉게뭉게 소용돌이 치고 있었다. 왜 옷걸이에 파카와 겨울 재킷이 걸려 있었는지 이해가 되었다. 우리는 아래층에 있는 다른 보관실로 향했고 그곳에서는 씨앗이 액체 질소 강철 탱크들 속에 훨씬 차갑게 보관되어 있었다. "씨앗은 각기 다른 특징을 지니고 있어요." 크리스티나가 이렇게 말하고는 보관에 있어 두 가지 중대한 요인, 즉 온도와 습도를 조절함으로써 씨앗에게 가장 알맞은 조건을 찾아주는 과정을 설명했다. 그런 최적의 조건을 찾아내면 극적인 결과가 나올 수 있다. 자연 속에서 삼 년 내지 오 년 정도 생명력을 유지하는 쌀알도 씨앗은행에서는 이백 년 동안 살 수 있다. 밀 표본의 경우에는 훨씬 더 수명이 길었으며 제대로 잘 갖춰지면 그보다 두 배나 더 오래 살 수 있다. "불멸 같은 것은 없어요." 그녀가 단서를 달았다. "어떤 것도 영원히 지속되지는 않지요." 하지만 국립 씨앗은행 같은 시설에 보관된 씨앗은 끝내주는 정도의 생명력을 누린다.

그녀의 연구실에 다다랐을 때 나는 어떻게 씨앗이 그럴 수 있는지, 즉 겉으로는 아무 활동도 하지 않는 것처럼 보이는 물체가 어떻게 그처럼 오래 살 수 있는지 물었다. 내가 이야기를 나누었던 다른 모든 전문가들이 그랬듯이 그녀 역시 곧바로 우리가 씨앗에 관해 실제로 잘 모른다고 지적했다. 그러고는 과학자들이 알고 있는 한 가지에 관해 자세하게 설명해주었다. "씨앗이 마를 때 효소의 속도가 느려지고 분자들은 움직임을 멈춰요." 그녀가 설명했다. 그러고는 자리에 앉을 수 있도록 의자 두 개 위에 놓여 있던 책과 서류 뭉치를 다른 곳으로 옮겼다. "기본적으로 물질대사 활동이 서서히 느려지다가 멈추는 거예요." 곧이어 그녀는 삽화와 도표, 심지어는 마른 씨앗 세포를 찍은 전자현미경 사진까지 보여주었다. 수분이 모두 사라진 씨앗 세포는 마치 쭈글쭈글한 비닐봉지에 덩어리들이 아무렇게나 들어 있는 것처럼 보였다. 세 살짜리 아이에게 식료품을 봉지에 담으라고 시켜본 적이 있다면 비슷한 모양을 보았을 것이다. "내부는 엉망이에요." 크리스티나가 말했다. "아무것도 볼 수 없기 때문에 연구하기도 힘들고요." 그러나 크리스티나의 연구에서는 식물 세포가 기능하기 위해 필요한 반응, 즉 가장 기본적인 물질대사가 물에 의존하고 있다는 것을 보여주었다. 수분을 없애면 모든 것이 멈추고, 다시 수분이 들어가면 씨앗은 살아난다.

건조 스프믹스가 좋은 비유가 될지 그녀에게 물었다. 스프믹스는 여러 재료가 뒤섞여 있지만 물을 부으면 맛있는 스프가 된다. "네, 어느 정도는요." 그녀가 이렇게 말하고는 얼굴을 살짝 찡그렸다. "차이점이 있다면 물을 부었을 때 일어나는 일이 다르다는 거지요. 스프믹스는 스프가 되고 많은 성분들이 제멋대로 둥둥 떠 있어요. 하지만 씨앗의 경우에는 체계적이고 제 기능을 하는 세포들이 생기지요. 어찌된 일인지는 몰라도 마른 씨앗 세포들은 구조를 기억하고 있다가 재건하는 능력을 갖고 있어요. 특이한 일이지요. 대다수 세포는 그렇지 못하거든요." 그러고는 웃음기가 가득한 눈으로 내 쪽을 건너다보았다. "당신 세포의 수분을 바싹 말렸다가 물을 부으면 스프가 되요."

나로서는 다행한 일이고 동물 왕국의 대다수 성원에게도 마찬가지지만 생명 활동과 번식을 하기 위해 굳이 건조 과정을 견뎌내지 않아도 된다. 그러나 이런 비법을 익힌 몇몇 생물체도 있다. 몇몇 선충류, 윤충류, 완보동물, 그리고 만화책을 읽은 세대들에게 익숙한 작은 갑각류 집단이 그러하다. 이들 생물체들이 저 유명한 책 뒷면 광고에서 보듯이 왕관을 쓰거나 립스틱을 바르는 일은 없지만 시몽키라는 이름으로 팔리는 브라인 새우는 그에 못지않게 놀랍다. 씨앗이 그렇듯이 이 브라인 새우의 마른 난자는 야생에서든 아니면 우편 주문용 포장 안에서든 수 년 동안 살 수 있으며 어항 속에 안착하는 순간 어떻게 자기 모습을 되찾을지 방법을 정확하게 기억하고 있다. 전문가들은 말린 씨앗과 시몽키가 많은 공통점을 갖고 있으며 세포 안에 중요 기능을 유리 같은 상태로 보존하고 있다고 생각한다. 최근 의학 연구자들은 이런 체계를 모방하여 냉장 시설이 부족한 곳에서도 사용할 수 있는 안정적인 건조 백신을 최초로 만들어냈다. "건조화가 결정적인 영감이 되었어요." 어떤 홍역 연구가가 내게 말해주었다. 그의 설명에 따르면 처음에는 브라인 새우로 시작했지만, 쌀과 견과류에서 추출한 당인 미오이노시톨 속에서 살아있는 백신의 활동을 정지시켰을 때 가장 좋은 결과를 얻었다.

휴면 상태에 관한 생물학은 제약에서부터 우주 탐험에 이르기까지 모든 것에서 의미를 지닌다. 나사 과학자들은 장기 임무를 위한 새로운 보관법과 생존 전략을 개발하기 위해 씨앗을 연구한다. 우주비행사들이 바

그림 7.1 브라인 새우*Artemia salina*. 씨앗에서 보이는 것과 비슷한 건조화와 휴면 상태가 생명 주기에 포함되어 있는 몇 안 되는 동물의 하나.

질 씨앗 상자를 볼트로 고정하여 국제우주정거장 밖에 내놓았을 때에도 휴면 상태의 작은 씨앗은 일 년 이상 우주에 노출되었음에도 정상적으로 싹이 나왔다. 그러나 씨앗은행에서는 지상의 목표에 더 많은 관심을 두고 있으며, 급격하게 변하는 세상에서 사람들이 먹고살 수 있도록 하는 데 의미를 둔다. 씨앗은행은 온갖 변종을 모아놓은 거대한 자료실의 기능을 하며 특정 작물의 형질이 필요할 때 농부와 식물 교배자는 이 자료실에 의지할 수 있다. 2004년 쓰나미가 인도네시아와 스리랑카 연안 지역의 논을 덮쳤을 때 씨앗은행은 소금에 내성을 가진 종을 제공하여 이곳에 심도록 했다. 또한 1980년대에 러시아 밀 진딧물이 미국 곡물을 위협했을 때 연구자들은 씨앗은행에 있던 3만 개 이상의 변종을 검색하여 자연적 내성을 지닌 혈통을 찾아냈다. 상업 농업으로 인해 몇 가지 대량생산 작

그림 7.2. 국제우주정거장에서 실시한 이 실험에서는 3백만 개의 바질 씨앗을 일 년 이상 우주의 추운 진공 상태에 노출시켰다. 나중에 이 씨앗을 과학자들과 학교 그룹에 나눠주었고, 씨앗에서는 성공적으로 싹이 났다.

물에만 집중하는 현실에서 씨앗은행은 질병 발발, 자연 재해, 전 세계적인 식량 식물 다양성의 점진적인 상실에 대한 대비책을 제공한다. 장차 또 다른 지구적 변화에 적응해 나가는 과정에서도 중요한 역할을 할 것으로 기대된다.

나는 5월 중순에 포트 콜린스를 방문했었지만 그 일정이 8월로 연기되었을 수도 있었다. 온도계가 섭씨 32도 이상을 가리키고 일일 기록들이 평균기온보다 11도나 높았다. 두 주 전에는 눈이 내리는 또 다른 날씨 기록을 세우기도 했다. 이런 상황이다 보니 크리스티나 월터스와의 대화는 자연스럽게 기후 변화로 옮겨갔다. "그 때문에 벌써 수집 대상과 수집 방법이 영향을 받고 있어요." 그녀가 말했다. 나는 한 가지 예를 들어 달라고 부탁했고 그녀는 바로 대답을 내놓았다. "수수요. 점점 커지고 있지요." 그녀는 키가 큰, 이 아프리카 풀이 자연스럽게 더운 기후에 적응해간 과정을 설명해주었다. "수수는 덥고 건조한 기후의 곡물이고, 앞으로 수수를 더 많이 재배하게 될 거예요." 이러한 미래에 대한 계획으로 씨앗은행은 이미 4만 개의 다양한 수수 표본을 소장 품목에 포함시켰다.

크리스티나가 옳다면 씨앗은행은 기후 변화의 시대에 핵심 역할을 할 것이며 더운 기후에서 자라는 대체 작물로 쉽게 옮겨갈 수 있도록 해줄 것이다. 다른 한편 씨앗은행은 재앙적 사건, 예를 들어 전쟁, 자연재해, 그리고 농업 체계 전체를 중단시킬 수도 있는 정치적 격변 등으로부터 농업을 보호한다. 2008년 과학자들은 노르웨이 북극에 새로 만든 세계적인 씨앗 저장소의 제막식을 가졌다. 스발바르 군도의 산비탈을 깊숙이 파서 지은 이 씨앗 보관소는 추가적인 냉장 시설이나 다른 보조 시설이 없는 상태에서도 춥고 건조하며 햇빛이 들지 않는 어둠 속에 씨앗을 보관한다. "바깥에서 어떤 큰 문제가 일어나더라도 이곳은 무사할 거예요." 이곳의

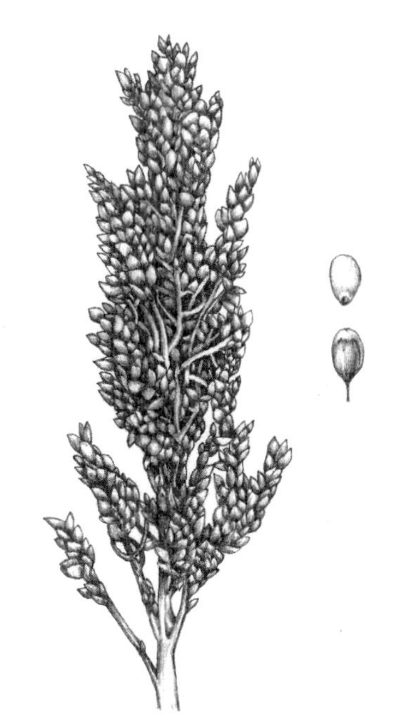

그림 7.3. 수수*Sorghum bicolor*. 에티오피아가 원산지인 더운 나라의 곡물 수수는 세계가 기후 변화에 적응해 가는 동안 점차 중요해질 것으로 기대된다. 낟알을 갈아서 가루를 만들거나 발효시켜 맥주를 만들거나 심지어는 팝콘 대용품으로 튀겨 먹을 수도 있다.

설립 감독이 지적했다. "최후 심판의 날 금고"라는 별명을 지닌 이곳의 개막식은 전 세계적으로 신문 머리기사를 장식했다.

"두려움을 자극하면 팔리니까요." 내가 스발바르 프로젝트를 언급하자 그녀가 비꼬듯 말했다. 하지만 씨앗 공동체의 모든 이들이 언론의 관심을 고마워했다고 얼른 덧붙였다. 그러한 주목 덕분에 이들의 연구가 대중적 관심을 끌었고 이제껏 기금 모금을 하느라 늘 애를 썼지만 그 덕분에 큰 힘이 되었다. 씨앗은행을 운영하는 비용은 결코 적지 않다. "금고"니 "은행"이니 하는 단어 때문에 그냥 열쇠로 열고 들어가면 되는 것 같은 뉘앙스를 풍기지만 씨앗 수집에는 끝없는 활동이 요구된다. 아무리 추운 곳에 보관해도 표본들은 끊임없이 상태가 나빠지며, 씨앗이 이용 가능한 상태인지 지속적으로 확인해야 한다. "원래 계획은 7년마다 한 번씩 확인하는 것이었지만 그럴 만한 예산이 없어요." 발아실을 둘러보는 동안 그녀가 말했다. 우리는 한 벤치 옆에 멈춰 섰고 기술자가 콩 모종들이 놓인 쟁반을 우리에게 보여주었다. 콩 싹 하나하나를 축축한 종이타월로 정성껏 감싸 놓았다. "그래서 십 년 주기로 하고 있어요. …… 하지만 그조차도 예산이 없어요!"

정기적인 발아 테스트를 하지 않으면 누가 알아차리기도 전에 임의의 표본에 들어 있는 씨앗들이 죽어버릴 수 있다. "자잘한 손상이 축적되면 죽거든요." 크리스티나가 설명했다. 사람도 나이 들면 통증과 고통을 느끼기 시작하는 것처럼 시간이 지나면 작은 문제들이 쌓여간다. 하나하나 떼어놓고 보면 심각하지 않더라도 일정한 단계를 지나면 발아 가능성이 갑자기 뚝 떨어져 사라진다. 비결은 이런 사태가 오기 전에 표본을 갈무리해 놓는 것이다. 그렇게 하면 씨앗을 심어 잘 키운 다음 새로운 씨앗을 수확하여 다시 수집해 놓을 수 있다. 오래된 표본을 새것으로 바꿔놓으면 소장 씨앗은 언제까지나 발아 가능한 상태로 유지될 수 있다. 그러나 열대지방의 캐슈에서부터 월동 케일에 이르기까지 종류가 워낙 다양하므로 한 곳의 시설에서 모든 식물을 관리할 수 없다.

"이곳에서는 그런 식물을 다루지 않아요." 크리스티나가 내심 안도하는 것처럼 말했다. 그 대신 그녀의 팀에서는 노스다코타, 텍사스, 캘리포니아, 하와이, 푸에르토리코 등 다양한 지역(그리고 기후)에 있는 연구소와 스무 개가 넘는 지역 씨앗은행과 파트너 관계를 맺고 있다. 또한 스발바르에 있는 씨앗 금고와 큐 왕립 식물원에서 관리하는, 야생종을 위한 인상적인 시설과도 협력하고 있다. 실제로 작물 다양성이 쇠퇴하고 야생식물이 사라지는 데 따른 위협의 심각성을 정부, 대학, 민간단체들이 인식하면서 전 세계적으로 씨앗은행의 수가 급격하게 늘고 있다. "현재 우리 같은 곳이

천 개가 넘어요." 함께했던 하루가 끝나갈 즈음 크리스티나가 말했다. "하나의 운동이 되고 있지요!" 여느 운동이 그렇듯이 씨앗은행 활동에는 악당과 영웅이 있다. 대규모로 진행되는 서식지 파괴나 세계 농업의 흐름 등 악당은 얼굴이 없는 경우가 많다. 그러나 한 사례에서 누구나 알 만한 역사적 인물이 "씨앗의 적" 역할을 한 적이 있는데 그 사람이 바로 이오시프 스탈린이었다. 스탈린이 과학계에 반감을 갖고 소비에트 학자들과 지식인들을 감옥으로 보내기 시작했을 때 그 희생자들 중에는 씨앗운동 역사상 최초이자 가장 오래 영향력이 지속되었던 영웅도 포함되어 있었다. 탁월한 식물학자였던 그의 연구는 여러 세대에 걸쳐 작물 교배에 영향을 미쳤고 이후 생겨난 모든 씨앗은행을 위해 길을 닦아 주었다.

식물학계가 아닌 외부인에게는 잘 알려져 있지 않지만 많은 이들이 니콜라이 바빌로프를 20세기의 가장 위대한 과학자 중 한 명으로 여긴다. 부유한 기업가의 아들로 태어난 바빌로프는 전문지식을 가진 덕분에 볼셰비키 혁명에서 살아남았다. 레닌은 교육받은 "인텔리겐차"를 비판하기는 했지만 그럼에도 과학에 기초한 접근방법을 이용하여 소비에트 농업을 현대화해야 한다고 믿었다. 1920년 심각한 곡물 부족을 겪는 동안 레닌은 빈약한 기금으로 구호 활동에 치중했던 과거와는 달리 이 기금을 이용하여 응용식물연구소를 세웠다. "다음에 올 기근을 막아야 한다. 그리고 지금이 시작할 때다." 레닌은 한 동료에게 이 유명한 말을 했다.

연구소 초대 소장이 된 바빌로프는 식물 교배 연구뿐만 아니라 더 나아가 씨앗에 대한 열정을 추구하는 데에도 많은 지원을 받았다. 여러 지역을 돌아다니면서 표본을 1톤씩이나 모았으며 밀, 보리, 옥수수, 콩 같은 작물이 지역마다 차이를 보인다는 사실, 예를 들어 곡물이 익는 시점이 빠르거나 늦고, 서리가 내린 뒤의 생존 가능성이 다르며 해충이나 질병에 대한 내성도 다르다는 사실에 대해 깊은 이해를 얻었다. 바빌로프는 씨앗의 형태로 이러한 특징들을 무기한 보관할 수 있다는 사실을 당대의 어느 누구보다도 잘 이해했으며 교배를 통해 새로운 종을 만들어내곤 했다. 그는 러시아의 척박한 기후에 특수하게 맞춘 작물, 그리하여 끊이지 않는 치명적 식량 위기를 종식시킬 품종 개발을 꿈꿨다. 몇 년이 지난 뒤 바빌로프는 레닌그라드 시내에 있는 차르의 궁전을 세계에서 가장 큰 씨앗은행과 연구 시설로 탈바꿈시켰으며 전국 곳곳에 흩어져 있던 현장 연구소에서 직원 수백 명이 지원 활동을 벌였다.

애석하게도 스탈린은 과학적 작물 교배를 열성적으로 지원했던 전임자의 열정을 물려받지 않았으며 오랜 시간이 걸리는 바빌로프의 방법에 인내심을 보이지 않았다. 레닌이 죽은 뒤 곧바로 씨앗은행 프로그램은 권력의 관심에서 멀어졌고 이 프로그램의 밑바탕이 되었던 멘델의 유전학도 마찬가지였다. 1932년 또 다시 기근이 전국을 강타했을 때 스탈린은 "맨발의 과학자들", 즉 전문 교육을 받지 않은 프롤레타리아 농업 전문가들의 핵심 그룹이 빠른 성과를 올릴 수 있다고 약속한 것을 믿고 전폭적인 지지를 보냈다. 바빌로프의 연구는 계속 좌절되었고 결국에 가서는 소비에트 농업을 사보타주 했다는 날조된 죄목으로 체포되었다. 그는 감옥에서도 기운이 떨어질 때까지 계속 씨앗과 농작물에 대한 글을 썼다. 배고픈 사람을 먹이기 위해 노력했던 이 사람은 간수들의 무관심 속에 버려진 채 커다란 역설적 상황을 맞았다. 그는 결국 기아로 죽고 말았다.

바빌로프가 감옥에 수감되어 있는 동안 그의 사상은 독자적으로 생명력을 얻었다. 곧이어 러시아의 모델에 기초한 씨앗은행이 전 세계에 생겨나기 시작했다. 미국은 냉전이 한창이던 시절 포트 콜린스에서 씨앗은행의 첫 삽을 떴고 이 시기는 스푸트니크호 발사에 자극을 받은 미국이 소비에트 과학을 "따라잡기" 위한 광범위한 활동을 벌이던 때였다. 나치 독일은 보다 직접적인 경로를 따랐다. 레닌그라드를 포위 공격하는 동안 히틀러는 특공대를 파견하여 무슨 수를 써서라도 바빌로프의 씨앗은행을 장악하고 그곳에 수집되어 있는 씨앗들을 베를린으로 가져오라는 명령을 내렸다. 레닌그라드가 함락되지는 않았지만 그럼에도 이곳 씨앗은행은 굶주린 사람들의 약탈 위협에 항상 직면해 있었다. 적어도 네 명의 헌신적인 직원들은 굶주림으로 죽으면서도 자신들이 관리하던 수천 상자의 쌀, 옥수수, 밀, 그 밖의 귀중한 곡물에 손도 대지 않았다.

씨앗 영웅들이 보여준 놀라운 이야기는 오늘날까지도 이어지고 있다. 2003년 미군이 바그다드로 진군했을 때 이라크 식물학자들은 기를 쓰고 가장 중요한 씨앗 표본들을 싸서 시리아 알레포에 있는 한 시설로 보냈다. 남은 것은 모두 파괴되었다. 십 년 뒤 시리아 인들 역시 내전이 격화되는 와중에 알레포가 전쟁터로 변하기 불과 며칠 전 소장 씨앗을 다시 대피시켰다. 애석한 일이지만 아무리 용기를 발휘해도 끝내 구하지 못한 씨앗들도 있었다. 1990년대를 거치는 동안 소말리아는 두 곳의 씨앗은행을 잃었고 산디니스타 반란군은 니카라과의 국가 소장 씨앗을 약탈했으며, 에티오피아에서는 하일레 셀라시에를 권좌에서 끌어내린 1974년의 전쟁 동안 귀중한 혈통의 밀, 보리, 수수를 잃어버렸다.

이러한 역사에 비추어볼 때 포트 콜린스가 엄중한 보안을 실시하고 캐딜락도 부수지 못하는 벽을 세운 점이 더욱더 이해되기 시작한다. 씨앗을 보호할 가치가 없다고 주장하는 이는 별로 없지만 반면에 크리스티나 월터스도, 그 밖의 다른 누구도 씨앗은행 전반에 깔려 있는 근본적인 역설을 언급하는 것을 들어본 적이 없었다. 최근까지도 작물 다양성은 상당 부분 자연발생적으로 관리되어 식물을 길렀던 같은 농부와 정원사, 그리고 맨 처음 새로운 품종을 만든 식물 품종 개량가들이 그대로 다양성을 유지시켜 왔다. 사람들이 농사를 짓는 곳이면 어디든 해당 지역의 품종을 기르고 그 지역의 밭을 "씨앗은행"으로 삼아 계절이 바뀌면 그 씨앗을 다시 심고 또 개량해왔다. 이런 방식으로 다양성을 보존하는 활동이 비로소 쟁점으로 부상한 것은 산업 농업으로 인해 몇몇 대량 재배 품종에서 높은 생산량을 얻는 데만 중점을 두면서부터였다. 씨앗은행만큼이나 인상적이고 반드시 필요한 이 활동은 많은 점에서 우리 자신이 만들어낸 문제를 풀 수 있는 정교한 해결책이 된다.

"전적으로 동의해요." 내가 이러한 딜레마를 제기하자 크리스티나가 말했다. "현장에서 보존하는 것이 최고의 방법이지요." 작물의 경우라면 농부의 밭이 현장이고 야생종이라면 건강한 자연 서식지가 현장이 된다. "그런데 그게 항상 가능한 건 아니에요." 그녀는 자신을 그처럼 훌륭한 과학자로 만들어준 실용주의적 태도를 보이면서 간단하게 말을 이어갔다. "씨앗은행은 우리가 할 수 있는 일이고, 그래서 해야 하는 거예요. 시간을 버는 한 가지 방법이지요."

냉장 시설에 힘입어 휴면 상태를 연장시킨 덕분에 씨앗은행은 실제로 정말 많은 시간을 벌 수 있었다. 하지만 씨앗은행이 앞으로도 계속 식물 연구와 교배를 위한 중요 자원이 된다고 해도 과연 무엇을 위해 시간을 벌어야 하는가라는 문제가 여전히 남는다. 크리스티나가 말했던 대로 현장에서의 보존 활동이 이루어지려면 인간 활동에 어떤 변화가 일어나야 하는가 하는 물음이다. 그 대답의 일부는 실험실이나 초저온 저장탱크에 있는 것이 아니라 인구 8,121명이 사는 아이오와 주 데코라 시 외곽의 한 작은 농장에 있었다. 이곳에서는 거의 사십 년 가까이 일군의 헌신적인 재배자들이 자기 밭뿐만 아니라 전 세계 곳곳의 텃밭에서 자라고 있는 수천 종의 여러 가지 채소를 계속 길러 왔다.

"우리가 갖고 있는 씨앗은 살아있는 소장품이에요." 다이앤 오트 휠리가 내게 말했다. "집안의 가보로 내려온 채소는 대대로 물려받은 가구나 보석과는 달라요. 가끔씩 꺼내 먼지를 털 수가 없지요. 이런 씨앗을 가장 잘 보존하는 방법은 땅에 심는 거예요."

나는 농장에 있는 휠리의 사무실에 도착했다. 우리가 대화를 나누는 도중에도 사람들이 불쑥불쑥 들어와 이것저것 묻고 회의 시간을 정하는 등 꽤나 분주한 곳이었다. 포트 콜린스와 마찬가지로 데코라에 있는 시설에도 기후를 통제하는 여러 방이 있고 이곳에 상당히 많은 씨앗들이 쌓여 있었다. 그러나 정부 시설과는 달리 휠리네 집단은 360만 제곱미터의 농장을 두고 우편 주문으로 씨앗 사업을 운영하며 점점 확대되는 "뒤뜰 보호주의자들"의 세계적인 네트워크를 조직화하고 있다. 크리스티나 월터스가 1천 개의 씨앗은행을 운동이라고 부를 수 있다면 1만 3천 명 회원의 〈씨앗을 나누는 사람들〉은 혁명이라고 해야 할 것이다. "우리는 사람들이 모인 씨앗은행이에요." 다이앤이 간단하게 말했다. "대대로 내려온 채소 품종을 감별하고, 보존하고, 배포하는 일에 헌신하는 사람들이지요." 그러나 그녀와 동료들이 전통적인 씨앗 품종 모음을 유지 관리하고는 있지만(포트 콜린스와 스발바르에 똑같은 표본도 보관되어 있다) 무엇보다 중요한 목표는 사람과 씨앗을 다시 연결시켜서 재배자와 농부들이 대대로 내려온 전통 씨앗을 수집하고, 거래하고, 그리고 보다 중요하게는 해마다 이 씨앗을 심도록 돕는 데 있다.

1975년 다이앤과 당시 그녀의 남편이었던 켄트 휠리는 다이앤의 할아버지가 물려준 특이한 자주색 나팔꽃 씨에 얼마간 자극을 받아 〈씨앗을 나누는 사람들〉을 만들었다. ("그 나팔꽃은 많은 개성을 지녔어요." 그녀가 말했다. "할아버지처럼요.") 이 프로젝트는 그들 집 거실에 있는 카드 게임용 탁자에서 시작되어 순식간에 열정적인 씨앗 수집가들의 세계적 네트워크로 발전했다. "씨앗에 대해 커다란 정서적 애착이 있어요." 그녀가 설명했다. "사람들이 표본을 보내기 시작했을 때 레시피도 함께 동봉하는 경우가 많았어요. 그래요, 그들이 갖고 있던 품종을 보존하고 싶어 했지만 그러면서도 그 종을 재배하고 수확해서 먹기를 원했던 거예요. 음식으로 유명해지기를 원한 거지요!" 시작 단계부터 사람들은 다른 씨앗을 갖고 있는 사람들과 만나기 위해 나눔 활동에 참여하기도 했다. 연례 피크닉 행사가 사흘간의 씨앗 학회와 축제로 발전했으며, 나눔을 알리는 17쪽짜리 첫 소식지는 전화번호부 크기 정도의 두툼한 책으로 변했다. 이 책에는 판매나 교환을 원하는 6천 개 이상의 품종이 올라 있고 이 중 많은 수는 다른 어느 곳에서도 구할 수 없는 품종들이다.

생물학적 관점에서 볼 때 〈씨앗을 나누는 사람들〉은 포트 콜린스에서 벌이는 활동에 대해 중요한 보완 역할을 한다. 규모가 큰 시설이 많은 다양성을 확보하지만 이 다양성은 거의 변하지 않는다. 선반에 씨앗을 다시 채워 넣어야 할 때에만 씨앗을 재배한다. "씨앗을 계속 심으면 그 품종이 지속적으로 적응을 해나가요." 다이앤이 설명했다. "심지어는 기후 변화가 없더라도 식물은 지역적 조건에 맞게 적응해야 하지요." 씨앗을 나누는 사람들은 지속적인 재배를 통해 단지 텃밭 다양성을 유지하는 데 머무는 것이 아니라 그 이상의 일을 한다. 이들은 미래의 텃밭과 씨앗은행을 채울 새로운 변종이 태어나도록 함으로써 식물이 진화할 수 있는 가능성을 열어주고 있다.

대화가 끝나갈 무렵 나는 다이앤에게 이 활동이 끝나고 씨앗은행이 필요하지 않을 만큼 많은 사람들이 많은 품종을 심는 때를 상상할 수 있는지 물었다. "아니요, 결코 끝나지 않을 거예요." 그녀가 이렇게 말하면서 자신의 소명을 찾은 사람 특유의 편안한 웃음을 지었다. "우리는 언제까지나 씨앗을 권하는 사람이 될 거예요."

〈씨앗을 나누는 사람들〉이 성공을 거두게 된 것은 부분적으로 회원들의 적극성, 나아가 열성 덕분이었다. 재배자라면 누구든, 아니 재배자와 함께 살아본 사람이라면 누구든 씨앗을 심고 수확하는 일이 전체 과정의 일부일 뿐이라는 것을 알고 있다. 우리 집을 보면 일 년 중 가장 설레는 식물 재배의 순간들은 한겨울에 씨앗 카탈로그(〈씨앗을 나누는 사람들〉에서 내는 두툼한 연감도 함께 들어 있다)가 도착하면서 시작된다. 엘리자에게는 이때가 새로운 시즌의 공식적 시작이다. 바깥에는 차가운 비와 폭풍이 몰아치는데 엘리자는 뿌듯한 마음으로 수천 종의 다양한 채소와 꽃 품종을 알리는 책 페이지를 넘기면서 이듬해 심을 작물을 고른다. 노아 역시 이 카탈로그를 좋아한다. 『잘 자요, 달님』, 『새끼 오리에게 길을 열어주라』, 그 밖에 침대 옆에 끼워져 있는 다른 고전들 속에 손때 묻은 카탈로그가 함께 섞여 있는 것을 심심치 않게 볼 수 있다.

나는 씨앗과 관련된 것이면 뭐든 관심을 갖긴 해도 엄밀히 재배자라기보다는 재배 "조력자"에 가깝다. 엘리자(그리고 지금은 노아까지 포함하여)의 경우 식물 재배는 열정의 대상이자 기쁨이며, 나로서도 행복한 마음으로 지원할 수 있는 생산적인 중독이다. 내가 장작을 패고 풀을 베고 그 밖의 가사 일에 집중하면 그들은 점점 넓어지는 우리 집 땅에서 더 많은 시간을 자유롭게 쓸 수 있다. 또한 우리 모두 맛있는 과일과 채소, 베리 열매의 수확에 함께 참여하기 때문에 협력이 잘 이루어진다. 그런데 매년 내가 경작에 힘을 보탤 수 있는 땅이 조금 있다.

엘리자와 마찬가지로 우리 어머니도 식물 재배에 열정을 보였으며 우리 아버지는 나와 같아서, 물을 주고 잡초를 뽑는 일보다는 늘 생산물을 먹는 일에 더 큰 역할을 했다. 그러나 어머니가 돌아가신 이후 노아와 나는 매년 봄철이면 아버지 집에 가서 아버지를 도와 어머니의 정원에 적어도 일부분이라도 식물을 심는다. 아버지와 나는 한때 어머니가 일했던 땅을 갈고 그곳에 씨를 뿌리는 데서 위안을 얻는다. 또한 노아가 이 일 전반에 아무도 못 말리는 열정을 보여주는 점 역시 위안이 된다. 이는 추억 의식이라고 할 수 있는데, 씨앗의 신기한 생물학, 즉 휴면하고 있다는 점, 그리고 겉으로는 생명이 없는 것처럼 보이는 것에서 생명을 이끌어내는 욕망이 있다는 점이 이 추억 의식에 보다 많은 의미를 부여한다. 이러한 변치 않는 신비함 때문에 씨앗 과학의 가장 진지한 논의조차 사실과 철학이 만나는 지점으로 나아가게 된다.

포트 콜린스를 떠나기 전 나는 크리스티나에게 휴면 상태에 있는 씨앗의 물질대사를 이해할 수 있도록 다시 한 번 도움을 달라고 청했다. 캐럴 배스킨에 따르면 세포가 여전히 살아있긴 해도 활동이 극히 저하된 수준이라고 했다. 크리스티나는 다른 의견을 냈다. 휴면 상태에 있는 씨앗이라도 시간이 흐르는 동안 변하며 이것이 꼭 전통적인 의미의 세포 활동의 징후는 아니라고 인정했다. "우리가 보고 있는 것은 아마도 유기 화합물의 자연적인 분해가 아닐까 싶어요." 그녀는 오랫동안 공부했던 화학을 이야기의 전면으로 가져왔다. "처방전 약에 명시된 유효기간 같은 거예요. 약의 화학 성분은 그저 약화되기만 하다가 마침내 효과가 없어지지요. 씨앗도 같아요."

나는 크리스티나가 경험에서 우러난 이야기를 하고 있다고 여겼다. 그녀의 연구 프로그램은 씨앗 주변의 공기를 측정하여, 늙어가는 씨앗이 어떤 화학 성분을 방출하는지 변화를 기록하는 데 모두 할애되었다. 하지만 여전히 나를 괴롭히는 문제가 있었다. 이렇다 할 만한 물질대사 활동이 없다면 씨앗은 어떻게 살아있을 수 있는가?

"그 질문에 대한 답은 다른 질문으로 대신할게요." 그녀가 곧바로 말했다. "생명을 정의하는 특징이 물질대사인가요? 씨앗이 살아있지만 물질대사를 하지 않는다면 우리는 살아있다는 것이 무엇인가 하는 개념 정의에 대해 다시 생각해볼 필요가 있어요."

수천 년 동안 씨앗을 심고 수십 년 동안 연구한 결과 씨앗은 가장 기본적인 관념에 이의를 제기할 수 있는 힘이 생겼다. 이 때문에 씨앗은 연구 주제로서뿐만 아니라 생명과 부활에 대한 비유로서도 매력을 지니게 되었다. 300개가 넘는 영어 단어와 문구에 "씨앗"이라는 표현이 등장하는 것은 결코 우연이 아니며 당연한 예로는 종자seed-corn(재배용으로 보관하는 곡물)가 있고 이보다 덜 직관적인 예로는 마녀의 자손hag-seed이 있다. 사실 크리스티나는 내게 생각의 씨앗thought-seed을 남겨놓은 셈이며 이는 개념의 씨앗으로서, 장차 이 씨앗에서 싹이 나고 꽃이 피고 열매가 맺게 될 것이다. 나는 여전히 그녀의 말에 대해 생각하고 있다. 국립 씨앗은행에서조차 씨앗이 살아있는지 실제로 알아보는 유일한 방법은 씨앗을 땅에 심어 자라는지 보는 것이다.

사람들은 씨앗에 생명이 들어 있는지 어떤지 짐작으로 알겠지만 이 씨앗에서 자라는 꽃과 관목과 허브와 나무에 대해서는 어떠한 의심도 하지 않는다. 그것들에 대한 믿음은 진화론적이며 절대적이다. 다른 무엇보다 이를 잘 보여주는 주제를 다음 장에서 다루게 될 것이다. 바로 식물이 씨앗을 지키는 놀라운 (그리고 놀랄 만큼 유용한) 방법에 관한 것이다. 휴면 상태에 있는 생명의 그 불꽃은 비밀에 싸여 있고 측정하기 힘들지만 어미 식물은 이를 보호하기 위해서라면 거의 무엇이든 할 것이다.

씨앗은 방어한다

암사자와 새끼 사이에 끼어들 수 있는 것은 아무것도 없다.

_속담

제8장

이빨로, 부리로 물어뜯고, 갉아먹고

오, 쥐들이여, 기뻐하라!
세상은 점점 하나의 거대한 건물로 변하고 있다!
그렇게 아삭 아삭, 으드득 으드득 간식을 먹고
아침, 저녁, 만찬, 점심을 먹어라!

로버트 브라우닝, 〈하멜른의 피리 부는 사나이〉(1842년)

세계 건축법의 부칙 F에는 주거 가능한 모든 주택에 쥐와 다른 설치류가 접근하지 못하도록 하기 위한 요건이 명시되어 있다. 여기에는 5센티미터 두께의 기초 슬래브와 강철 챌판이 포함되며 아울러 지표 높이의 모든 구멍에 템퍼드 와이어나 판금 쇠창살을 설치하도록 되어 있다. 곡물 창고나 산업 시설의 요건은 훨씬 더 엄격해서 콘크리트 두께도 더 두꺼워야 하고 금속도 더 많이 들어가야 하며 외벽은 표준보다 5센티미터 더 깊이 땅속으로 들어가야 한다. 이 모든 규정에도 불구하고 쥐와 이들의 친척들은 지금도 세계 곡물 수확량의 5 내지 25퍼센트를 먹어치우거나 오염시키며, 온갖 종류의 중요한 구조물을 이빨로 갉아서 안으로 침입한다. 2013년 일본의 불운한 후쿠시마 원자력발전소에 무단 침입한 설치류 한 마리가 배전반에 합선을 일으키는 바람에 냉각 탱크 세 개의 온도가 급상승하여 하마터면 2011년의 노심융해가 되풀이될 뻔했다. 이 이야기가 전 세계 뉴스 1면을 장식했고 기자, 블로거, 텔레비전 논평가들은 쥐가 무엇 때문에 그렇게 전선에 관심이 많은지 의아해했다. 그러나 진짜 문제는 설치류가 무엇을 먹고 싶어 했는가가 아니라, 그들을 막는 게 얼마나 힘든가 하는 점이다. 우선 쥐는 대체 왜 콘크리트 벽을 갉아서 뚫는 능력을 지니게 되었을까?

"설치류"라는 명칭은 라틴어 동사 "갉아먹다rodere"에서 왔으며, 설치류가 이빨로 씹는 방식과 이 일을 잘할 수 있게 해주는 커다란 앞니를 모두 일컫는다. 이 이빨은 대략 6천만 년 전 쥐나 다람쥐처럼 생긴 작은 동물에서 진화되었다. 콘크리트나 플렉시 유리, 판금, 그 밖에 인간이 만든 소재 중에서 오늘날 쥐나 생쥐가 이빨로 뚫는 그 모든 것들이 생기기 시작한 때로부터 약 6천만 년 전의 일이다. 설치류의 정확한 유래를 둘러싸고 전문가들 사이에 아직 논쟁이 오가지만 저 커다란 이빨이 무슨 일에 적합한지에 대해서는 아무 의심이 없다. 설치류의 가계도에는 이빨로 나무를 갉아먹는 비버나 이빨로 땅을 파는 벌거숭이 두더지쥐 같은 괴짜도 있지만 대다수 설치류는 지금도 옛날 방식으로 생활의 많은 부분을 꾸려 가는데, 그것은 바로 씨앗을 갉아먹는 것이다.

설치류가 나타나기 전 오크나무, 밤나무, 호두나무 등등의 조상은 날개가 달린 작은 씨로 그럭저럭 번식을 해결했으며, 이 씨를 깨물어 먹지 못하도록 보호할 만한 수단이 별로 없었다. 이런 씨앗 화석들을 보면 울퉁불퉁한 왕겨 부스러기처럼 생겼으며 씨앗에 보잘것없는 작은 조각이 붙어 있어서 나무에서 떨어질 때 살짝 펄럭이도록 설계되었다. 하지만 설치류가 갉아먹기 시작하면서 이들 식물과 설치류 포식자는 사실상의 무기 경쟁에 돌입했다. 이빨이 강해지면 씨껍질이 단단해졌고 씨껍질이 단단해지면 다시 이빨이 강해지면서, 오래된 저 씨앗들은 오늘날 우리가 익히 아는 도토리와 두꺼운 껍질의 견과류로 바뀌어갔다. (다른 씨앗은 이전보다 크기를 아주 작게 줄이는 방식으로 대응했는데 동물에게 통째로 삼켜지거나 아니면 관심 밖으로 밀려나기를 바라는 마음이었을 것이다.) 나무의 입장에서 볼 때 설치류는 진화적 딜레마를 제기한다. 씨앗을 널리 퍼뜨릴 수 있는 가능성이 있는 반면 씨앗을 완전히 잃어버릴 가능성도 존재했다. 설치류의 입장에서는 씨앗 속에 든 영양분을 꺼낼 수 있게 되면서 결과적으로 진화상의 금광을 발견한 셈이었다. 그리하여 지구상에서 가장 수가 많고 다양한 집단으로 빠르게 부상했다.

공진화共進化 개념은 어느 한 유기체의 변화가 다른 유기체의 변화로 이어진다는 의미를 내포한다. 영양이 빠르게 달리기 시작하면 치타도 이들을 따라잡기 위해 빨리 뛰어야 한다. 전통적인 정의에서는 이 과정을 익숙한 파트너끼리 탱고를 추는 것으로 묘사한다. 한 발을 내딛으면 그에 따라 상대가 똑같이 우아하게 한 발을 내딛는다. 그러나 실제 진화가 이루어지는 춤 무대는 대체로 훨씬 복잡하게 붐빈다. 설치류와 씨앗의 관계는 탱고라기보다 스퀘어댄스(남녀 네 쌍이 한 조를 이루어 사각형으로 마주보고 서서 시작하는 미국의 전통 춤_옮긴이)에 비유할 만한 과정 속에서 발달되며, 각 커플들이 끊임없이 파트너를 바꾸어 가면서 빙빙 돌고, 걷고, 도시도(두 사람이 마주본 상태로 오른쪽 어깨를 스치며 앞으로 나갔다가 왼쪽 어깨를 스치며 뒤로 돌아오는 동작_옮긴이) 동작을 한다. 그리하여 최종 결과는 겉보기에 서로 주고받기를 한 것처럼 보이지만 함께 춤을 추었던 다른 많은 이들이 과정 내내 끌어주고, 따라가고 발끝으로 걸으면서 결과에 영향을 미쳤을 가능성이 크다. 정확하게 어떤 사건들이 어떻게 연결되어 강한 턱의 설치류와 껍질이 두꺼운 씨앗이 우리에게 오게 되었는지는 아무도 모른다. 오래전에 벌어졌던 이야기고 단지 화석 기록상에 전반적인 단서만이 남아 있다. 그러나 이 둘이 동시에 갑자기 부상한 것이 단순히 우연의 일치라고 믿는 전문가는 거의 없다.

대체로 서로의 관계가 발달되는 경우 이 관계는 서로에게 이익이 되었다. 갉아먹는 자는 먹을 것을 얻고 이 과정에서 식물의 씨앗을 퍼뜨렸다. 이 등식에서 설치류 쪽의 추동력은 오로지 배고픔뿐이지만 식물의 경우는 줄타기를 하는 것과 같다. 씨앗은 설치류가 탐낼 만큼 충분한 매력을 지녀야 하지만 현장에서 씨앗을 다 먹어치우는 일이 없도록 껍질이 딱딱해야 한다. 껍질이 단단하면 설치류는 어쩔 수 없이 씨앗을 다른 곳으로 가져간 다음 굴 같은 안전한 곳에서 씨앗을 갉아 속을 연다. 이상적인 경우는 설치류가 씨앗을 어디 숨겼는지 잊어버리거나, 아니면 먹을 시간이 되기 전에 죽어버리는 것이다. 베아트릭스 포터의 책 『다람쥐 넛킨 이야기』를 예로 들어보자. 학자들은 그녀가 영국 계급제도에 대한 비판으로 이 작품을 썼다고 생각하지만 다른 한편에서 볼 때 이 작품은 씨앗에 관한 이야기이기도 하다. 다람쥐들이 부엉이 섬으로 견과류를 가져와서 숨겨 놓는다면, 그리고 가끔씩 오는 다람쥐가 올드 브라운에게 공격을 당한다면 그 견과류들 중 일부는 다람쥐에게 먹히지 않고 다음 세대의 오크나무와 개암나무가 자라 계속 살아갈 것이다. (다람쥐 넛킨은 어찌어찌해서 꼬리만 잃은 채로 도망칠 수 있었지만 분명 다음번에는 올드 브라운의 공격이 성공할 가능성이 높아질 것이다.)

포터는 영국 호수 지방을 배경으로 설정했지만 만일 그녀가 중미에 살았다면 내가 박사과정 연구 활동을 했던 곳, 알멘드로 나무의 가지가 옆으로 넓게 뻗어 있는 곳 아래를 배경으로 삼았을 것이다. 그곳에 가면 작은 다람쥐 넛킨이 함께 어울릴 만한 다람쥐뿐만 아니라 다른 설치류도 많았을 것이다. 주머니쥐, 쌀쥐, 나무를 타고 오르는 쥐, 가시쥐뿐만 아니라 파카, 그리고 작은 개 크기 정도에 얼마간 기니피그를 닮은 아구티 등이

그림 8.1. 『다람쥐 넛킨 이야기』(1903년)에 나오는 분주한 다람쥐들. 이 작품은 베아트릭스 포터의 고전적 이야기로, 부엉이 섬의 도토리와 헤즐넛을 모으는 (그리하여 널리 퍼뜨리는) 다람쥐를 그리고 있다.

있었을 것이다. 나와 마찬가지로 이들 종도 모두 씨앗을 찾아서 알멘드로 나무가 있는 곳으로 왔지만 나와 달리 설치류는 비록 수백만 년은 아니더라도 수천 년 동안 그곳에 있었다. (박사학위 논문도 느낌만으로는 그 정도 시간이 걸리는 것처럼 여겨진다.) 이빨로 갉아먹는 동물들이 주변에 그렇게 많이 있으니 한 대학원생에게 도전 의욕을 불러일으킬 만큼 단단한 씨앗이 알멘드로에 열리게 된 것도 전혀 이상한 일이 아니다. 그러나 씨앗의 다양한 방어 수단이 물리적 보호에만 그치는 일은 별로 없었다. 이 열대우림 한 곳의 생태계만 보아도 왜 그렇게 많은 씨앗들이 돌처럼 단단한지, 왜 배고픈 쥐를 멈추게 하기 위해서 그렇게 많은 콘크리트가 필요한지 분명히 알 수 있다.

알멘드로 나무의 씨앗은 길이 5센티미터, 폭 2.5센티미터에 옆면이 부드럽고 끝이 가늘어지는 모양으로, 인후염용 트로키제를 크게 확대해놓은 것처럼 생겼다. 복숭아나 자두 씨처럼 이 씨앗에도 돌처럼 단단한 껍질층이 있으며 그 안에 부드러운 견과가 안전하게 들어 있다. 열매의 과육은 얇고 갈색 빛이 도는 녹색이지만 원숭이와 새와 박쥐 등 다양한 동물을 끌어들일 만큼 달콤하다. 한창일 때에는 수십 종의 동물이 알멘드로 나무 주위에 모여 우거진 나뭇잎 아래에서 먹잇감을 모으고 땅바닥에 떨어진 수많은 열매를 맘껏 먹는다. 하지만 이들 열매 먹는 동물들 중 먹이를 멀리까지 운반하는 것은 오로지 커다란 박쥐뿐이다. 그렇다면 자기 자식을 멀리 퍼뜨리고 싶은 알멘드로 나무 역시 씨앗을 먹는 동물들에게 중점을 두어야 한다. 또한 (적어도 J. R. R. 톨킨의 이야기 세계 밖에서는) 나무에게 지능이 있다고 생각하는 사람이 거의 없지만 알멘드로 나무가 개발한 체계는 꼼꼼하고, 계산적이며, 거의 완벽에 가깝다.

식물의 관점에서 볼 때 잠재적으로 씨앗을 널리 퍼뜨릴 가능성이 있는 것들이 모두 동등하지는 않다. 예를 들어 알멘드로 씨앗을 모으는 나는 수레에 많은 양을 담아 멀리까지 가져오지만 그 후에는 나의 연구를 위해 모든 씨앗을 체계적으로 파괴시켰다. 설령 내가 씨앗의 싹을 틔우기로 계획했더라도 나의 실험실은 아이다호 북부 지방에 소재한 대학 안에 있고 이곳은 열대우림 나무가 자라기에 적합한 서식지가 되지 못한다. 나의 반대편에 있는 쌀쥐와 주머니쥐 등의 작은 설치류는 알멘드로 나무의 열매를 몇 십 센티미터 옮길 힘도 없다. 이들을 불러들여 잔뜩 먹게 하면 알멘드로 나무의 자손은 집 부근을 떠나보지도 못한 채 죽을 것이다. 씨앗은 별 실효가 없는 작은 씨앗 포식자를 배제하면서도 큰 포식자로 인한 위험

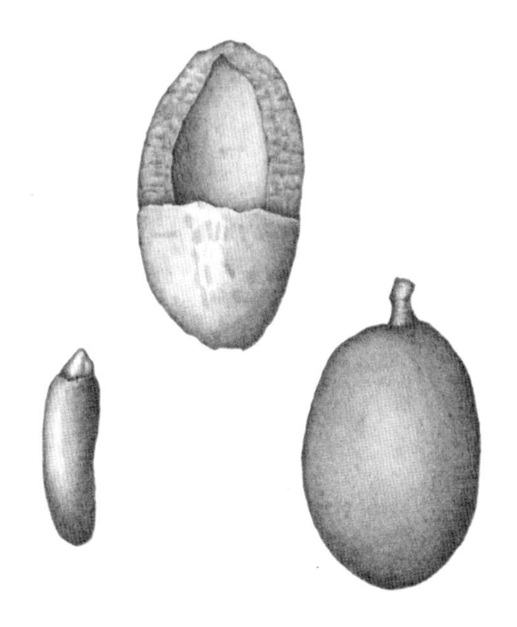

그림 8.2. 알멘드로. 거대한 알멘드로 나무의 씨앗은 자연 속에서 가장 튼튼한 껍질 안에 들어 있으며, 이는 이빨로 갉아먹는 설치류들로부터 씨앗을 지키기 위한 방어 수단이다. 씨앗의 일부가 횡단면으로 잘려 있는 맨 위의 그림에서 껍질을 볼 수 있다. 껍질을 벗겨낸 씨앗이 왼편 그림에 나와 있으며 오른편 그림은 열매의 전체 모양이다.

을 줄이기 위해서 적절한 수위의 방어수단을 지녀야 하는데, 여기에는 생태학자들이 말하는 이른바 처리 시간을 최대한 잘 이용하는 방법이 있다.

알멘드로 나무의 경우 결국 목재 재질 같은 껍질을 이상적인 것으로 삼게 되었는데 가장 두꺼운 부위가 7밀리미터를 넘으며 무게가 자두 씨나 복숭아 씨의 두 배다. 안쪽 면에는 추가적인 보호수단으로 수지 결정체들이 한 층 더 둘러싸고 있는데 이는 해충 구제업자들이 쥐구멍을 막기 위해 콘크리트에 간유리를 덧대는 것과 같다. 그러나 이 경우에 씨앗은 동물이 갉아먹지 못하도록 철저하게 막으려는 것이 아니라 단지 속도를 늦추려는 것뿐이다. 보통의 다람쥐가 수지 결정체로 덮인 알멘드로 열매의 겉껍질을 이빨로 완전히 갉아 없애려면 적어도 8분이 걸리며 더러는 무려 30분씩이나 걸릴 때도 있다. 이는 살아남기 위해 매일 자기 몸무게의 10퍼센트 내지 25퍼센트 정도에 해당하는 열매를 찾아내어 먹어야 하는 동물로서는 엄청난 시간 투자다. 알멘드로 열매는 노력을 들일 만한 가치가 있지만 노력한 만큼의 대가만 간신히 얻는다. 가시쥐를 비롯하여 그보다 작은 설치류는 굳이 이런 노력을 들이지 않는다. 딱히 그럴 능력이 없어서라기보다는 그럴 만한 값어치가 없기 때문이다. 설령 커다란 열매를 먹을 수 있다고 해도 시간이 너무 많이 들고 어려운 난관들로 인해 힘이 다 빠져버리기 때문에 충분한 보상이 되지 못한다. 이러한 맥락에서 볼 때 알멘드로 열매껍질의 강도와 두께는 다람쥐와 아구티와 파카가 어느 정도 열매를 먹을 수 있도록 완벽하게 적응된 것처럼 보인다. 이런 큰 설치류들은 열매를 멀리 가지고 갈 수 있기 때문이다. 그러나 이런 설치류들이 실제로 열매를 멀리 가지고 갈 수 있는가 하는 문제는 나무의 소관이 아니다. 그렇게 하도록 만드는 요인은 아마도 무대 위에 있는 다른 선수들에게서 비롯될 것이다.

나는 나무망치와 끌을 이용한 기법을 완성하고 난 뒤 1분도 채 안 되어 알멘드로 열매를 쪼개 견과의 살을 깔끔하게 꺼내 먹는 법을 익혔다. 이로써 나는 다람쥐보다 한참 앞서가게 되었지만 만일 악어 구덩이나 굶주린 늑대가 가득한 우리 안처럼 위험한 환경에서 열매를 쪼개고 있었다면 그 정도 속도로는 충분히 빠르다고 할 수 없었을 것이다. 설치류도 이런 딜레마에 직면한다. 알멘드로 나무가 열매 먹는 동물들을 확실하게 끌어들이는 것으로 보아 분명 열매 먹는 동물을 잡아먹는 동물도 여기로 모여들 것이다. 나는 큰삼각머리독사들이 알멘드로 나무 주변에 돌아다니는 것을 경험상 알고 있었다. 그렇다면 설치류를 즐겨먹는 다른 뱀들, 가령 부시마스터나 보아뱀도 부근에 돌아다닐 것이다. 한번은 벌건 대낮에 반납색매가 뭔가 작고 털이 있는 것을 물고 가는 것을 본 적이 있었다. 만일 어두워질 때까지 그곳에 있었다면 대여섯 종류의 부엉이뿐만 아니라 오실롯, 마게이, 재규어런디를 보았을 것이며, 이들 모두 맛있는 먹이가 몰려 있는 것을 보고 이곳으로 꾀어들었을 것이다. 포유류 군집들을 연구하는 내 친구가 숲속 여기저기에 원격 카메라를 설치하여 찍은 사진을 한 무더기 보여준 적이 있었다. 놀란 표정의 재규어, 퓨마, 커다란 족제비 등등을 순간 포착한 스냅사진들이었다. 심지어는 사냥꾼과 개들도 보였다. 내 친구는 사진 속에 뭔가 낯익은 것이 없는지 물었고, 나는 알아보았다. 배경 속에는 알멘드로 나무 몸통이 자주 등장했고 바닥에는 열매들이 잔뜩 널려 있었다. 중미 열대우림에는 잘 자란 알멘드로 나무 주위에 동물 군집들이 모여 들며 그중에는 열매 먹는 동물, 씨앗 먹는 동물, 포식자들만 있는 것은 아니었다. 그들을 찾아 숲으로 들어온 온갖 사람들, 예를 들면 과학자, 사냥꾼, 조류관찰자, 그 밖의 자연 활동의 한 부분을 보러 온 사람들도 있었다.

대부분 독니를 가졌거나 굶주린 짐승들이 우글거리는 이런 어지러운 상황 속에서 다람쥐와 다른 설치류들은 마치 드라이브 스루 매장을 이용하듯 알멘드로 열매를 처리한다. 먹을 것을 얼른 집어 들고 자리를 뜬 뒤 12미터 또는 15미터, 더러는 그보다 훨씬 멀리 가서 먹는다. 특히 아구티의 경우는 씨앗을 널리 퍼뜨리는 데 중요한 역할을 하는 것으로 밝혀졌다. 열매를 멀리 옮길 뿐만 아니라 자기가 살고 있는 서식지 부근 곳곳의 작은 구멍에 열매를 파묻는다. 이는 분산 저장이라는 기분 좋은 이름으로 불리는 습관이다. 나무의 관점에서 볼 때 이는 안성맞춤이라 할 수 있다. 어떤 동물이 씨앗을 다른 곳으로 운반하여 심어주고, 그런 다음에는 부근에 숨어 있던 많은 포식자 중 하나에게 죽임을 당할 가능성이 꽤 높기 때문이다.

이러한 패턴은 전 세계 여러 설치류와 식물 종 사이에서 반복되며 견과류처럼 생긴 씨앗이 보다 단단하고 두툼한 껍질을 개발하도록 진화적 동기를 제공한다. 실제로 처리 시간을 늘려주는 특징은 유리한 이점으로 작용할 수 있으며, 호두가 뇌처럼 꼬불꼬불 복잡하게 생겨서 통째로 온전하게 꺼내기가 짜증스러울 정도로 힘든 것도 이런 이유 때문이다. 설치류 역시 이에 대응하여 이빨이 더욱 강해지며, 한꺼번에 많은 열매를 갖고 갈 수 있도록 크고 불룩한 뺨이 발달한다. 또한 이빨로 껍질을 벗길 필요가 없는 병든 열매나 벌레 먹은 열매를 냄새로 알아내는 신기한 능력도 발달한다. 다른 많은 진화 이야기와 마찬가지로 설치류가 씨앗의 방어 수단에 미치는 영향도 단지 쌍방의 무기 경쟁에만 그치지 않는다. 모든 면에서 서로 주고받으면서 관계와 종의 전반적인 체계에 영향이 미친다. 알멘드로 열매의 경우 그런 체계가 매우 정교할 뿐만 아니라 순식간에 해체될 수도 있다는 것을 나의 연구가 보여주었다.

건강한 열대우림에서 커다란 알멘드로 나무 부근의 진창을 가로질러 가다보면 마치 울퉁불퉁한 자갈길을 걷는 느낌이다. 갉아먹거나 쪼개거나, 혹은 다른 식으로 먹고 버린 껍질이 발밑에 잔뜩 깔려 있기 때문이다. 수를 세어보니 수천 개나 되지만 그중 어린싹이 난 것은 물론 온전한 열매조차 거의 찾아볼 수 없었다. 주변의 설치류들이 그 정도로 철저하게 열매를 갉아먹으니 이곳에서 멀리 퍼져 나간 열매만이 싹을 틔우고 어린 나무가 자랐다. 그러나 군데군데 숲을 이룬 곳에서는 큰 설치류들이 사냥이나 그 밖의 방해로 인해 무거운 대가를 치러야 하므로, 열매를 갉아먹거나 분산 저장해놓은 징후를 거의 볼 수 없었다. 씨앗은 떨어진 그 자리에서 발아하며 자손들은 어른 나무 주위를 빙 에워싸면서 덤불을 이루고 있었다. 단기적으로 볼 때 이런 시나리오는 다음 세대에게 나쁜 소식이었다. 어미나무의 그늘 아래에서는 어린 나무가 잘 자라지 않기 때문이다.

장기적으로도 알멘드로 나무는 곤경에 처한다. 무대에서 함께 춤을 출 파트너가 모두 사라짐으로써 알멘드로 나무의 단단한 열매를 씹을 수 있는 동물이 숲에 하나도 남지 않기 때문이다.

나는 알멘드로 나무를 연구하고 난 뒤 식물이 복잡한 미적분학의 차원에서 씨앗을 보호하며 여기서는 오로지 보호만이 유일한 변수라는 것을 알았다. 하지만 다른 한편 분명한 의문이 남았다. 알멘드로 열매껍질은 얼마나 단단한가? 콘크리트보다 단단한가? 나는 이 장을 쓰는 동안 그에 대한 답을 얻었다.

비록 박사학위를 끝낸 지는 오래되었지만 그런 연구 시간을 한 가지 프로젝트에 투자하고 나면 반드시 기념품을 집으로 가져오게 마련이다. 내 책상 위에 얹어 놓은 알멘드로 열매껍질은 이제 바싹 말라 갈색 빛의 꿀색을 띠고 표면이 우둘투둘하지만 그래도 한쪽 끝에 설치류의 이빨 자국이 뚜렷하게 나 있었다. 이 열매를 콘크리트에 시험해 보기 위해 연구실 밖으로 나가 현관 아래로 기어들어갔다. 라쿤 오두막은 부두 콘크리트 덩어리를 토대로 하여 지었으며 이 블록들은 표준 제품으로, 여느 가정용품 매장에서도 살 수 있는 빌트인 받침대가 있었다. 나는 알멘드로 열매껍질을 부두 블록에 갖다 댄 뒤—이 블록이 일종의 끌 역할을 했다—망치로 세게 쳤다. 콘크리트가 깨진 것을 보고도 놀라지 않았다. 설치류가 열매를 이빨로 갉아먹을 수 있도록 진화하고 이에 대응하여 알멘드로 나무도 자연 중에서 가장 단단한 열매를 만들어냈다면 알멘드로 열매는 쥐의 이빨만큼 강할 것이다. 몇 차례 더 내려치자 제법 큰 콘크리트 조각이 땅바닥에 떨어졌다. 현관 밑에는 우리 집 닭들이 눈 똥이며 엉망진창으로 망가진 닭털, 그리고 여섯 개나 되는 빈 쥐덫 등 재미없는 것들이 나뒹굴고 있어서 이것들을 건드리지 않도록 주의하면서 콘크리트 조각을 꺼냈다.

빈 쥐덫을 보고 약이 오른 나는 그날 저녁 다시 와서 피넛버터를 미끼로 놓아두어야겠다고 마음속으로 메모를 했다.

"사람들은 당신 말을 믿지 않을 거예요." 라쿤 오두막 현관 밑에서 벌어진 일을 이야기하자 엘리자가 말했다. 그러나 예전에 오스카 와일드는 "예술이 인생을 모방하는 것이 아니라 인생이 예술을 모방한다"고 말한 바 있다. 게다가 내가 책상에 앉아 설치류의 이빨과 씨앗에 관해 글을 쓰고 있는 동안에도 역시 똑같은 드라마가 바로 내 발 아래에서 펼쳐지고 있었다는 것은 여전히 사실로 남아 있다. 부근 닭장에 놓아둔 곡물 먹이를 먹으려고 시궁쥐 대가족이 라쿤 오두막 아래 좁은 공간으로 이사를 왔다. 이들은 23게이지짜리 아연 도금 강철 철망을 이빨로 끊어 구멍을 만든 뒤 그 사이로 들어왔다. 일단 들어오고 나자 쥐들은 현관 아래 공간을 안락한 본거지로 삼아 부근에 있는 먹을 만한 것들을 공략했다. 얼마 지나지 않아 이들은 나의 콩밭을 발견했고 어리석게도 나는 멘델 시험을 하기 위한 잘 익은 콩이 그대로 덩굴에서 마르도록 놔두었다. 무슨 일이 벌어지고 있는지 내가 알게 되었을 무렵에는 쥐들이 나의 빌 점프 스프 콩을 모두 작살냈고 뷔르템베르크 겨울 완두콩에 커다란 이빨 자국을 남겨놓았다. 여기서 살아남은 것을 노아와 내가 서글픈 마음으로 골라내자 다 합쳐 세 컵 남짓 되었다. 다행히 성공적으로 교배된 것들이 제법 남아서 다음 철에 (보호 대책을 좀 더 잘해서) 실험을 계속할 정도는 되었다.

쥐 때문에 완두콩을 잃어버린 일은 결과적으로 소중한 교훈이 되었다. 오스카 와일드가 말했듯이 "경험이란 우리가 자신의 실수를 일컬을 때

갖다 붙이는 이름이다." 무엇보다도 저 비밀스러운 늙은 수도사의 방법에 관해 또 다른 통찰을 얻었다. 성 토마스 수도원에서 한 무리나 되는 고양이를 먹여 키우지 않았다면 멘델은 콩을 말리기 위한 안전한 장소를 별도로 지어야 했을 것이다. 사라진 그의 학회지와 논문들 속에 쥐 방지용 곡물 저장고를 짓기 위한 세부 도면이 들어 있었다고 해도 놀라지 않을 것이다. 보다 중요한 점도 깨달았다. 나의 완두 밭처럼 가정용 채소와 외부에서 온 설치류가 만나는 인위적 환경에서도 같은 규칙이 적용된다는 것이다. 쥐들이 나의 밭에 있는 덩굴 냄새를 맡았을 때 여느 설치류와 씨앗의 상호작용에서 나타나는 정확한 논리를 따라 완벽하게 일을 해냈다. 빌 점프 완두는 익는 속도가 느리고 완전히 마르지 않은 상태였기 때문에 비교적 쉽게 이빨로 씹을 수 있었다. 쥐들은 현장에서 모두 먹어치웠다.

그림 8.3. 라쿤 오두막 아래 시궁쥐 가족이 콩을 집중 저장해 놓았던 곳. 나의 멘델 실험을 위해 심었던 콩들의 마지막 안식처였다.

하지만 시험 삼아 겨울 콩을 깨물어 보던 나는 하마터면 어금니가 부서질 뻔했다. 겨울 콩은 처리 시간이 더 많이 들고, 이론에 따르면 안전한 곳에서 갉아먹도록 다른 곳으로 가져가야 했다. 당연한 얘기지만 내가 오두막 아래 좁은 공간을 열어보았을 때 그곳에는 빈 콩꼬투리와 겨울 콩 씨 껍질이 한 무더기 있었다. (분산 저장과는 거리가 먼 시궁쥐는 모든 씨앗을 한 곳에 저장하며 생물학계에서는 "집중 저장하는 동물"로 알려져 있다.)

라쿤 오두막 아래에 있는 덫에 미끼를 놓느라 몇 주일씩 보내는 동안 나는 쥐가 진화하지 않았다면 얼마나 좋았을까 하는 마음이었다. 그러나 설치류가 없는 세계라고 해도 아마 나의 완두를 노리는 또 다른 뭔가가 있었을 것이다. 어미 식물이 아기 식물에게 도시락을 싸주기 시작하자 이제 공룡에서부터 곰팡이류에 이르는 모든 것이 이 도시락을 한 번 맛보고 싶어 했고 씨앗 방어 수단의 진화는 필연적인 것이 되었다. 관계 속에서 균형을 찾는 경우도 있지만 늘 그런 것은 아니었다. 알멘드로 나무가 설치류 때문에 벌어진 상황에 대해서는 이해한 것 같았지만, 커다란 어금니로 열매를 손쉽게 쪼개거나 부수는 공격적인 야생 돼지 페커리에 대해서는 대비를 하지 못한 것이 분명했다. 더욱이 큰초록마코앵무는 알멘드로 나무에 둥지를 틀고 그 열매를 마구 먹어치우는 등 알멘드로 나무를 전문적으로 취급하며 목적에 맞게 특별히 적응된 부리로 알멘드로 열매를 쉽게 부술 수 있다. 씨앗 포식자들 중 새는 가장 긴 진화 역사를 갖고 있는 동물의 하나로 꼽힌다. 공룡의 후손인 새들 중에는 1억 6천만 년 전부터 열매를 부수는 기관이 발달한 것도 있었다. 고생물학자들은 명백한 위석 덩어리들이 나타나 있는 화석을 통해 이 사실을 알고 있는데, 새의 모래주머니에서 발견된 특이한 작은 돌덩이를 위석이라 한다. 현대의 새들도 여전히 이 작은 돌을 이용하여 음식물을 갈며, 씨앗을 먹는 새들이 가장 강한 모래주머니를 갖고 있다. 닭을 비롯하여 카나리, 밀화부리, 어치, 그리고 세계에서 가장 유명한 새 집단들도 이 모래주머니를 가지고 있다.

찰스 다윈이 보기에 갈라파고스 섬의 핀치 새들은 서로 관련 없는 종들이 무리 지어 뒤섞여 있는 것 같았으며 이 새들은 특히 온순한 것으로 유명했다. 그의 현장 기록에도 나와 있듯이 "작은 새들은 …… 당신의 존재를 발견하고는 당신의 오목한 손바닥에 담긴 물을 마실 것이다." 조류학자 존 굴드가 다윈의 표본들을 보고 나서야 이 새들의 가까운 친연성이 조명받게 되었는데 굴드는 그전부터 앵무새를 연구해왔고 열매를 깨뜨리는 부리에 대해 잘 알고 있었다. 잘 알려진 대로 조너선 와이너의 저서 『핀치의 부리』에서 이야기했듯이 이후부터 생물학자들은 열매가 많거나 적은 계절적 변화가 핀치 새에게 상당한 진화적 변화를 가져왔다는 것을 깨달았다. 부리 길이의 차이가 0.5밀리미터가 채 안 되는데도 가장 단단

그림 8.4. 존 굴드가 제작한 이 고전적인 삽화에는 다윈이 언급한 갈라파고스핀치 새들의 다양한 부리 모양 중 몇 가지가 나와 있다. 찰스 다윈, 『비글호 항해기』(1839년).

한 열매를 부술 수 있는 새와 그렇지 못한 새로 나뉘었다. 열매가 부족할 때에는 그러한 차이가 생사를 결정하며, 그 결과 한 세대 만에 전체 개체의 부리가 변할 수 있다. 자연 선택이 매우 빠르게 이루어질 수 있으며 이런 사실은 원래 하나였던 갈라파고스핀치 새가 어떻게 열세 가지 종으로 나뉘어 어떤 것은 열매를 부수는 부리가 있고 어떤 것은 꿀을 빨아먹는 새가 되며 또 어떤 것은 열매나 곤충을 먹는 새가 되었는지 설명하는 데 도움을 준다. 그런가 하면 선인장 꽃을 찾는 새도 있고 딱따구리처럼 부리로 나무껍질을 쪼는 핀치 새도 있었다. 전 세계적으로 확대해보면 특정 열매(혹은 다른 음식)를 주로 먹는 습관이 어떻게 진화에 영향을 미치는지 이해하는 데 도움이 된다. 어느 한 이론에 따르면 딱딱한 껍질의 열매를 먹어야 하는 물리적 난관 때문에 독특한 인간 두개골 모양이 만들어졌을 수도 있다.

어린 시절 나는 몇몇 대표적인 스포츠 종목들을 거치면서 나의 두개골을 혹사시켰다. 그러다가 마침내 수영 종목으로 정했지만 그 전에 축구와 야구로 몇 시즌을 보냈고 심지어는 잠시나마 미식축구의 아수라장 속에 나의 작은 체구를 던지기도 했다. 이 모든 활동을 관통하는 한 가지 유사점은 연습과 시합이 진행되는 동안 건강한 간식이 제공된다는 점이었다. 간식은 웻지 모양으로 자른 신선한 오렌지였다. 또한 이 간식이 나오면 곧바로 우리 어린 선수들은 껍질 쪽이 밖을 향하도록 오렌지 조각을 입에 물고는 침팬지처럼 콧방귀를 뀌면서 여기저기 뛰어다녔다. 여러분도 한번 해보면 영락없이 유인원 같은 인상을 풍긴다는 것을 알 것이다. 그러나 오렌지를 물고 미소 짓는 것 때문에 그런 인상이 만들어지는 것은 아니다. 나는 마운틴고릴라를 연구하느라 우간다에서 2년을 보낸 적이 있었는데, 마운틴고릴라들이 온갖 방법으로 자신을 표현하긴 해도 미소를 짓는 것은 별로 보지 못했다. 웻지 모양 오렌지를 물고 있으면 턱뼈가 코처럼 앞으로 튀어 나와 두개골 모양을 바꾸기 때문에 유인원 같은 인상을 만들어내는 것이다. 다른 모든 유인원과 먼 옛날 대다수 인류의 조상들이 이런 구조를 지녔다. 그러다가 인류 조상들 사이에서 얼굴이 평평해지기 시작했는데 바로 이 대목에 열매가 등장한다.

"4백만 년 전쯤에 급격한 변화가 있었지요." 뉴욕 주립대학의 인류학과 교수 데이비드 스트레이트가 설명했다. 현대 인간의 얼굴이 평평하게 보이는 것은 우리의 뼈가 작기 때문이며, 이는 아마도 요리를 해서 부드러워진 음식을 먹게 된 데 따른 적응 결과일 거라고 그는 말했다. 그러나 식생활의 또 다른 변화도 시작되었다. "튀어나온 얼굴, 커다란 광대뼈, 근육 결합조직들, 이빨의 크기와 모양, 이 모든 것들이 고[高]부하를 만들어내고 견디는 것과 관련돼요." 그가 말했다. 이런 고부하는 바로 딱딱한 열매나 견과의 껍질을 부수는 데서 생긴다.

지난 십 년 내내 스트레이트와 그의 팀은 견과류처럼 크고 딱딱한 것을 늘 먹는 습관이 먼 옛날의 두개골에 변화를 가져왔다고 주장해왔다. 그들이 만든 컴퓨터 모델에서는 오스트랄로피테쿠스—"루시" 표본으로 유명한 멸종된 인류 조상—가 깨무는 힘을 특정 이빨 위쪽으로 분산시키면서 행복하게 오도독 오도독 깨물어 먹는 동안의 얼굴뼈를 디지털화하여 보여주었다. 이는 우리도 유지하고 있는 습관이다. 스포츠 비유를 다시 가져와 보자. 경기 관람객들은 웻지 모양 오렌지를 먹지 않는다. 대신 핫도그 포장지, 음료수 컵, 그리고 어김없이 등장하는 구운 땅콩의 빈 껍질을 스탠드에 어질러놓는다. 다음번에 사람들과 어울려 마시고 떠들 때 당신이 어느 이빨을 사용하여 딱딱한 것을 부수는지 잘 보라. 당신은 그 견과를 입 안쪽 송곳니 바로 뒤에 있는 이빨 위에 놓을 텐데, 여기가 이빨로 깨무는 힘을 두개골이 가장 잘 흡수하는 지점이다. 이 이빨이 작은 어금니이며 만일 스트레이트가 옳다면 견과 껍질을 부술 때 이 이빨을 사용하는 것은 강한 진화적 본능이다.

"많은 동료들은 제 주장을 믿지 않아요." 그가 웃으며 말했다. "괜찮아요!" 스트레이트의 "딱딱한 음식" 이론을 비판하는 이들은 풀이나 사초 위주의 식사가 이루어졌다고 암시하는 화학적 분석과 치아 마모의 형태를 지적한다. 그러나 스트레이트는 이를 의견 충돌이라고 보지 않는다. 먼 과거의 인류 조상들은 먹을 것이 풍부했을 때 온갖 것들을 먹었겠지만 갈라파고스핀치 새들이 그랬듯이 정말로 중요한 것은 힘든 시기를 버텨내는 것이다. "견과는 예비 식량이었지요." 그가 말했다. 예비 식량은 중요도가 매우 크기 때문에 진화의 추동력이 될 수 있다. "부드러운 음식과 열매는 더할 나위 없이 좋고 달콤해요." 그는 오랫동안 자기 주장을 명확하게 해온 사람 특유의 편안함을 보이면서 말했다. "하지만 그런 식량을 더 이상 구하지 못할 때가 되면 다른 곳으로 이동하거나 다른 종류의 음식을 먹거나 아니면 죽어야 해요." 이런 점에서 보면 견과를 먹을 때 사용하는 작은 어금니의 움직임을 중심으로 인류 조상의 얼굴이 변했다는 주장은 충분히 일리가 있다.

딱딱한 열매를 먹는 습관이 핀치 새의 부리와 설치류의 턱에 영향을 미친 것과 마찬가지로 우리 두개골에도 영향을 미쳤다면 딱딱한 열매를 먹는 인간의 행위는 열매에 어떤 영향을 주었을까? 우리의 대화가 끝나갈 무렵 스트레이트는 한 가지 힌트를 주었다. 열매 껍질의 미세 구조가 치아 에나멜의 미세 구조와 닮았다는 것을 보여주는 새로운 연구가 나왔다는 것이다. 광선처럼 생긴 막대와 섬유질이 촘촘하게 줄 지어 있는 곳에 세포가 들어 있었는데, 열매도 치아도 모두 상대의 영향에 저항하기 위해 동일한 공학적 해결책을 찾은 것처럼 보였다. 또한 스트레이트는 동남아시아의 한 열매에 대한 논문도 발표했는데 이 열매는 너무 튼튼해서 발아가 힘들 정도라고 한다. 반으로 나뉜 두툼한 껍데기가 서로 딱 붙어 있으며 싹이 그 사이를 뚫고 나올 수 있는 한계치까지 이르렀다. 그럼에도 이 열매는 여전히 딱정벌레, 다람쥐의 먹이가 되고 있으며 때로는 오랑우탄도 이 열매를 먹는다. 물리적 방어수단으로 해낼 수 있는 한계가 어디인지 이 사례에서 알 수 있다. 알멘드로에서부터 땅콩에 이르기까지 상황은 마찬가지다. 열매의 껍질이 아무리 딱딱해도 이를 깨부술 방법을 알아내는 쥐와 앵무새와 스포츠팬은 있기 마련이다. 그렇기 때문에 당연히 껍질은 빙산의 일각에 불과하다. 식물이 더 나은 상자를 만들어 자신의 아기를 보호하는 데 성공했다면 우리는 커피를 마셔도 별 소용이 없었을 것이고 타바스코 소스도 아무 맛이 없었을 것이며 크리스토퍼 콜럼버스도 아메리카 대륙을 찾아 항해에 나서지 않았을 것이다.

제9장

풍부한 맛

정말 매워요! 정말 매워!
페퍼 팟 스프요! 페퍼 팟 스프!
허리가 튼튼해지고
오래 살 수 있어요!
정말 매워요! 페퍼 팟 스프!

전통적으로 내려오는 필라델피아 거리 상인의 소리

"먼 곳에서 왔군요." 노인이 말했다. "악마가 그곳에 상의를 놔둔다지요." 그가 타고 있는 얼룩덜룩한 회색 조랑말이 움직이자, 이 조랑말의 소박한 굴레에 달려 있는 파랑, 빨강, 초록의 가죽 장식 관이 흔들거렸다. 나는 이 노인과 눈을 마주 보려고 했지만 우리 머리 위의 허공을 주시하는 그의 시선은 좀체 움직이지 않았다. 그래서 나는 말에게 미소를 지었고 그러는 내가 바보처럼 느껴졌다. 노인과 조랑말이 길을 가로막고 있었지만 우리가 부족의 땅에 들어간 방문객이니만큼 통과해도 좋다는 허락을 받아야 했다. 대화가 잘될 것 같지 않았다.

"당신들이 여기 온 이후 우리는 학대받았어요." 노인이 말했다. 나는 혼란스러웠다. 우리는 방금 도착하지 않았나? 나는 이 숲에 알멘드로 나무가 자라고 있는지조차 확실히 알지 못했다. 그런데 그가 명확하게 밝혀주었다. "당신과 당신네 콜럼버스 말이요."

생물학에서 새로운 연구 장소를 물색하러 다니다 보면 가망성이 있는

들이나 숲을 무단으로 몰래 훔쳐보는 일이 있다. 그러나 노인이 말한 단어들은 내가 대륙 전체에 무단 침입했다고 상기시켰다. 나와 함께 간 코스타리카 인들도 지역민으로 간주되지 않았다. 이들의 조상은 스페인에서 왔으며, 1502년 부근 푸에르토리몬에 닻을 내린 콜럼버스가 직접 불을 놓아 만든 길을 따라 들어왔다. 마침내 노인이 조랑말을 살살 몰아 길 옆으로 비켜섰고 자신의 주장을 분명하게 밝힌 뒤 고맙게도 우리가 그 지역으로 들어갈 수 있게 해주었다. 그날 우리는 알멘드로를 찾지 못했고 나는 다시 그곳으로 되돌아가지 않았지만 노인의 말이 머리에서 떠나지 않았다. 몇 세기가 지났는데도 사람들은 여전히 뭔가를 찾고 추구하면서 지구 끝으로 간다. 그리고 나중에 나는 크리스토퍼 콜럼버스와 내가 한 가지 공통점이 있었다는 것을 깨달았다. 우리 둘 다 씨앗을 찾으러 그곳에 갔던 것이다.

위대한 탐험가는 예전에 이렇게 썼다. "우리는 그저 바닷가에 서 있었을 뿐이지만 …… 향신료의 흔적과 단서들이 보였고 머지않아 훨씬 더 많이 발견될 것이라고 믿을 만한 이유가 있었다." 그가 첫 여행에서 남긴 항해 일지에는 최소한 250개나 되는 식물 묘사가 들어 있는데, 여기에는 카리브 해에서 만난 농작물, 나무, 열매, 꽃에 대한 상세한 설명도 자주 보였다. 이 목록에는 옥수수에서부터 땅콩과 담배에 이르기까지 장차 유럽의 요리와 상업을 재정립하게 될 식물(그리고 열매)이 포함되어 있었지만 콜럼버스는 처음 몇 주가 지나는 동안 실망의 기미를 보였다. "안타까운 이야기지만 이것들이 어떤 식물인지 나는 알아볼 수 없었다." 그는 이사벨라 섬(현재는 크루커드 섬)의 허브와 관목을 살펴본 뒤 이렇게 썼다. 그로부터 며칠 후 그는 식물군 때문에 "매우 애석한 마음"이 되었으며 다른 문단에서는 향이 좋지만 낯선 나무들이 자라는 숲을 보고 한탄했다. "이것들이

그림 9.1. 크리스토퍼 콜럼버스는 아시아 향신료의 조그만 흔적이라도 발견하기 위해 신세계 곳곳을 헤매고 다니면서 첫 여행의 항해 일지에 250개가 넘는 식물 묘사를 담았다. 그가 육두구와 메이스와 후추를 발견하지는 못했지만 올스파이스와 고추의 맛있는 열매는 조국으로 가져왔다.

어떤 식물인지 알아보지 못한다는 사실이 내게 극도로 큰 슬픔을 안겨주었다." 콜럼버스는 걱정이 되었다. 도중에 우연히 신세계를 발견하긴 했지만 자신이 후원자들에게 약속했던 것은 이런 결과가 아니었다. 이사벨 여왕과 페르난도 왕, 그 밖의 다른 귀족 후원자들은 발견 이야기보다 그 이상의 다른 것을 기대했다. 그들은 부자가 되고 싶었다. 그래서 아시아로 통하는 새로운 무역 항로에 투자를 했고 금, 진주, 비단, 그리고 무엇보다도 아시아 이외의 지역에서는 자라지 않는 이국적 향신료 등 아시아의 물품을 그 대가로 받기를 기대했다. 불행한 일이지만 콜럼버스도, 그와 동행한 어느 누구도 이국적 향신료가 어떻게 생겼는지 알지 못했다.

15세기에 향신료는 아시아 및 아랍 무역로의 복잡한 연결망을 따라 여러 중개인을 거친 뒤에야 유럽에 들어왔기 때문에 마지막에 물품을 인수하는 사람들은 완성된 제품만 볼 뿐 향신료가 어디서 어떻게 자라는지 아무 암시도 얻을 수 없었다. 유명한 신화들에서는 뱀이 지키는 불타는 나무를 찾아보라고 권하기도 하고, 아랍의 새둥지 안에 있는 막대들을 살펴보라고도 하고, 혹은 다름 아닌 천국에서 잔가지와 산딸기류 열매를 따오라고도 했다. 마르코 폴로는 그나마 향신료가 인도와 몰루카 제도라는 실제 지역에서 자라는 실제 식물이라고 보았다. 그러나 이 역시 고국에 있는 사람들에게는 그저 이야기 속의 이름이나 별반 다를 바 없었다. 그들은 식물군은 말할 것도 없고 그런 식물이 자라는 곳의 지리도 알지 못했기 때문이다. 크리스토퍼 콜럼버스는 새로운 식물을 만날 때마다 혹시 계피가 아닌지 힌트라도 얻기 위해 나무껍질의 냄새를 맡았으며 정향이기를 바라는 마음으로 꽃봉오리의 맛을 보았고 생강을 찾기 위해 뿌리를 긁어보곤 했다. 그런 다음에는 육두구, 메이스, 후추 등 당대 가장 값비싼 향신료의 본산지인 열매 쪽으로 관심을 돌렸을 것이다.*

학자들은 역사적으로 내려온, 향신료에 대한 갈망을 현대 사회의 석유에 대한 욕망과 비교하곤 한다. 두 가지 모두 공급은 한정되어 있는 반면 거의 무한한 수요가 결합됨으로써 세계 경제의 단단한 토대를 이루는 상품이 되었다. 그러나 석유 매장량은 이미 감소 징후를 보이는 데 반해 향신료는 수 세기 동안 지배력을 확대하면서 수확량이 그대로 유지되거나 심지어는 증가했다. 이 이야기를 추적하다보면 마치 무역과 탐험과 문명

---

* 육두구와 메이스는 말레이시아를 원산지로 하는 나무에서 열린다. 육두구는 그 자체가 열매인 반면 메이스는 헛씨껍질이라고 불리는 씨앗 부속물로 자라며 빨간색의 과육이 붙어 있다. 후추는 인도 서해안이 원산지인 열대우림 덩굴 식물에 열린다. 검은 후추에는 씨앗과 얇은 층의 쪼글쪼글한 과육 조직이 포함되어 있으며 여기서 과육 층을 제거한 것이 흰 후추다.

자체의 역사를 보는 듯하다. 예를 들어 고대 이집트에서는 인도 말라바르 해안에서 나는 말리 후추 열매가 어떤 경로를 거쳤는지 몰라도 죽은 파라오의 콧구멍 안에 들어 있었다. 말리 후추 열매는 당시 왕실 미라를 제작하는 사람들이 가장 소중하게 여기는 방부제였다. 408년 로마가 서고트 족에게 포위당했을 때 이 미개인들은 포위 공격을 끝내는 대가의 일환으로 1,400킬로그램의 후추를 요구했다. 795년에는 샤를마뉴 대제가 쿠민, 캐러웨이, 고수, 겨자, 그 밖에 프랑크 제국 전역의 밭에서 자라는 풍미 있는 열매들을 요구하는 법령을 발표했다. 중세시대에는 봉건제의 세금을 향신료로 내는 일이 일반화되었고 이 관습이 지금도 유지되고 있다. 현재의 콘월 대공(다른 칭호로는 프린스오브웨일스로 알려져 있다)인 잉글랜드의 왕자 찰스는 1973년 자신의 칭호를 공식적으로 받아들일 때 각각 450그램의 후추와 쿠민을 선물로 받았다.

그러나 무엇보다도 인상적인 향신료 통계는 결국 단순한 경제학으로 요약된다. 실제로도 주식 투자 설명서처럼 보일 것이다. 네덜란드 동인도회사는 설립 이후 오십 년 동안 육두구, 메이스, 후추, 정향의 세계 무역을 독점하면서 사업 역사상 가장 수익성 높은 시대를 경험했다. 매출 총이익율이 300퍼센트 이하로 떨어진 적이 한 번도 없었으며 회사는 현금과 향신료의 형태로 엄청난 배당금을 지불했다. 초기 주주들 중 주식을 계속 보유했던 자들은 46년 동안 연평균 27퍼센트가 넘는 수익을 올렸는데 이 정도의 수익률이라면 그다지 큰 액수라고 할 수 없는 5,000달러를 투자하여 해당 기간 동안 무려 25억 달러 이상의 큰돈을 벌었을 것이다. (비교해보면 현재 세계에서 가장 수익성이 높은 기업 엑손 모빌이 연간 총 8퍼센트의 수익을 올린다.) 이런 큰돈이 걸려 있으니 1674년 네덜란드 인들이 육두구를 생산하는 말레이시아의 한 작은 섬과 교환하는 대가로 영국인들에게 맨해튼을 넘기면서 행복해했던 것도 이상할 게 없다. 또한 1699년에 윌리엄 키드 선장이 묻어 두었다가 이후 발견된 상자 하나가 있었는데 고작 해적 따위가 갖고 있던 상자에 금이나 은이 아니라 화려한 직물 몇 필, 육두구와 정향 더미가 들어 있었던 것도 놀라운 일이 아니다.

그러나 탐험의 관점에서 볼 때 크리스토퍼 콜럼버스가 왜 향신료 걱정에 매달렸는지 맥락을 좀 더 이해하려면 콜럼버스의 항해에 비해 명성이 아주 조금 떨어졌을 뿐인 어떤 항해를 고려해야 한다. 페르디난드 마젤란은 콜럼버스보다 25년 뒤에 항해를 떠나면서 후원자들에게 콜럼버스와 같은 성과를 거두겠다고 약속하면서 다름 아닌 향신료 제도로 이어지는 서쪽 무역 직항로를 개척하겠다고 했다. 그로부터 삼 년 뒤 마젤란은 배 다섯 척 중 네 척을 잃었고 그 역시 다른 네 명의 부함장을 포함하여 이백 명이 넘는 선원들과 함께 죽었다. 그러나 1522년 생존자 열여덟 명이 유일하게 남은 배를 타고 돌아와 절룩거리며 세비야에 내렸을 때 이들이 고생한 대가로 내놓았던 것은 세계 일주보다 훨씬 더 큰 것이었다. 이들이 가져온 작은 화물에는 말라카 제도의 테르나테 섬에서 가져온 육두구, 메이스, 정향, 계피가 들어 있었다. 이 향신료를 팔아 벌어들인 돈은 잃어버린 배 값을 치르고 죽은 사람들의 가족에게 보상금을 주고도 남을 정도였으며 이후로 항해는 발견과 수익 두 가지 모두를 목표로 하는 것으로 바뀌었다. 향신료를 찾지 못했다면 크리스토퍼 콜럼버스가 그러한 위업을 누리는 일도 결코 없었을 것이다.

역사는 콜럼버스가 대서양 횡단이라는 획기적 항해에 성공하고 탐험과 정복의 새 시대를 여는 데 기여한 것으로 기억한다. 그러나 사람들은 그가 신세계를 세 차례나 더 다녀왔고 향신료나 금, 다른 값비싼 물품을 찾으려 했으나 헛수고로 끝나버린 사실을 대충 얼버무리고 넘어간다. 두 번째 항해에 나선 콜럼버스는 히스파니올라에 만들어놓았던 식민지의 성원들이 원주민에 의해 모두 살해된 사실을 알았다. 또한 세 번째 항해에서는 폭압을 행한 죄로 족쇄를 차고 돌아왔으며, 네 번째 항해는 자메이카에 일 년 이상 조난을 당한 것으로 마감되었다. 어느 전기 작가가 썼듯이 "배와 물품 공급에 돈이 계속 들어가고 있었는데 이에 대한 보상을 어디서 찾았을까? …… 향신료의 땅은 어떤가? …… 가장 공정한 눈으로 볼 때 콜럼버스는 사기꾼이거나 아니면 바보가 아닌가 하는 생각이 들기 시작했다." 다른 이들은 콜럼버스가 새로운 뭔가를 정말로 찾은 게 맞는지 의심했지만 그 자신은 카리브해 섬들과 주변 해안이 실제로 아시아의 일부며 일본과 중국과 인도는 말할 것도 없고 향신료도 조만간 모습을 드러낼 것이라는 믿음을 고수했다. 콜럼버스는 자신이 발견한 것이 어떤 대륙인지 알지 못한 채로 무덤 속으로 들어갔지만 한 가지만은 분명히 알았다. 자신이 다른 후추를 찾았다는 것을 말이다.

"아지aji가 많았는데 이것은 그들이 먹는 후추로, 우리가 먹는 후추보다 훨씬 값어치가 있었다." 그는 히스파니올라에서 지역민들과 저녁식사를 한 뒤 이렇게 썼다. 콜럼버스는 검은 후추가 자라는 것을 한 번도 본 적이 없었지만 씨앗과 열매의 모양이나 색깔은 물론 맛과 매운 정도가 달랐기 때문에 이것이 다른 향신료라는 것을 알았다. 그것의 가치를 높이 평가하는 콜럼버스의 주장은 구태의연한 홍보 담당자의 아전인수격 해석으로 볼 수 있을 것이다. 첫 번째 항해가 끝나갈 무렵에 그로서는 씨앗이든, 식물이든, 금 조각이든 자신이 화물로 가져갈 물품을 최고로 좋게 포장해야 했기 때문이다. 그러나 이제 와 생각해보면 콜럼버스가 대서양 너머로 가져온 고추가 세계에서 가장 인기 있는 향신료가 되었으니 그의 말이 예언적 성격을 지녔다고도 할 수 있다.

고추의 열매와 씨앗은 말린 것이든, 가루로 빻은 것이든, 그대로 음식에 넣은 것이든 상관없이 타이 카레에서부터 헝가리 굴라시와 아프리카 땅콩 스튜에 이르기까지 모든 음식의 풍미를 더해준다. 신세계를 원산지로 하는 네 개의 야생종에서 2천 종이 넘는 품종이 개발되어 매운 맛이 약한 파프리카에서부터 강렬한 매운 맛의 아바네로고추와 그보다 더 매운 품종에 이르기까지 매우 다양하다. (피망도 이 혈통에서 나왔지만 교배를 통해 크기가 커지고 매운 맛 대신 향긋한 맛을 갖게 되었다.) 전 세계 사람 네 명 중 한 명이 매일 고추를 먹고 있으며, 낙담했던 콜럼버스 제독이 알았더라면 흐뭇해 했을지 모르겠지만 운명의 장난처럼 이 고추는 인도와 동남아시아 전역에서 후추를 대신하는 매운 향신료로 선택받았다. 콜럼버스는 향신료 제도에 닿지는 못했지만 결국에 가서는 이 제도의 매운 맛을 바꿔놓을 수 있었다.

실제로 콜럼버스와 그가 발견한 고추는 궁극적으로 향신료 산업 전체를 바꿔놓았다. 바다 건너 가져온 씨앗을 통해 고추가 여느 다른 작물과 같다는 것이 입증되었다. 알맞은 조건만 마련되면 원산지 지역을 훨씬 벗어나서도 잘 자랄 수 있었다. 이러한 관념이 자리 잡자 하나의 추세적 흐름이 형성되었다. 18세기 끝 무렵에는 육두구가 그레나다에 전해졌고 정향과 계피가 잔지바르에 등장했으며 사람들은 열대 덩굴식물이 나무 그루터기를 타고 올라갈 수 있는 곳이면 어디든지 후추를 심기 시작했다. 값싼 상품이 시장이 넘쳐 흘렀고 가격이 곤두박질쳤으며 향신료의 이국적 특성이 사라졌다. 향신료 무역이 여전히 값어치 있는 사업이긴 했지만 향신료 때문에 전쟁이 일어나거나 제국을 세우거나 발견의 항해를 떠나는 일은 없었다. 그러나 수 세기 동안 향신료를 얻고자 하는 욕망이 역사를 바꾸었고 그 중심에 열매가 있었다. 열매는 지금도 일반 슈퍼마켓 매장 향신료 코너의 많은 부분을 차지하고 있다. 그러나 사람들이 매일 이들 열매를 조금 집어 음식에 넣고, 빻고, 뿌리고, 혹은 다른 식으로 소비하고 있으면서도 이 단순한 행위의 배경에 어떤 생물학이 깔려 있는지에 대해서는 생각해보는 이가 거의 없다. 향신료는 왜 매울까? 공교롭게도 이 물음에 대한 답을 찾는 데 있어 콜럼버스가 발견한 고추 이야기 만한 것이 없다.

"이 모든 것이 씨앗 생산으로 귀결돼요." 노엘 마크니키가 말했다. 그녀는 분명 알고 있을 것이다. "고추는 어떻게 매운 맛을 얻게 되었을까?"라는 제목의 박사학위를 쓴 당사자로서 노엘은 다른 누구보다 매운 고추에 대해 생각하느라 많은 시간을 보냈다. 내가 그녀와 연락이 닿았을 무렵 그녀는 자기 주장을 옹호하기 위한 활동을 펼치는 한편 여러 도시에 있는 여러 대학에서 두 가지 업무를 버텨내느라 몹시 바쁜 상태였다. "지금은 말하자면 이중생활을 하는 셈이에요." 그녀는 큰 잔의 커피를 마시면서 지친 목소리로 털어놓았다. 노엘은 검은 머리와 검은 눈썹을 지녔고, 경계심을 보이다가도 순식간에 따뜻한 인상으로 바뀌는 등 표정이 풍부했다. 대화 주제가 고추에 이르자 피곤했던 증상이 모두 사라지고 마치 비밀을 알려주고 싶어 조바심이 난 사람처럼 갑자기 열띤 모습을 보였다. 그녀는 워싱턴 대학 턱스베리 실험실에 있는 "칠리 팀"이 15년 동안 이끌어온 연구를 완성시키고 있다. 종합적으로 볼 때 이들의 연구 논문들은 과학이 어떻게 기능해야 하는지에 대한 모범을 보이고 있다. 질문이 통찰이 낳고, 이 통찰이 다시 질문으로 이어지면서 마침내 매우 흥미로운 드라마가 밝혀졌다. 노엘의 경우에는 이 모든 것이 버섯에 대한 사랑으로 시작되었다.

"저는 기본적으로 균류학자예요." 그녀는 이렇게 말하면서 비가 많이 내리는 태평양 연안 북서부 지역에 무성하게 자라는 두꺼비버섯에 이끌

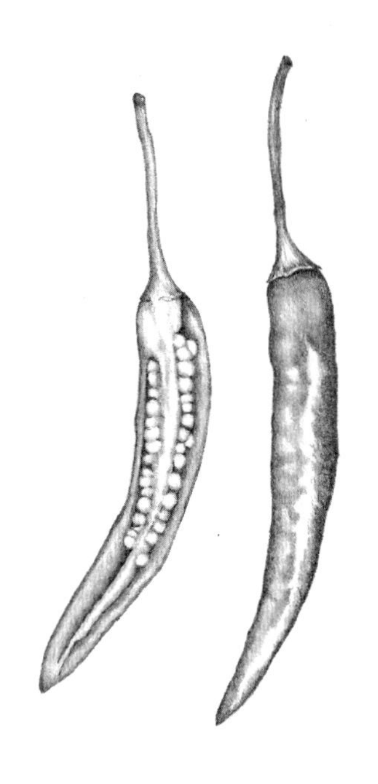

그림 9.2. 고추*Capsicum* sp. 재배용 고추의 수천 가지 종은 남미를 원산지로 하는 네 가지 종에서 유래했다. 야생 상태에서 고추의 톡 쏘는 맛은 씨앗을 죽이는 균류뿐 아니라 고추의 얼얼한 맛을 견디지 못하는 설치류와 다른 포유류도 쫓아내는 역할을 한다.

려 시카고 부근의 고향에서 옮겨오게 된 과정을 설명했다. 그녀는 워싱턴주 에버그린 주립대학의 캠퍼스 숲에서 이 두꺼비버섯을 연구했으며 이후 대학원에 진학하여 특별히 열정을 갖고 있던 활동을 펼쳐나갔다. "저는 균류와 식물의 상호작용에 커다란 흥미를 가졌어요." 그녀가 말했다. 균류가 어떻게 흙속의 뿌리와 서로 영양분을 교환하는지, 어떻게 나무껍질에서부터 꽃, 그리고 잎사귀 내부에 이르기까지 곳곳에 모습을 나타내는지 설명했다. 그리하여 조슈아 턱스베리 생물학과 교수가 야생 고추 씨앗에 자라는 어떤 균류의 확인 작업을 도와 달라고 했을 때 귀가 솔깃했다. 당시 턱스베리는 미국 남서부 지역에서부터 볼리비아 차코 지역에 이르는 범위 내의 고추에 대해 이미 연구를 진행해왔으며 그곳에서 어떤 종 하나를 발견했는데 이 종의 경우 건조한 서식지에서는 순한 맛을 내지만 습한 곳에서는 노엘이 "타바스코보다 확실히 더 매운 맛"이라고 표현한 맛을 내는 등 매운 맛의 차이를 보였다. 중간 지역에서는 두 가지 형태가 나란히 자랐는데, 그 차이를 알 수 있는 유일한 방법은 맛을 보는 것이었다. 어떤 때에는 하루에 몇 백 번씩 맛볼 때도 있었다. 턱스베리에게는 다행스럽게도 아주 이상적인 협력자를 찾아냈으니, 바로 매운 맛을 즐기는 균류학자를 만난 것이다. "전 평균보다 매운 것을 잘 먹어요." 그녀가 인정했다. 어느 정도인지 내가 자꾸 다그쳐 묻자 그녀는 웃으면서, 책상 서랍 안에 핫소스 한 병을 늘 놔둔다고 털어놓았다. "조슈아도 그래요!" 그녀가 덧붙였다.

볼리비아의 고추는 희귀한 기회를 제공했다. 매운 맛이 막 변화되기 시작하는 결정적인 시점을 보존하고 있는 것처럼 보였다. "우리는 고추가 처음에는 맵지 않았다고 여겨요." 노엘이 분명하게 말하면서 현대의 고추들은 아무리 매운 품종이라도 모두 순한 맛의 공통 조상에서 유래되었다고 설명했다. 어떤 생태학적 딜레마로 인해 특유의 얼얼한 맛이 생겨나게 되었든 간에 이런 딜레마가 볼리비아에서 일어나고 있는 것처럼 보였다. 그곳의 고추 중에는 매운 맛으로 변화된 고추가 있는 반면 그렇지 않은 고추도 함께 있는 상태였기 때문이다. 무슨 일이 진행되고 있는지 노엘과 나머지 팀원이 알아낼 수 있다면 고추는 왜, 어떻게 매운 맛을 갖게 되었는지 밝혀질 것이다. 화학적으로는 답이 이미 확실히 나와 있었다.

과학자들은 고추의 매운맛이 어디서 비롯되는지 오래전에 추적하여 캡사이신capsaicin의 존재를 밝혀냈는데, 캡사이신은 씨앗을 감싸고 있는 흰색의 해면조직에서 만들어진 화합물이다. 전문가들은 이를 알칼로이드alkaloid라고 부르며 이는 생각보다 훨씬 잘 알고 있는 화학 성분의 한 형태다. 알칼로이드는 모두 비슷한 질소 기반 구조를 갖고 있으며, 식물은 구성 요소 세트라고 할 수 있는 이 기반 구조를 배열하고 또 배열하여 2만 개가 넘는 별개의 조합을 만들었다. 질소는 식물이 성장하는 데 필요한 필수 영양분이라는 점에서도 중요한 의미를 지니기 때문에 식물이 아무 목적 없이 알칼로이드에 질소를 이용하지는 않는다. 대체로 이 목적은 화학적 방어의 형태로 귀결된다. 또한 식물은 대개 동물에 맞서 스스로를 방어해야 할 필요가 있기 때문에 알칼로이드는 사람에 대해서도 거의 항상 효과를 발휘한다. 캡사이신처럼 매운 맛을 지니기도 하지만 이는 시작에 불과하다. 흔히 보는 알칼로이드의 간단한 목록만 보아도 세계적으로 가장 알려진 흥분제, 진통제, 약효 성분이 들어 있으며 카페인과 니코틴을 비롯하여 모르핀, 퀴닌, 코카인 등이 있다. 그런데 볼리비아에서는 아무리 순한 맛이라도 고추에 관심을 갖는 포유류가 거의 없는 것 같았다. 이 점을 고려할 때 노엘은 씨앗에 균류가 자라는 것이 더더욱 의심스럽게 여겨졌다.

"균류에 의한 씨앗 병원균이 가장 강한 선택압이에요." 그녀가 설명했다. "씨앗은 자손이고, 적합성과 직접적 관계가 있으니까요." 다시 말해서 균류가 순한 고추의 씨앗을 죽이고 있었다면 식물이 모종의 화학 반응을 개발해야 할 강력한 이유가 되었을 것이다. 요컨대 자손의 생사보다 더 강력한 진화적 명령은 없을 것이다. 일련의 멋진 실험을 통해 노엘은 균류에 감염된 씨앗의 상당 부분이 균류로 인해 죽는다는 것, 또한 매운 맛의 씨앗은 순한 맛의 씨앗보다 균류에 대한 내성이 훨씬 강하다는 것을 보여주었다. 캡사이신은 야생에서도, 실험실 뒤쪽에 놓인 페트리 접시에서도 광범위한 종류의 균류가 성장하지 못하도록 막거나 성장 속도를 늦췄다. 이는 캡사이신이 바로 이런 목적으로 진화되었다는 것을 강하게 암시한다. 그러나 그녀의 성공은 또 다른 물음만을 불러왔다. 그렇다면 왜 맵지 않은 고추가 있었을까? 캡사이신이 그처럼 멋진 아이디어라면 왜 사과만큼이나 순한 맛의 고추를 계속 생산하는 고추가 있었던 것일까?

이 수수께끼를 풀다 보면 다시 공진화의 멋진 스퀘어댄스로 돌아가는데, 이는 쥐의 이빨을 강하게 만들고 견과 껍질을 두껍게 만들었던 것과 똑같은 서로 주고받는 과정이다. 고추의 경우 싸움이 눈에 보이지는 않지만 긴급한 과제라는 점에서는 그에 못지않다. 노엘의 연구에서 고추와 균류가 서로 반응한다는 것이 밝혀졌다. 균류의 내성이 강해지면 식물은 캡사이신을 더 많이 만들고, 그 역도 마찬가지다. "공진화적인 무기 경쟁이라고 생각해요." 그녀가 요약해서 말했다. 그런데 이런 경쟁을 하려면 양쪽 모두 값비싼 대가를 치러야 했다. 균류는 캡사이신을 견디기 위해서 빠른 성장 속도를 포기했다. 매운 고추 내부가 아닌 다른 모든 곳에서는 분명 불리한 점이었다. 반면 식물의 경우 캡사이신을 만들면 물을 보유하는 능력이 저해되며, 이는 건조한 기후에서 열매의 생산량이 적어지는 결과를 낳았다. 더욱이 씨껍질이 목질 소재를 만들지 못하도록 에너지를 앗아갔으며 그 결과 열매는 개미의 포식 공격에 더욱 취약해졌다. 이는 특정 조건에서만 납득할 수 있는 심각한 결점이며, 공진화의 결과가 단지 어떤 파트너와 춤을 추는지에만 관련되지 않는다는 것을 상기시킨다. 공진화의 결과는 춤을 추는 장소가 어떠한 환경인가에 따라서도 달라진다.

볼리비아의 그란차코 지역은 건조한 사바나와 군데군데 선인장이 무리지어 있는 땅에서부터 파라과이나 브라질과 인접한 국경 지대에 숲이 울창한 습한 언덕 지대까지 걸쳐 있다. 서로 다른 지형이 섞여 있는 총 길이 300킬로미터의 지역에서 고추 표본을 채집한 노엘과 그녀의 팀은 곧 하나의 패턴을 알아냈다. "강우량이 높은 지역의 고추는 모두 매워요." 그녀가 말했다. "그런데 강우량이 줄어들수록 그만큼 매운 맛도 덜하지요." 습한 숲 지대는 이 열매에서 저 열매로 돌아다니는 균류나 곤충이 흔하며 이런 지역에서 자라는 고추의 경우에는 매운 맛에 투자를 하는 것이 분명히 이점이다. 그러나 건조한 환경에서는 균류가 그다지 잘 자라지 않으며 물 부족의 스트레스와 낮은 씨앗 생산율의 잠재적 위험성 때문에 매운 맛을 만들어내는 것이 부담이 된다. 이러한 유불리의 역학관계를 고려해야 매운 맛의 진화 과정을 이해할 수 있다. 말하자면 한편에는 강우량과 곤충과 균류, 다른 한편에는 캡사이신을 생산하는 데 따른 물리적 대가, 이 둘 사이에서 균형을 찾아가는 과정인 것이다. 또한 이러한 역학관계는 기후, 지역, 서식지의 변화에 따라 재배 고추의 조상이 순한 맛을 완전히 잃어가는 과정을 설명하는 데도 도움이 된다. 습하고 곰팡이가 많은 곳에서 자라는 고추는 얼얼한 맛으로 보복하는 것이다.

노엘과 동료들이 고추에 쏟았던 것만큼의 세심한 관심을 모든 향신료에 쏟지는 못하겠지만 캡사이신 이야기는 자극적인 향신료 맛이 생기는 과정에 대해 하나의 일반적인 패턴을 보여준다. 언젠가 이와 비슷한 연구가 나와 육두구와 메이스에 들어 있는 미리스티신, 혹은 검은 후추의 성분 중 펀치를 날리는 피페린의 수수께끼를 밝힐 수도 있을 것이다. 우리가 자극적인 향신료의 맛이라고 인지하는 것들은 식물과 그 적들이 복잡하게 얽혀 공진화적 춤을 추는 과정에서 발달한다. 이러한 관계가 없었다면 세계의 요리는 어디를 가나 단조로웠을 것이다. 여기서 한 가지 생각해볼 만한 물음이 제기된다. 우리는 고기요리의 맛을 내기 위해 씨앗, 식물 껍질, 뿌리, 그 밖에 다른 식물 부위를 첨가하지만 그 반대로 하지 않는 이유는 무엇일까?

페페로니와 페퍼 스테이크에서부터 포크 빈달루에 이르기까지 우리가 즐겨먹는 고기요리의 미묘한 맛은 고기가 아니라 향신료에서 나온다. 여기에는 근본적인 생물학적 이유가 있다. 고기는 움직일 수 있기 때문에 강한 향신료 맛을 내지 않는다. 닭, 소, 돼지, 그 밖의 여느 동물은 공격을 당하더라도 움직일 수 있는 능력이 있기 때문에 다양한 선택이 있다. 뛰어서 달아나거나, 날아가거나, 나무에 오르거나, 구멍 속으로 스르르 들어가거나, 아니면 맞서 싸울 수도 있다. 반면 식물은 정적이다. 살아남을 운명은 그 자리에서 버티는 것이며, 이는 화학성분이 진화할 수 있는 맞춤 상황이다. 만일 당신이 도망가거나 또는 (가시털이나 가시 수준을 뛰어넘어) 물리적으로 맞서 싸울 수 없는 상황이라면 알칼로이드, 타닌, 테르펜, 페놀, 그 밖의 식물들이 만들어낸 많은 화합물을 이용하여 공격자를 내쫓는 것이 매우 합당한 방법이다. 곤충 역시 다양한 화학적 방어 수단을 자랑하지만 사실 이런 수단을 자신들이 먹는 식물에서 얻는 경우가 많다. 몇몇 개구리와 영원류도 독을 만들고 새의 경우에도 독성을 가진 새가 최소한 한 종은 있다. 그러나 동물의 경우에는 그다지 자극적인 맛을 갖지 않는데, 이에 어긋나는 주목할 만한 예외를 해양저에서 볼 수 있다. 이 해양저에는 이끼벌레류, 해면동물, 말미잘, 그 밖의 다양한 생물들이 바위에 딱 달라붙은 채 식물처럼 정적인 생활을 한다. 이들 생물에게서 수천 가지 해양 알칼로이드를 분리해내고 있지만 이 가운데 파히타(구운 쇠고기나 닭고기 등을 야채와 함께 토르티야에 싸서 먹는 멕시코 요리_옮긴이)나 수블라키(고기와 채소를 꼬치에 끼워 숯불이나 그릴에 구워먹는 그리스 꼬치요리_옮긴이), 또는 치킨 티카(닭다리를 매운 소스와 요거트에 절인 뒤 화덕에서 구운 바베큐 요리_옮긴이)에 뿌리면 맛이 좋아진다고 입증할 만한 것이 있을지는 여전히 미지수다.

대화가 끝나갈 무렵 나는 캡사이신과 고추에 대해 더 알아야 할 것이 남았는지 노엘에게 물었다. 즉, 그녀와 그녀의 동료들이 무엇을 연구하는 중인지 물었다. 곧바로 논의의 방향이 완전히 새로운 주제들로 넘어갔으며 각 주제 모두 노엘의 박사학위 논문만큼이나 획기적인 연구가 될 가능성이 있었다. 예를 들어 고추를 퍼뜨리는 새는 고추의 매운 맛에 완전히 면역이 된 것처럼 보인다. 이 새들은 고추를 마음껏 먹으며, 씨앗은 전혀 손상되지 않은 상태로 몸을 통과해 배출된다. 아니, 더 튼튼해진 상태로 나온다고 할 수 있으며, 그 이유는 새의 몸을 통과함으로써 균류가 깨끗하게 씻긴 채 나오기 때문이다. 또한 캡사이신은 새의 소화 작용을 더디게 하기 때문에 새는 어쩔 수 없이 씨앗을 더 멀리 퍼뜨린다. 노엘은 이 열매에서 저 열매로 옮겨 다니는 곤충이 어쩌면 고추 전담자일지도 모른다고 했으며, 개미가 매운 고추와 순한 고추를 어떻게 구별하는지 연구하는 한 학생 이야기를 들려주었다. 그러고는 최근 스스로 캡사이신을 만들어내는 균류가 발견되었다고 언급했다. 그러나 그 균류가 대체 어쩌자고 그런 것을 만들어내려고 했는지 그 이유는 아직 아무도 확실히 알지 못한다고 한다. 하지만 이 계통의 연구에서 가장 흥미진진한 것은 캡사이신이 포유류에게 미치는 영향과 관계가 있으며, 결국 이런 이유 때문에 크리스토퍼 콜럼버스도 고추를 싸들고 돌아왔을 것이며 고추가 전 세계의 환영을 받으면서 순식간에 향신료 서랍 속에 자리 잡게 된 것도 그런 이유 때문이다.

캡사이신이 인간의 혀나 부비강, 혹은 다른 민감한 부위에 닿으면 화학자들이 이른바 "참을 수 없는 화상과 염증의 느낌"이라고 묘사하는 증상이 생긴다. 요리사나 핫소스를 좋아하는 사람이라면 다른 표현을 사용하겠지만 원인은 똑같다. 열기를 탐지하는 신체의 자연적 체계를 교란시키는 교묘한 속임수라고 할 수 있다. 보통 피부의 화상 센서는 43도 이상에서 활성화되며, 이 온도는 세포에 물리적 손상을 일으킬 수 있는 온도이다. 예를 들어 뜨거운 스프를 먹다가 입안을 데일 때 느끼는 통증은

이 자연적 체계가 정직하게 이용된 경우다. 하지만 매운 고추를 베어 물었을 때에는 어떤 온도에서든 이런 반응이 일어난다. 캡사이신 분자가 바로 이 화상 센서를 겨냥하여 반응을 일으키면 신체가 속임수에 걸려 통상적인 경우 같으면 심각한 상처를 동반했을 정도의 고통을 느끼고 엔도르핀이 분비된다. 뇌의 관점에서는 입안이 불타고 있는 것이다. 이런 느낌은 몇 초, 몇 분 동안 이어지며 양이 많을 경우에는 훨씬 더 길게 가지만, 결국에 캡사이신은 소멸되고 신체는 어떤 해도 입지 않았다는 것을 인지한다.

사람들의 입장에서 이런 감각은 쾌락을 가져다줄 수 있으며 롤러코스터를 타거나 공포 영화를 보는 것과 맞먹는 느낌, 즉 실제로는 위험하지 않으면서도 무서운 느낌을 음식으로 경험하는 것이다. 몇몇 연구에 따르면 엔도르핀에 의해 유발된 흥분은 얼얼한 감각이 사라진 직후에 가장 최고조에 이르며, 요컨대 더 이상 고추를 먹지 않는 상태가 되면 기분이 너무 좋기 때문에 고추를 먹는다는 역설적 가능성이 제기된다. 노엘은 매운 맛을 너무 좋아해서 심지어는 연구실에도 늘 핫소스를 가까이 둔다. 그러나 그녀는 사람들이 단지 필요 때문에 매운 맛의 취향을 개발했으며 고추가 인간 식단에 오른 것에는 또 다른 목적도 있었다고 생각한다. "음식에 적은 양만 첨가해도 아주 훌륭한 보존제가 되지요." 그녀는 이렇게 말하면서 캡사이신이 균류 이외에 다른 여러 가지 미생물도 막아준다고 지적했다. 고기와 신선 야채가 급속도로 부패되는 습한 열대 지방에서 고추와 다른 많은 향신료들을 재배한다는 사실은 많은 것을 시사한다. 냉장고가 생기기 전까지 수천 년 동안 곰팡이와 유해 세균을 막기 위해서는 입안이 얼얼한 작은 대가를 치러야 했다. 노엘의 생각이 옳다면 사람들은 캡사이신이 진화한 것과 똑같은 이유로, 즉 균류와 부패를 막기 위해 캡사이신을 먹기 시작했던 것이다.

고기 스튜나 콩을 보존할 필요가 없는 다른 포유류들은 고추를 먹는 습관이 생기지 않았다. 그 포유류들도 우리와 똑같이 고추를 먹으면 입안이 얼얼하지만 그들에게는 그런 고통이 단지 고통일 뿐이었다. 따라서 매운 맛이 처음에는 균류와 싸우기 위한 목적에서 시작되었더라도 쥐, 생쥐, 들쥐, 페커리, 아구티, 그 밖에 매운 맛만 없었다면 고추 열매를 행복하게 먹었을 다른 모든 포유류까지도 막는 데 매우 큰 효과가 있었다. 이런 설치류들이 흔하게 보이는 지역에서는 매운 맛이 고추에게 매우 중요한 진화적 이점이 되며 매운 맛이 그렇게 많은 고추 품종 사이에 지배적으로 자리 잡게 된 이유를 판단하는 데 중요한 역할을 했다. 또한 매운 맛은 탁월한 분산 전략이기도 했다. 열매를 씹어 먹어 파괴하는 동물들은 접근하지 못하도록 쫓아버리고 고통 감각기가 캡사이신에 반응하지 않아서 물리적으로 얼얼한 감각을 느끼지 못하는 새들을 위해 더 많은 열매를 남겨줄 수 있기 때문이다.

노엘에게 작별인사를 건넬 때 머릿속에는 여전히 고추에 관한 물음들이 꿈틀거리고 있었다. 그러나 그것이 과학의 길이었다. 새로운 정보는 호기심을 더욱 부추길 뿐이다. 고추 이야기의 복잡성은 열매가 어떻게 매운 맛을 갖게 되었는가 하는 점뿐만 아니라 향신료가 양념 이외에 다른 많은 용도로 쓰이는 이유에 대해서도 설명해준다. 향신료가 세균과 버섯에서부터 다람쥐에 이르는 모든 것과 상호 작용을 하는 방향으로 진화되었다면 사람들이 수많은 상황에서 향신료의 유용성을 발견한 것도 이상할 것이 없다. 콜럼버스가 살던 시대에는 향신료를 음식에 첨가하는 용도로 썼지만 이 밖에도 인기 있는 치료제, 최음제, 보존제, 봉헌 물품으로도 쓰였다. (널리 알려진 신화와는 달리 이국의 향신료가 부패한 고기 맛을 가리는 데 사용된 적은 없었다. 이국의 향신료는 값이 비싸고 지위를 나타내는 상징이었다.

이국의 향신료를 구입하는 사람들은 신선한 고품질의 식재료를 손쉽게 살 수 있는 사람들이었다.) 현대에 와서도 사정은 별로 많이 달라지지 않았다. 한 가지 예만 들어도 고추의 캡사이신은 관절염 크림과 살 빼는 약, 콘돔 윤활제, 배의 바닥용 페인트, 메이스라는 상품명으로 팔리는 호신용 스프레이 등을 만드는 데 기본 재료로 이용된다. 올림픽 장애물 뛰어넘기 선수들이 자기가 탄 말 다리에 캡사이신을 발랐다는 이유로 실격된 적이 있었으며 아프리카의 야생 공원 관리원들은 드론을 이용해 캡사이신을 불태워서 코끼리 떼를 밀렵꾼들로부터 멀리 떼어놓는다. 그런데 중국에서는 다른 용도로 캡사이신을 이용하는 일이 있는데, 사실 대다수 사람들이 이 용도로 연상하는 것은 다른 열매 제품으로 어쩌면 이 열매가 고추보다 훨씬 더 유명할 것이다.

마오쩌둥 주석은 소박한 농부 음식을 먹는 소박한 삶을 권장했지만 고추에 대한 사랑만큼은 각별했던 것으로 유명했다. 심지어는 동굴에서 생활할 때에도 자기가 먹는 빵에 고추를 넣도록 지시했으며 밤늦게까지 일할 때 에너지를 얻기 위해 고추를 한 움큼씩 먹었다고 한다. 현재 마오의 고향 후난성 지역에서는 경찰관이 교통사고를 줄이기 위한 노력의 일환으로 졸린 운전자들에게 고추를 나눠주곤 한다. 그러나 대다수 야행성 올빼미 족이 선택한 자극제는 아프리카의 어떤 관목 열매에서 추출한 것으로, 액체 형태로 되어 있다. 전성기의 향신료가 그랬듯이 이 자극제 역시 엄청난 부를 가져다주었으며 세계적 사건에 영향을 미쳤고 이것을 얻기 위한 목적 때문에 적어도 한 번은 모험 이야기라 할 만한 바다 항해에 나서는 계기를 만들었다.

제10장

가장 기분 좋은 콩

매일 석 잔의 커피를 마시지 못하면
나는 고통 속에서 마치 구운 염소 고기처럼
쪼글쪼글 말라갈 것이다!

요한 제바스티안 바흐와 크리스티안 프리드리히 헨리치,
〈가만히 입 다물고 말하지 말아요〉,
〈커피 칸타타〉로 알려져 있음(약 1734년경)

1723년 한 프랑스 상선이 대서양을 횡단하던 도중 가만히 멈춰 있었다. 한 달이 넘도록 이 배는 돛이 축 처진 채로 퍼덕이며 해류와 함께 떠내려갔고 하루빨리 안정적인 바람이 불기를 기다렸다. 콜럼버스가 이 뱃길을 항해한 지 이백 년 이상이 흘렀고 당시에는 대서양 횡단 항로가 당연한 일로 여겨지고 있었다. 그러나 가끔은 항해의 운명과 결과가 씨앗에 의해 좌우되던 때도 여전히 있었다. 몇 가지 설명에 의하면 해류에 떠내려가던 이 배는 이미 험난한 길을 거쳐 왔다. 지브롤터를 떠난 뒤 심한 폭풍을 만났고 튀니지 해적에게 나포될 뻔했던 위기를 가까스로 넘겼다. 이제 적도무풍대로 알려진 바람 없는 적도 지역에 들어선 이 배는 담수가 매우 부족한 상태였고 선장은 선원과 승객에게 엄격하게 똑같이 물을 배급하라고 지시했다. 이 승객들 가운데 특히 더 목마른 한 신사가 있었다. 그는 적은 배급량을 목마른 열대 관목과 함께 나눠 마시고 있었기 때문이다.

"저 섬세한 식물에 쏟아야 했던 끝없는 관심에 대해 세세히 나열해봐야 아무 소용없다." 그는 이렇게 썼다. 바람이 다시 강해져서 카리브해 마르티니크 섬에 배가 안전하게 정박한 뒤로 많은 세월이 흘렀을 때였다. 또한 그가 가져온 가녀린 어린나무의 후손들이 무성하게 번식하여 중미와 남미의 경제를 바꿔가기 시작하던 때로부터도 많은 세월이 흐른 뒤였다. 물론 이 식물은 커피다. 그러나 가브리엘-마티유 드 클리유라는 이름의 한 젊은 해군 장교가 어떻게 이 커피를 손에 넣게 되었는지는 여전히 논의의 여지가 있다.

어떤 한 이야기에서는 드 클리유를 포함하여 복면한 동료 한 무리가 파리 식물원의 벽을 타고 올라가 온실에 침입한 뒤 어린 커피나무 한 그루를 뽑아 밤을 틈타 도망갔다고 했다. 대다수 역사가들은 이렇게 전해진 일련의 사건에 의혹을 품었지만 커피나무가 있던 장소에 대해서는 이의가 없었다. 18세기 초 파리 전 지역을 통틀어 유일한 커피나무는 왕립 약용 식물원에 있었다. 이 커피나무는 암스테르담에서 루이 14세에 대한 존경의 표시로 선물한 크고 건강한 표본이었다. 드 클리유는 자신의 커피나무가 "석죽의 꺾꽂이용 가지보다 크지 않을 만큼" 작다고 묘사했으므로 필시 태양 왕 소유의 커피나무에서 얻은 꺾꽂이용 가지거나 어린 묘목이었을 것이다. 왕립 식물원 정원사들은 커피나무를 희귀한 원예 식물로 널리 퍼뜨리려고 애쓰던 중이었지만 커피나무의 경제적 잠재력을 인식하지는 못했을 것이다. 여러 곳을 여행한 바 있는 드 클리유는 서구인들이 이제는 더 이상 커피를 이국의 신기한 것, 즉 터키인이나 아랍인의 음료로 여기지 않는다는 것을 깨달았다. 런던과 비엔나를 비롯하여 식민지들에 이르기까지 커피는 카페와 커피전문점뿐만 아니라 일반 가정에서도 마시는 일상의 기본 식품으로 자리 잡고 있었다. 자바 섬에 있는 네덜란드 농장이 세계 시장을 완전히 지배하고 있어서 자바라는 단어가 곧 커피와 동의

어로 쓰였다. 드 클리유는 자신이 대농장을 소유하고 있던 마르티니크 섬으로 커피를 가져옴으로써 바야흐로 네덜란드의 독점을 깨고 프랑스 제국을 강화했으며 그 과정에서 자신도 상당한 수익을 올렸다.

"마르티니크 섬에 도착하는 즉시 …… 소중한 관목을 심었다. 그 모든 위험을 헤쳐 나오는 동안 이 나무는 내게 더욱더 사랑스러운 존재가 되어 있었다." 훗날 드 클리유는 한 서신에서 이렇게 회상했다. 그가 말한 그 모든 위험에는 물 부족 말고도 다른 것들이 있었다. 드 클리유의 서신에는 다른 상세한 이야기들도 밝혀져 있었다. 질투심 많은 한 동료 승객이 묘목을 훔쳐 가려고 계속 시도한 끝에 결국 가지 하나를 꺾어 가는 데 성공한 이야기, 농장에 도착한 이후 작은 나무를 보호하기 위해 항상 보초를

그림 10.1. 프랑스 해군 장교 가브리엘-마티유 드 클리유는 1723년 대서양을 건너는 동안 배가 정지해 있었을 때 작은 커피나무에 자신이 배급받은 물을 나눠준 것으로 유명하다. 이 외로운 나무에서 얻은 꺾꽂이용 가지와 열매는 카리브 해 전역과 어쩌면 중미와 브라질까지 커피 플랜테이션의 기반을 닦는 데 도움을 주었다.

세우고 뾰족한 못이 박힌 울타리를 세워야 했던 이야기, 그가 절도가 아닌 연애로, 다시 말해 프랑스 궁정에서 "지위가 높은 부인"의 마음을 얻은 덕분에 커피나무를 손에 넣었다는 이야기 등도 있었다. 수 세기가 지난 뒤 어느 것이 진실이고 어느 것이 꾸며낸 이야기인지 밝혀내기는 불가능하지만 어떤 형태로든 드 클리유의 무용담은 사람들이 좋은 커피 한 잔을 얻기 위해 얼마만큼 적극성을 보일 용의가 있는지 보여준다. 드 클리유의 소중한 나무가 마침내 열매를 맺었을 때 그 모든 끈기는 멋지게 보답을 받았다. 드 클리유는 부근의 대농장에 열매와 꺾꽂이용 가지를 나눠주었고 그로부터 몇 십 년 만에 마르티니크 섬은 생산성이 좋은 2천만 그루의 커피나무를 자랑하게 되었다.

오늘날에는 기억하는 사람이 별로 없지만(위키피디아에 실린 그의 항목은 250개 단어가 채 안 된다) 가브리엘-마티유 드 클리유는 한때 커피 애호가들 사이에서 얼마간 지명도를 누렸다. 영국 시인 찰스 램은 1810년 다음과 같이 시작되는 시를 그에게 바쳤다.

> 향기 좋은 커피를 마실 때면 언제나,
> 나는 마음씨 후한 프랑스인을 생각하네,
> 그의 고귀한 끈기가
> 마르티니크 섬 해안까지 나무를 가지고 왔네.

대서양 건너편에 커피를 가져다준 사람이 드 클리유만 있는 것은 아니었지만 램 같은 이들은 마르티니크 섬에서부터 멕시코, 브라질에까지 이르는 지역의 모든 커피나무가 그의 공로 덕분이었다고 보았으며, 이 지역은 현재 세계 커피 생산량의 절반 이상을 담당하고 있다. 이러한 주장은 드 클리유의 역할을 과장하고 있지만 한 가지 점에서는 그 프랑스 인이 옳았다. 커피의 수요가 늘고 있었다는 점이다. 드 클리유가 살던 시절 이후 세계 커피 소비량은 수직 상승했다. 1940년에 잉크 스파츠가 부른 고전적인 노래 〈자바 자이브Java Jive〉에서 지적했듯이 사람들은 "헤이! 기분 좋은 커피 콩"을 사는 것을 좋아한다. 이러한 애호 성향은 관목이라고 할 만한 아프리카의 한 나무 씨앗을 세계에서 무역량이 두 번째로 많은 상품으로 변모시켰다. 석유 선물 말고는 이보다 더 많은 연간 세입을 올리는 것이 없다. 나 자신을 포함하여 일상적으로 커피를 마시는 약 10억 내지 20억 명의 사람들은 이 커피콩을 구입하고 우려내고 마시는 의식을 치르면서도 근본적 물음을 제기하는 일이 거의 없다. 그 성가신 일을 왜 하는 걸까? 이런 생각이 조금이라도 들 때면 곧바로 답이 나온다. 카페인, 즉 커피 콩 안이 풍부하게 들어 있는 약한 중독성의 자극제 때문이다. 그러나 이 대답은 또 다른 물음을 불러올 뿐이다. 애초에 커피는 왜 카페인 성분을 갖게 되었는가 하는 물음이다.

찰스 램이 모닝커피에 대해 진정으로 고마움을 표하고 싶다면 여러 곤충, 민달팽이, 달팽이, 균류에게 바치는 시를 썼어야 했다. "섬사람들 사이에서 그에 대한 칭찬이 울려 퍼지네 / 곳곳에서 커피 플랜테이션이 성행하네" 등과 같은 2행 연구聯句 대신에 카페인이 달팽이의 심장 박동을 느리게 한다는 것, 한 연구 집단에서 민달팽이가 "통제할 수 없이 온몸을 비트는 증상"이라고 일컫던 모습으로 반응했던 일을 묘사하는 라임을 찾으려 했을지도 모른다. 그런 시에서는 소량의 카페인만 접해도 유충이 말라 죽는 박각시벌레와 나무좀 딱정벌레를 언급했을 것이며, 아울러 카페인이 뿌리 썩음 병에서부터 빗자루병에 이르기까지 균류에 의한 병충해의 진전을 느리게 한다는 것도 설명했을 것이다. 그러나 시인은 한 잔의 커피를 마시면서 유충과 균류에 대해 생각하지 않는다. 아무도 그러지 않는다. 그러나 유충과 균류가 아니었다면 우리가 커피를 마시지 못했을 것이라는 점은 엄연한 사실이다.

"카페인은 천연 살충제다." 연구자들이 카페인의 효과에 관한 초창기 설명을 발표한 직후 〈뉴욕타임스〉에서는 이런 헤드라인을 크게 실었다. 이야기는 짤막했지만 특히 모기가 카페인에 민감하다고 지목했다. 실제로 카페인은 매우 효과가 좋고 다양한 해충을 막을 수 있다. 생각해보면 카페인을 갖고 있는 식물이 커피만 있는 것도 아니다. 카카오, 과라나, 콜라나무 열매 등 최소한 세 가지 열대 나무의 열매도 카페인을 함유하고 있다. 커피콩처럼 이 열매들도 갈아서 물에 섞으면 음료가 된다. 따뜻한 코코아, 브라질의 과라나 소다, 그리고 오리지널인 코카콜라와 펩시콜라를 비롯하여 콜라라는 이름으로 시장에서 팔리는 많은 음료가 있다. 카페인은 차 잎사귀에도 들어 있고, 마테라고 알려진 남미 호랑가시나무의 일종에도 들어 있으며 인간이 좋아하는 자극적 음료의 목록을 상당 부분 채우고 있다. 카페인이 자연 속 어디에서 발견되든 사람들은 머그잔, 호리병, 사모바르(특히 러시아에서 찻물을 끓일 때 쓰는 큰 주전자_옮긴이) 등을 들고서 그리 멀지 않은 곳에 있다.

캡사이신과 마찬가지로 카페인도 알칼로이드다. 카페인 생산에는 소중한 질소가 필요한데, 카페인을 생산하지 않았다면 이 질소를 성장에 이용했을 것이다. 그래서 커피나무는 카페인-재활용 프로그램이라고 이름 붙일 만한 체계를 통해 자신의 투자를 최대한 활용한다. 커피나무는 가장 취약한 조직에서만 카페인을 제조하며, 이후 이 카페인을 가장 중요한 곳, 즉 열매로 옮긴다. 이 과정은 어린 잎 안에서 시작되며 여기에서 카페인은 부드러운 잎을 먹고 사는 곤충과 달팽이를 쫓아낸다. 그러나 이 잎이 자라 강해지면 커피나무는 이 카페인 중 많은 양을 꽃이나 열매, 여무는 씨앗에게로 다시 보낸다. 붉은 빛의 열매도 카페인을 생산하며 이 중 많은 양은 안쪽으로 확산되어 열매 안에 있는 한 쌍의 씨앗에게로 간다. 이들 씨앗은 카페인을 받아들이는 한편 자체적으로도 더 생산하여 아주 강한 내성을 지닌 공격자 말고는 거의 모든 공격자를 퇴치할 수 있을 정도로 진한 농도의 카페인을 갖게 된다. 커피나무에 몰려드는 곤충이나 해충을 모두 합치면 900종 이상이나 되므로 이들에 대처하기 위해 카페인이 진화되었다고 가정하는 것은 논리적이다. 그러나 역사가들이 가브리엘-마티유 드 클리유의 이야기에서 몇 가지 사항에 동의하지 못하는 것처럼 과학자들 역시 카페인의 진화 과정에 관해 모두 동의하는 것은 아니다. 카페인이 좋은 살충제이기는 해도 오로지 그런 목적으로만 사용되지는 않기 때문이다.

커피나무는 여러 부위에서 카페인을 제조하지만 일단 씨앗에 모이면 배젖 세포 속에 계속 머물러 있다. 이는 커피 애호가들에게는 좋은 소식이지만 씨앗에게는 절반의 축복이다. 카페인이 공격자를 내쫓는 일 말고도 다른 일을 더 하기 때문인데, 다름 아니라 발아를 방해하는 작용을 한다. 딱정벌레 유충을 죽이고 달팽이를 말라 죽게 만드는 그 화학적 성질이 식물의 세포 분열을 방해하는 것이다. 앞서도 이런 딜레마를 언급한 적 있지만 다시 한 번 언급할 필요가 있다. 커피나무가 성공적으로 싹을 틔우기 위해서는 작은 뿌리와 싹을 카페인이 많은 커피콩으로부터 멀리 떼어놓아야 한다. 커피나무는 빠른 속도로 물을 흡수함으로써 이 작업을 수행하는데, 이렇게 하여 기존의 세포들에 물이 밀려들어가면 세포가 부풀어 올라 생장점을 바깥쪽으로 밀어낸다. 커피콩과 멀리 떼어놓는 작업을 한 이후에야 세포 분열이 일어나고 진짜 성장이 시작된다. 그러나 이 과정이 시작되고 나면 훨씬 흥미로운 일이 벌어진다. 어린싹이 커갈수록 카페인은 점점 줄어드는 배젖에서 빠져 나와 부근 땅속으로 퍼져 나가는데, 부근에 있는 다른 식물 뿌리들의 성장을 억제하며 다른 씨앗들이 발아하는 것을 막는 것 같다. 다시 말해서 커피콩은 경쟁자를 어떻게 죽여야 하는지 알고 있는 것이다. 자신이 가진 제초제를 풀어서 조그만 땅을 깨끗하게 정리한 뒤 자기 구역이라고 선언하는 것이다. 하나의 씨앗이 싹을 틔우고 터를 잡기 위한 중요한 투쟁에서 이는 해충을 내쫓는 일만큼이나 매우 중요한 진화적 이점이다.

왜 커피나무가 자기 씨앗과 잎을 보호하고 어린 나무가 다른 식물보다 유리한 출발점에 서도록 해주는지 쉽게 이해할 수 있다. 카페인의 진화를 둘러싼 최종적 이론은 이보다 훨씬 더 놀라운데 아침이면 많은 사람에게서 이와 관련되는 모습을 볼 수 있다. 그것은 중독과 연관이 있다. 재활용되는 카페인이 커피나무 안에서 여기저기 돌아다니는 동안 뜻밖의 장소에도 등장하여 과학자들이 오랫동안 의문을 품었는데, 바로 꽃의 꿀이다. 곤충을 끌어들이기 위해 만들어놓은 곳에 뭐하러 살충제를 투입하는 것일까? 꿀벌에 대한 최근 연구에서 그 답을 밝혀냈다. 적당량의 카페인은 수분자를 내쫓지 않고 오히려 계속 다시 찾게 만든다.

"보상 경로에서 뉴런의 반응을 증폭시키는 것 같아요." 제럴딘 라이트가 말했다. 뉴캐슬 대학의 신경과학과 교수인 라이트는 꿀벌이 생각하는 방식에 관한 연구를 통해 경력을 쌓았다. 그녀는 꿀벌을 아주 잘 알고 있어서 가끔 대중적 행사에 "꿀벌 비키니"를 입고 나오기도 하는데, 살아 있는 일벌 떼가 그녀의 가슴에서 목선까지 온통 뒤덮은 모습이다. 꿀벌의 뇌는 단순하지만 그래도 협동이라는 위대한 공적을 이룰 수 있다. 라이트와 그녀의 동료들이 벌떼를 훈련시켜 실험용 꽃을 찾아가도록 했을 때 꿀벌이 카페인이 들어 있는 꽃을 기억했다가 다시 찾아갈 가능성이 세 배나 되었다. 이 경우 꿀벌의 뇌는 우리 뇌와 똑같이 작용하며 카페인을 마실 때 꿀벌의 "보상경로"가 밝게 빛난다. 커피나무의 입장에서 볼 때 카페인이 함유된 꽃을 생산하면 아침 출근자들이 즐겨 가는 에스프레소 판매대 앞에 줄을 서듯이 헌신적인 수분자 집단을 끌어 모을 수 있다.

카페인이 이런 목적으로 진화된 게 아닐까 하고, 다시 말해서 살충제나 제초제의 역할은 그저 추가로 따라온 덤이 아닐까 하고 물었을 때 그녀는 이를 확대해석이라고 여기는 것 같았다. "선택압이 그 정도로 강했을 것 같지는 않아요." 그녀는 이메일에 이렇게 썼는데, 이 글을 읽는 동안 나는 인상을 찡그리는 그녀의 회의적 표정이 그대로 머릿속에 떠오르는 것만 같았다. 그러나 카페인이 감귤나무의 꽃꿀에서는 발견되지만 열매나 잎에서는 발견되지 않는 것으로 보아 아마 그럴 가능성도 있을 것이다. 오렌지, 레몬, 라임은 휘발성 기름과 기타 화합물로 스스로를 보호하므로 분명 꿀벌의 뇌를 조종하기 위해 특별히 카페인을 지니게 되었을 것이다.

씨앗에 관한 논의의 측면에서 볼 때 카페인이 정확히 어떻게 진화되었는지 예측하는 것은 카페인이 무슨 작용을 하는지 이해하는 것보다 더 중요하다. 카페인은 곤충을 물리치고 부근의 식물들을 억제하는 데도 마찬가지로 효과적이다. 그러나 꿀벌 이야기 역시 연관성이 있는데, 카페인이 들어 있는 씨앗이 인간 뇌에 미친 효과는 다른 어떤 특징보다도 커피의 역사나 커피를 마시는 문화에 지대한 영향을 끼쳤기 때문이다.

"정서가 고양되고 상상이 생생하게 펼쳐지며 자비심이 생기고 …… 기억과 판단이 보다 날카로워지고 짧은 시간 동안 언어 표현이 유난히 활발해진다." 1910년 영국의 한 의학 학회지에는 이렇게 실려 있었다. 현대 학자들은 보다 절제된 표현을 쓰긴 해도 그들이 내놓는 자료도 역시 동일한 결론을 가리키고 있다. 보통 크기의 커피 한 잔은 중추 신경에 상당한 영향을 미칠 정도의 카페인을 혈액 속으로 흘려보낸다. 뇌의 뉴런이 보다 빨리 반응하고 근육이 경련하며 혈압이 오르고 졸음이 사라진다. 그러나 화상을 입지 않고도 캡사이신으로 화상 같은 얼얼한 느낌이 생기는 것처럼 카페인 역시 실제로는 자극하지 않으면서 자극 효과를 낸다. 우리가 커피를 마신 뒤 생기가 도는 것은 카페인이 우리 뇌에 어떤 작용을 했기 때문이라기보다는 카페인이 뭔가를 억제했기 때문이다. 전문가들이 카페인을 "차단제"라고 부르는 것은 카페인이 몇 가지 뇌 화학 물질, 그중에서도 특히 아데노신adenosine의 자연적 기능을 방해하기 때문이다. 연구자들은 아데노신이 뇌에서 어떤 역할을 하는지 아직 전부 다 알지는 못하지만 그것의 기본적 역할에 대해서는 수백만 라디오 청취자들이 익숙하게 알고 있는 것에 빗대어 설명할 수 있다.

수십 년 동안 개리슨 케일러의 라디오 프로그램 〈어 프레이리 홈 컴패니언A Prairie Home Companion〉에는 "케첩 자문위원회"의 광고들이 등장했는데, 이 가상의 산업 집단에서는 토마토케첩을 "차분해지는 천연 물질"이라고 홍보한다. 대본에 등장한 별 특징 없는 인물들은 정기적으로 케첩의 도움을 빌리지 않으면 점점 강박적으로 되고 이상한 행동들을 보인다. 갑자기 마라톤을 하기로 결정하거나 코에 피어싱을 하거나 회고록을 쓰거나 술 가게를 턴다. 아데노신은 케첩이 아니며 신체 기능에 필요한 기본 생화학 물질의 하나다. 그러나 뇌 활동의 측면에서 볼 때 아데노신의 역할을 이보다 잘 묘사할 수는 없을 것이다. 아데노신은 사람을 차분하게 만드는 천연 물질로, 뉴런 반응 속도를 더디게 하고 결국에 가서는 잠으로 이어지는 일련의 과정을 촉발시킨다. 커피를 마시면 각성 효과가 생기는데 이는 카페인이 이러한 과정을 방해하거나 심지어는 거꾸로, 즉 아데노신을 대체하고 뇌를 속여서 만일 카페인이 없었다면 차츰 느려졌을 반응 속도를 빠르게 하기 때문이다. 카페인은 실제로 사람들에게 에너지를 공급하지 않으며 다만 피곤함을 덜 느끼게 해줄 뿐이다.

케첩 자문위원회 에피소드에서는 사람들이 케첩을 먹으면 언제나 다시 차분함을 되찾는데, 마치 뇌의 화학 반응과 수면이 결국에는 카페인의 효과를 억누르는 것과 같다. 그러나 사람들은 뇌가 착각에 빠져 일시적으로 활발해지는 느낌을 좋아하는 것 같으며 꿀벌처럼 자꾸자꾸 카페인을 찾는다. 몇몇 벌에서 시작되어 나중에는 벌떼 전체가 카페인이 든 꽃에 몰려드는 것처럼 커피를 마시는 습관도 인간 사회 전체의 흐름을 바꿔놓았다. 서구의 역사가들은 커피가 계몽시대와 뒤이은 산업혁명의 길을 여는 데 도움을 주었다고 믿고 있다. 또한 이 모든 것은 아침 식사의 변화에서 시작되었다.

광고 관계자들은 팔십 년이 넘도록 "챔피언들의 아침식사"라는 문구를 휘티라는 시리얼 브랜드의 상징적인 슬로건으로 알고 있다. 그러나 남자 대학생 동아리나 기숙사 학생들의 경우는 휘티에 맥주를 넉넉히 들이부은 뒤에야 비로소 "챔피언들의 아침식사"가 된다. 대단한 밤을 보내고 난 뒤 이런 조합을 일종의 해장술이라고 권했지만 곤죽이 된 시리얼은 웬만해서는 두 번 다시 먹지 못할 음식이었다. 게슴츠레하게 풀린 눈의 학부생들은 유럽 중부와 북부 지역 전역의 사람들이 9세기가 넘도록 이런 아침식사를 매일 먹었다는 것을 알고 나면 무척 놀랄 것이다.

커피가 들어오기 전까지 "맥주 스프"는 아침 주식이었다. 표준 레시피는 김이 나는 뜨거운 에일을 계란이나 버터, 치즈와 함께 빵이나 반죽에 붓고 특별한 경우에는 설탕을 첨가하는 방식이었다. 이 혼합물은 모든 연령의 사람들에게 탄수화물과 칼로리를 제공했고 비록 약하기는 해도 맥주 덕분에 살짝 들뜬 느낌도 제공했다. 실제로 아침 스프는 맥주로 이어지는 긴 하루의 첫 시작 분량에 해당했다. 집에서 만든 에일과 여타 맥주는 빵과 함께 매일 먹는 식사의 한 부분이었으며 중세 음식에서 영양분을 제공하는 중요한 구성요소였다. 커피가 정착되기 시작한 17세기까지도 유럽 북부지역의 1인당 맥주 소비량은 연간 156리터에서 무려 700리터에 이르렀으며 평균 300 내지 400리터 정도였다. 이에 비하면 현대의 수치는 미미하다. 미국인은 매년 고작해야 78리터밖에 마시지 않으며, 영국인은 74리터를 마시고 맥주를 좋아하는 독일인도 겨우 107리터를 마신다.

이렇게 습관적으로 술에 약간 취해 있는 환경에서 커피는 사회사 연구자들이 붙여준 별명대로 "정신을 차리게 해주는 멋진 음료"로 도입되었다. 맥주(혹은 유럽 남부지방에서 주로 마시는 포도주)로 인해 머릿속에 뿌연 안개가 끼어 있는 대신 커피를 마시면 정신이 초롱초롱하고 활기가 넘치며 사람마다 견해 차이는 있을 수 있지만 생산성도 더 높다. 대학생 비유가 여기에서도 유효하다. 대학을 졸업하고 싶은 사람이면 수업 시작 전에 맥주를 마시는 경우와 커피를 마시는 경우에 매우 다른 결과가 나온다는 것을 꽤 빨리 알게 된다. 두 가지 모두 씨앗의 산물이지만 발효된 것 대신 자극제를 마시면 평균 평점뿐만 아니라 다른 영역에도 상당한 영향을 미친다. 유럽에서 커피를 마시기 시작한 것은 종교개혁 직후부터였으며, 맑은 정신과 높은 생산성을 가져다준다는 약속은 당대에 부상하던 철학과도 잘 부합되었다. 어느 학자가 말했듯이 커피는 "합리주의와 프로테스탄트 윤리가 영적으로, 이념적으로 성취하고자 했던 바를 화학적으로, 약물학적으로 이루어냈다." 실제로 커피는 도시와 도회지에서 관리, 장사, 제조 활동 등 실내 작업들이 흔해지면서 몸과 정신을 이런 작업에 맞게 준비시켜주었다. 18세기 영어에 "커피coffee", "공장factory", "노동계급working class" 같은 단어의 현대적 정의와 철자가 한꺼번에 들어가게 된 것도 결코 우연의 일치가 아니다. 커피 음료는 특히 도시 지역의 노동자에게 인기가 있었으며 한때 런던은 무려 3천 개의 커피전문점을 자랑했는데 이는 200명당 1개 꼴이었다.

모든 열풍이 그렇듯이 커피 현상에도 적지 않은 과장과 과대포장이 들어 있었다. 법적으로 커피는 자극제로 규정되어 있었지만 의사와 광고업자들은 통풍과 결핵에서부터 성병에 이르기까지 숱한 질병에 커피를 마시라고 권했다. 서로 모순되는 주장들이 있고(두통의 원인 대 두통 치료제) 대부분은 거짓으로 판명나기도 했지만(최음제, 지능 향상), 어떤 것은 여전히 의학적 연구 대상이 되고 있다(항우울제, 충치 예방, 식욕 억제제, 고혈압 치료). 커피에 대한 연구 관심이 지속되고 있는 것은 놀라운 일이 아닐 것이다. 커피 콩에는 카페인 외에도 최소한 800개의 다른 성분이 들어 있다. 어떤 설명에 따르면 인간 음식 가운데 화학적으로 가장 복잡한 식품을 매일 마시는 것이다. 커피 성분 중에는 아직 연구되지 않은 것이 대다수이기 때문에 커피가 건강에 미치는 영향도 여전히 알려져 있지 않다. 연구자들이 대체로 동의하는 바에 따르면 커피를 마시는 사람은 2형 당뇨, 간암의 위험을 줄일 수 있고 적어도 남자의 경우에는 파킨슨병의 위험도 줄일 수 있다고 한다.

커피를 너무 많이 마시면 밤에 잠을 잘 못 자거나 요한 제바스티안 바흐가 "커피 칸타타"라는 별칭이 붙은 〈가만히 입 다물고 말하지 말아요〉라는 곡의 제목으로 풍자한 바 있듯이 안절부절못하는 불안증을 보일 수 있다. 바흐 자신이 유명한 커피애호가였으며 라이프치히 최고의 커피전문점인 카페 침메르만에서 정기적으로 자신의 작품 연주회를 열었다. 이러한 모임은 18세기에 커피가 사회적 문화적으로 일정한 역할을 담당했다는 것을 보여주는 전형적인 예다.

커피는 알코올과는 다른 방식으로 생각과 대화에 자극을 주기 때문에 흥청망청 즐기는 모임보다는 진지한 대화와 모임, 문화 행사에 사람들을 불러보았다. 커피전문점에 가는 것은 술집에 들르는 것과는 전혀 달랐다(이는 지금도 마찬가지다). 사람들은 커피전문점에서 친구를 만날 뿐만 아니라 함께 모여 공부하고, 소식을 듣고, 체스 게임을 하고, 심지어는 업무를 보기도 한다. 런던에서 에드워드 로이드의 영업점을 자주 찾던 해상 보험 사들은 이후 세계에서 가장 큰 보험 시장을 형성하게 되었으며, 이 영업점에는 지금도 커피를 판매하던 설립자의 이름이 붙어 있다. 유명한 사례가 런던의 로이즈 커피하우스만 있는 것도 아니다. 뉴욕은행은 머천츠 커피하우스에서 조직되었고 런던 증권거래소는 조너선 커피하우스라는 가게에서 시작되었다. 또한 예술 작품과 책에서부터 마차, 배, 부동산, "해적의 물건으로 압수된 것" 등의 경매가 커피전문점에서 열려 이후 세계에서 가장 큰 경매회사인 크리스티와 소더비의 토대가 되었다.

철학자, 작가, 그 밖의 지성인들에게 커피전문점은 생각을 명확하게 정리하고 공유하기 위해 없어서는 안 되는 거점이 되었다. 사람들은 이곳을 "페니 대학"이라고 부르면서, 그곳의 교양 있는 모든 대화를 그저 듣기만 해도 훌륭한 교육을 받을 수 있다고 주장했다. 볼테르는 매일 오십 잔의 커피를 마셨다고 전해지며 지금도 그의 집필 책상이 한쪽 구석에 잘 간직되어 있는 파리의 카페 르 프로코프에서 많은 시간을 보냈다. 루소도 카페 르 프로코프를 자주 찾았으며 그곳에서 위대한 백과전서파 드니 디드로와 체스를 두었다고 한다. 새뮤얼 존슨의 문학 클럽에 속한 전문가들은 거의 이십 년 동안 소호 가에 있는 터크스 헤드에 모여 커피를 마셨으며 조너선 스위프트는 세인트 제임스 커피하우스의 열성적인 단골 고객이어서 자기 앞으로 오는 편지가 그곳에 배달되도록 했다. 과학자들 역시 커피를 좋아했으며 비록 아이작 뉴턴이 그리시언 커피하우스에서 돌고래를 해부했다는 이야기는 거짓이지만 저녁이면 그곳에서 많은 시간을 보냈다. 이 커피전문점은 부근에 있는 왕립학회에서 모임을 가진 뒤 자주 찾는 명소였다(이야기하는 김에 덧붙이자면 왕립학회는 처음에 옥스퍼드 커피클럽으로 시작되었다).

정치사상가도 커피전문점에 모여들었다. 로베스피에르를 비롯한 프랑스 혁명의 다른 핵심 인물들도 카페 르 프로코프에서 자주 만났으며 젊은 나폴레옹 보나파르트는 커피 값이 없어서 그곳에 모자를 담보로 잡혀야 했던 적이 있었다. 벤저민 프랭클린은 도시에 있을 때면 커피전문점을 들르곤 했으며 런던에서 만난 그의 커피전문점 친구들 "정직한 휘그당원들의 클럽"에는 급진적 자유주의자 리처드 프라이스가 포함되어 있었다. 프라이스의 사상은 프랭클린과 미국독립혁명의 다른 지도자들에게 강력한 영향을 끼침으로써, 이보다 몇 십 년 앞서 커피전문점을 폭동 선동의 중심지라고 비난했던 찰스 2세가 옳았다는 것을 입증했다. 커피를 마시는 행위가 혁명을 초래한 것처럼 암시한다면 너무 지나친 주장이겠지만 혁명적 사상을 초래했다고 이야기한다면 결코 과장이 아니다. 커피는 약으로서, 그리고 사교를 위한 모임 장소로서 계몽주의의 이상을 정치적 현실로 바꿔놓는 데 일정한 역할을 했다.

유럽인들은 커피를 문화 행사와 정치 행사의 중심에 놓음으로써 아랍 음료를 넘어선 그 이상의 것, 즉 아랍의 생활방식까지도 받아들이게 된 것이다. 파리와 런던에서 커피전문점이 유행하기 전 수 세기 동안 근동과 아프리카 북부 전역에서는 커피전문점이 마을의 회합 장소로 이용되었다. (전설에 따르면 커피의 기원은 한 에티오피아인 염소지기에서 시작되었다고 하는데, 그는 염소 무리가 커피콩을 먹은 뒤 뒷다리로 서서 춤을 추는 것에 주목했다.) 커피는 사교적이지만 알코올이 들어 있지 않은 기호품으로서, 이슬람교의 교리에도 적합하며 학자들이 세계에서 가장 대화를 즐기는 사회 중 하나라고 꼽았던 사회와도 잘 맞았다. 19세기에는 서구에서 커피전문점의 영향이 시들해졌지만 카이로의 엘 피샤이 카페는 이백육십 년이 넘도록 문을 닫지 않았다. 커피의 중요성이 아랍 세계에서 지속되고 있는 것을 확인하기 위해서는 최근에 나온 한 학술 논문의 제목만 보아도 될 것이다. "클릭, 택시, 커피전문점: 2004~2011년 이집트의 소셜 미디어와 반정부 시위"라는 제목이다. 아랍의 봄에서 나타난 "트위터 혁명"을 통해 커피전문점은 핵심적인 물리적 모임 장소의 역할을 했다. 계획 수립 센터였으며, 피난처였으며, 심지어는 임시 병원이기도 했다. 이집트와 부근 지역 곳곳에서 커피전문점은 지난 5세기에 걸쳐 사실상 거의 모든 대중 봉기가 일어나는 동안 이러한 역할을 해왔다.

만일 오늘날에 가브리엘-마티유 드 클리유가 대서양을 건너갔다면 카리브해 지역과 중미 및 남미 전역에서 커피의 생산과 가공이 잘 자리 잡고 있는 것을 보았을 것이다. 그러나 커피를 마시는 행위에 대해 알고 싶어 했다면 우리 집에서 그리 멀지 않은 곳으로 갔을 것이다. 그곳은 북미의 커피 "메카"라고 불려 왔던 도시다. 1983년 시애틀의 스타벅스 커피에 첫 에스프레소 기계를 들여놓은 하워드 슐츠는 커피전문점 르네상스라고 밖에 부를 수 없는 현상을 일으키는 데 기여했다. 18세기 이후로 북미와 유럽에서 커피콩이 이 정도의 붐을 일으킨 적은 없었으며 지금은 스타벅스 하나만 해도 62개국에 2만 개가 넘는 매장을 자랑하고 있다. 이러한 성공이 문화적 진공 상태에서 일어난 것은 아니었다. 마이크로소프트, 아마존, 익스피디아, 리얼네트웍스, 그 밖의 많은 테크놀로지 회사를 이 세상에 가져다준 바로 그 도시에서 스타벅스가 시작된 것은 놀라운 일이 아니다. 커피가 계몽주의 시대와 아주 잘 어울리는 짝이었는지는 몰라도 정보 시대에, 그리고 이런 시대가 촉진한 실내 집중형 생활 방식에 훨씬 더 훌륭한 연료 역할을 하고 있다. 한 전문가의 말을 빌리면 커피가 전해준 카페인은 "현대 세계를 가능하게 만든 약"이 되었다.

인터넷, 문자 메시지, 소셜 미디어, 그 밖의 디지털 혁신으로 인해 근무시간이 길어지고 상시 연결성에 대한 기대가 생겼는데, 이러한 환경이야말로 커피의 자극 효과가 더할 나위 없이 필요한 환경이다. 인기 있는 테크놀로지 잡지이자 웹사이트인 《와이어드》는 이중의 의미를 지닌 자기들끼리의 용어를 제목으로 사용했는데, 이 용어에는 디지털 세계에 능통하고 자극제 때문에 부산스럽다는 두 가지 의미가 있다. 오래전부터 내려온 전형적 유형의 "컴퓨터 괴짜"들이 카페인에 중독되어 있는 습관이 주된 흐름을 이루었으며 데스크톱에서 노트북, 태블릿, 스마트폰까지 우리가 들여다보는 화면들이 늘어남에 따라 그런 습관도 함께 확산되었다. 차 판매량도 늘었으며 카페인(커피콩에서 추출되는 경우가 많다)은 이제 에너지 음료, 소다수, 진통제, 생수, 입 냄새 제거제, 그리고 특이한 식물학적 풍자로 "에너지가 듬뿍 들어간" 해바라기 씨앗에 들어가는 인기 첨가제가 되었다. 사무실 노동자들은 복사기 옆에 있는 퍼컬레이터 커피 기계에서 따뜻한 찌꺼기를 꺼내 버려야 할 거라고 예상하곤 했었지만 이제 구글, 애플, 페이스북 같은 회사의 직원들은 회사 구내에 있는 완벽한 커피전문점의 혜택을 누리고 있다. 그러나 커피와 테크놀로지와 신경제의 관계를 무엇보다도 명확하게 보여주는 곳은 시애틀의 서프 카페나 샌프란시스코의 서밋 같은 곳이다. 이곳에서는 단골 고객들이 사실상 탁자 공간을 빌려 창업 아이디어 작업을 하고 벤처 자본가를 만나는 장소이다. 커피 바와 작은 칸막이 공간이 결합된 이러한 장소는 옛날 로이즈의 현대판이라고 할 수 있으며, 오래전 커피전문점 카운터에서 시작하여 탁자와 부스 쪽으로 자리를 옮겨 갔던 보험 중개업자들은 이제 런던 번화가의 14층짜리 트리플 타워 고층 건물을 차지하고 있다. 이와 같은 방식으로 커피는 테크놀로지 기반의 경제를 만드는 데 기여하고 있다. 커피의 영향 아래 새로운 아이디어가 탄생하고 커피전문점에서 가진 회의 덕분에 그러한 상품이 시장에 진출한다.

씨앗이 이 모든 것의 한복판에 있는 것을 재발견하기 위해 나는 시애틀의 커피전문점을 찾아가기로 했다. (아몬드 조이 초코바의 구입과 마찬가지로 업무 비용으로 커피를 마시는 일은 나의 연구 생활에서 또 하나의 획기적 사건이 될 것 같았다.) 그런데 뜨거운 커피를 내려서 판매하도록 허가받은 커피전문점이 수천 개나 되는 도시에서 어느 가게를 갈지 어떻게 선택할 수 있을까? 나는 커피 업계에 종사하는 한 친구에게 이야기했고 여기저기 전화를 걸어 이렇게 물었다. 시애틀의 커피전문점에서 일하는 사람들은 맛있는 커피를 찾기 위해 어느 가게를 가느냐고.

얼마 후 나는 슬레이트의 문턱을 넘고 있었다. 이곳은 매년 열리는 커피 페스트 박람회에서 미국 최고의 커피전문점으로 선정된 곳이었다. 슬레이트는 시애틀에서 가장 첨단의 유행을 걷는 동네 중 하나인 발라드의

한 골목에 위치해 있는데, 이곳은 이전에 이발소였다고 한다. (마침 이곳은 나의 노르웨이인 고모할머니 올가와 레지나가 예전에 살았던 언덕지대 아래에 있었다. 그 당시에 발라드는 스칸디나비아인들의 집단 거주지였으며 에스프레소보다는 소금물에 절인 청어로 더 많이 알려져 있었다.) 실내 분위기는 매우 간결했다. 한쪽 구석에 놓인 빈티지 레코드플레이어에서 재즈 음악이 흐르고 있었지만 이것 말고는 별 다르게 눈길을 끄는 점이 없었다. 수수한 회색 벽, 잘 정돈된 카운터, 심플하게 생긴 높은 의자 등 모든 것이 커피를 두드러지게 강조하고 있었다. 솜씨 없는 사람이 이런 식으로 실내 인테리어를 해놓았다면 억지로 꾸며놓은 것처럼 보였겠지만 슬레이트의 사람들은 친절함과 커피에 대한 열정을 이곳의 벽만큼이나 아무 꾸밈없이 보여주어서 조금이라도 일부러 꾸민 듯한 기미는 찾아볼 수 없었다.

"이쪽으로 안내할게요." 공동 소유자 첼시 워커-왓슨이 문간에서 환한 미소와 악수로 반기면서 말했다. 그녀는 카운터에 메모지를 들고 앉아 있는 두 사람 사이로 나를 안내했다. 나는 순간 섬뜩한 생각이 들면서 이들

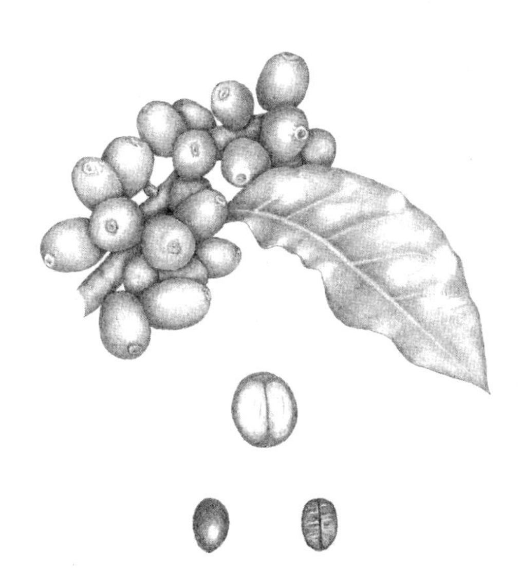

그림 10.2. 커피*Coffea* spp. 자극적인 카페인과 복합적인 풍미로 사람들에게 사랑받는 이 작은 아프리카 나무의 열매는 이제 세계에서 가장 많이 거래되는 상품이 되었다. 맨 위에 나와 있는 베리류처럼 생긴 열매와 횡단면으로 절개한 열매 안에 각각 두 개의 씨앗이 들어 있으며, 이 씨앗을 볶으면(아래 그림) 검게 부풀어 오른다.

역시 씨앗에 관한 책을 쓰고 있는 게 틀림없다고 여겼다. 이윽고 첼시가 이들을 새로운 직원이라고 소개했고 내가 직원 훈련 시간에 앉아 있는 것이라고 설명했다. 그리하여 이후 세 시간 동안 나는 카운터 그 자리에 계속 앉아 있었다. 커피를 내리고, 커피를 마시고, 커피에 대한 이야기를 하고, 이 나라에서 가장 히피 같은 커피전문점의 바리스타가 되려면 어떻게 해야 하는가에 대해 배웠다.

"원래는 남자친구가 공짜로 커피를 먹고 싶어 해서 피츠 커피전문점에 일자리를 얻었어요." 어떻게 이 일을 시작하게 되었는지 물었을 때 첼시가 털어놓았다. 안경테처럼 까만 머리색에 체구가 자그마한 그녀는 자신이 이룬 분명한 직업적 성공에 대해 사람들이 착각을 일으킬 만큼 자신을 낮추는 스타일이었다. 나는 그녀와 남자친구의 관계가 지속되고 있는지는 묻지 않았지만 커피와의 관계는 확실히 지속되고 있었다. 그녀는 미국에서 세 번째로 큰 커피전문 체인점 피츠에서 일 년 동안 여러 지위를 거치면서 승진했고 그 후 그곳을 그만두고 슬레이트를 시작했다. 상점을 연 지 일 년 남짓 되었지만 벌써 전국 규모의 대회에서 여러 차례 수상했다. 슬레이트의 접근 방식은 기본으로 돌아가서, 식물 씨앗으로서의 커피콩에 초점을 맞추고 토양, 고도, 강우량 등 재배 조건의 차이가 생산된 커피콩에 어떤 뚜렷한 영향을 미치는지 이해하는 것이었다. 각 지역의 커피콩은 크기, 색상, 밀도에서 차이가 날 뿐만 아니라 베트남 같은 곳에서 만나는 해충과 에티오피아, 콜롬비아, 마르티니크 섬 같은 곳에서 발견되는 해충은 매우 다르기 때문에 화학 성분에서도 차이가 난다. 대다수 커피전문점에서는 모든 잔의 커피가 균일한 맛을 내도록 애쓰지만 슬레이트의 팀은 혹시라도 있을지 모르는 맛의 차이를 살리기 위해 커피콩을 볶고 커피를 내릴 때마다 조금씩 변화를 준다.

"토스트를 만드는 것과 같지요." 수석 바리스타 브랜든 폴 위버가 말했다. "흰 밀가루 빵과 통밀 빵은 매우 다르지만 빵을 구우면 맛이 똑같아요." 비법은 토스트를 만드는 정도로 콩을 볶으면서도 독특한 맛을 잃을 만큼 너무 바싹 볶지는 않은 데 있다. "너무 날것이어도 안 돼요." 그는 이렇게 단서를 달면서 표정을 살짝 찡그렸다. "날 콩은 풀 맛이 나거든요."

모든 준비 과정을 마친 다음에도 나는 브랜든이 그날의 첫 커피를 건넸을 때 무슨 맛을 기대해야 할지 알지 못했다. 그러나 한 모금 마시고 나니 슬레이트의 커피는 내가 집에서 내려 먹는 어떤 커피와도 같지 않다는 것을 확인할 수 있었다. 강한 허브 차 맛이 났다. 커피지만 감귤과 블루베리 맛이 강하게 풍겼다. "어때요?" 브랜든이 몹시 궁금한 듯이 묻고는 자기 잔의 커피를 마셨다. "재스민 맛이 나요?"

키가 크고 여윈 브랜든은 곱슬거리는 긴 웨이브의 짙은 색 머리에 중력을 거스르듯 밀짚모자를 머리 뒤쪽에 아무렇게나 걸쳐 쓰고 있었다. 그는 첼시가 분주하게 고객들을 상대하면서 커피 가루 굵기, 물 온도, 물을 적시는 지점 등에 관해 빠르게 이야기하는 동안 훈련 수업을 이어받아 진행했다. 브랜든은 화학 실험실에서 가져온 것과 같은 커다란 비커, 저울, 핫플레이트 등을 사용하여 제각기 다른 커피를 한 잔씩 내렸다. 북서지역 커피제조 대회에서 일등 바리스타의 영예를 그에게 안겨준 레시피가 최근 온라인에 올라 왔다. "19.3그램의 커피(에티오피아 예가체프의 리무 지역 산), 바라짜 버추소 그라인더 중간 굵기, 96도 물 300그램. 클리버 드레퍼에 칼리타 필터 사용. 우려내는 시간 15초, 총 3분."

이 정도로 상세하게 주의를 기울이는 것이 과도한 집착처럼 보일지 몰라도 브랜든과 첼시를 비롯하여 슬레이트의 모든 이들은 커피가 미묘한 풍미를 지닌 음료로서 최고급 와인 옆에 나란히 놓이기를 바랐다. 이들의 소망이 이루어진다면 사람들은 와인 포도에 관심을 쏟는 만큼 커피콩을 평가하면서 종류와 명칭, 좋은 수확 등을 알아볼 것이다. 커피 평가에 대한 이러한 접근 태도는 새롭게 등장한 것으로, 진지한 전문가들 사이에 유행하고 있다. 이와 대조적으로 슬레이트가 자기네 커피전문점에 대해 품고 있는 목표는 매우 전통적인 것이다. 그들은 자기네 커피전문점이 대화를 위한 장소가 되기를 원했다.

"저는 커피가 열어줄 수 있는 가능성에 흥미를 느껴요." 브랜든은 이렇게 말하고는, 처음 보는 낯선 이들이 카운터에 함께 앉아 있는 동안 멋진 상호작용을 주고받는 모습을 지켜본 일에 대해 말했다. 그의 주장을 입증해 보이기라도 하듯 우리의 작은 훈련 수업이 이내 작은 무리의 구경꾼을 끌어 모았다. 이들은 슬레이트의 방식을 자기 집에서 시험해보고 싶어 하는 열성적인 커피 애호가들이었다. 혹은 내 뒤에 서 있던 사람처럼 현업에 종사하는 이도 있었다. 그는 발라드에 위치한 또 다른 커피전문점 토스트의 바리스타였다. "막 퇴근하는 길인데 집으로 가는 도중에 커피 한잔 할까 해서 들렀어요." 이렇게 말하는 그에게서 비꼬는 기색은 전혀 보이지 않았다. 모여 있는 무리는 깡마른 체구의 십대 아이들부터 은퇴한 부부까지 다양했으며 심지어는 커피 블로그에서 슬레이트에 관한 글을 읽고 이곳을 찾은 조지아 출신의 관광객도 있었다. 어느 한 순간 사람들은 브랜든이 물을 붓는 모습에 너무도 심취해서 집중한 나머지 레코드플레이어가 튀어 베니 굿맨이 클라리넷에 빠르게 입술을 갖다 대는 대목을 끝없이 반복하고 있는 줄도 몰랐다. 그것은 뭐랄까, 상승하는 재즈 아르페지오라고 할 수 있었으며 더, 더, 더 하는 소리가 커피와 완벽하게 어울리는 음악적 동반자였다.

세 시간 동안 줄곧 커피 맛을 보고 나니 나의 두뇌가 통통 튀는 느낌이었다. 카페인 분자가 떼 지어 나의 두뇌 속에 들어와 아데노신을 조롱하는 모습이 머릿속에 그려졌다. 차를 타고 그곳을 떠나오는 동안 우리들의 대화 속에 한 가지 주제가 빠져 있었다는 생각이 떠올랐다. 바로 디카페인 커피에 관한 것이었다. 슬레이트에서 일하는 직원들 같은 커피 광의 입장에서 보면 커피의 카페인을 제거할 경우 목적이 무산되고 맛도 훼손되지만 그럼에도 디카페인 커피는 전 세계 시장의 12퍼센트를 차지하고 있다. 그 과정에는 대개 용액이나, 여러 가지가 한데 모인 증기와 중탕 등이 포함되지만 디카페인 커피를 마시는 사람들의 입장에서는 바로 거기에 성배가 있다. 백여 종 되는 야생 커피 중에서 아프리카 동부와 마다가스카르 섬에 나는 일부 종은 원래 카페인 함량이 부족하다. 이들 커피나무의 조상은 카페인이 진화되기 전 어느 시점에 커피나무 과에서 갈라져 나왔고 그 후 카페인 생산 방법이 발달하지 못했다. 그런 종 가운데 하나를 재배하면 특별한 가공 과정을 거치지 않고도 커피콩에서 직접 완벽한 풍미를 가진 디카페인 커피를 먹을 수 있었다. 오늘날의 시장에서 이 아이디어를 돈으로 환산하면 40억 달러 정도의 가치가 되며 많은 재배자가 이를 시도한 바 있다. 그러나 커피나무에 카페인이 부족하다고 해서 해충까지 없는 것은 아니다. 디카페인 종 역시 여느 커피나무와 동일한 종류의 공격자를 만나며 이들 나무는 카페인 대신에 자기들 나름의 화학적 방어 수단을 마련했다. 애석하게도 오늘날까지 연구된 종들을 보면 그런 화학 성분의 혼합물 때문에 커피콩에서 역겨울 정도의 쓴 맛이 난다. 천연 디카페인 커피를 찾고자 하는 노력은 지속되고 있지만 아직까지는 먹을 만한 것을 내놓지 못했다.

그날 밤 늦게 잠들지 못하면서 천장을 바라보다가 나 자신이 디카페인 커피 연구자들의 성공을 빌고 있음을 깨달았다. 마침내 나는 잠이 들었지만 식물이 우리를 기분 좋게 해주기 위해서 씨앗 속에 카페인 같은 알칼로이드를 넣어둔 것은 아니라는 사실을 새삼 알 수 있었다. 그런 알칼로이드들은 애초부터 독성을 가졌던 것이고 그래서 실제로 많은 곤충과 균류에게 치명적인 것이다. 카페인 과다섭취로 사람이 죽으려면 150잔의 커피를 한꺼번에 들이켜야 한다는 연구 결과가 있긴 하지만 그래도 사람이 카페인 과다 섭취로 죽을 가능성도 있다. 독살자나 암살자들은 훨씬 더 치명적인 선택을 이용할 수 있으며 이 가운데 많은 것이 씨앗에서 나왔다는 사실 역시 놀랍지 않다. 실제로 냉전 시기에 있었던 가장 악명 높은 암살 사건의 중심에는 다리, 우산, 콩, 이 세 가지가 있었다.

제11장

살인 도구로 이용된 우산

"'독극물'이라고 표시된 병의 내용물을 많이 마시면
이 내용물이 당신 몸에 안 맞는다는 게 조금 있다가 거의 확실해지지."

루이스 캐럴, 『이상한 나라의 엘리스』(1865년)

소설에서는 뭔가 극적인 일이 일어나려고 할 때면 언제나 짙은 안개가 런던 시를 뒤덮는다. 『올리버 트위스트』에서는 안개에 가려 강도와 유괴 사건이 은폐된다. 드라큘라가 미나 하커를 만나러 올 때 안개는 드라큘라의 도착을 가려주고, 셜록 홈즈는 『네 사람의 서명』에서 운명적 사건이 일어나기 전 거리에 안개가 소용돌이치는 모습을 지켜본다. 그러나 1978년 9월 7일 게오르기 마르코프가 차를 주차하고 워털루 다리를 향해 걷기 시작했을 무렵에는 가벼운 아침 소나기가 그치고 햇빛이 나고 있었다. 안개가 끼어 있었다면 아마 마르코프는 바람막이 재킷을 옷장에 두고 대신 오버코트를 걸쳤거나 적어도 좀 더 두꺼운 바지를 입었을 것이다. 둘 중 어느 쪽이었든 그의 생명은 구할 수 있었을 것이다.

조국 불가리아에 있을 때 마르코프의 소설과 희곡은 그를 유명한 문학 인사로 만들어주었으며, 그는 사회적 정치적 엘리트들과도 가까이 어울렸던 인물이었다. 심지어는 대통령과 함께 사냥 여행을 다니기도 했다. 그런 내부자의 정보를 갖고 있었던 그였기에 서구에 망명한 뒤 철의 장막 뒤에서 벌어지는 억압에 대해 정확하고 가차 없는 논평을 가할 수 있었다. 그는 매주 자유 유럽 방송에서 프로그램을 진행했고 BBC에서도 일했는데, 그 운명적인 오후에는 BBC로 향하던 중이었다. 마르코프는 공개적인 발언으로 인해 자신이 위험에 처해 있다는 것을 알고 있었으며, 심지어는 이따금씩 살인 협박을 받기도 했다. 그러나 그는 상대적으로 그다지 중요한 인물이 아니었고 어느 누구도 그가 음모의 대상이 되리라고는 예상하지 않았다. 더구나 냉전 시기의 가장 악명 높은 암살로 기록될 음모의 목표가 될 것이라고는 상상하지 않았다. 또한 아무도 살인 무기를 예측하지 못했으며, 너무도 얼토당토않은 것이라서 그의 미망인조차 그것이 살인 무기라고는 믿기 힘들었다.

다리 남쪽의 버스 정류장을 지나가던 마르코프는 갑자기 오른쪽 허벅지가 뭔가에 찔린 것 같은 느낌을 받아 뒤돌아보니 한 남자가 허리를 숙인 채 우산을 집어 들고 있었다. 이 낯선 사람은 중얼거리면서 사과를 하고는 손을 흔들어 근처 택시를 불러 타고 그 자리를 떠났다. 사무실에 도착한 마르코프는 다리에 피 얼룩과 작은 상처가 있는 것을 알아보았다. 그는 이 일을 한 동료에게 말했지만 그런 다음에는 머릿속에서 잊어버렸다. 하지만 그날 밤 늦게 마르코프의 아내는 갑작스런 고열에 시달리는 남편을 발견했다. 남편은 버스 정류장에서 만난 낯선 사람에 대해 아내에게 말했고 두 사람은 의아한 생각이 들기 시작했다. 독약이 묻은 우산에 찔리는 일이 있을 수 있을까? 실제로 일어난 일은 그보다 훨씬 기이했다.

"우산 총은 큐의 실험실이라고 할 만한 KGB 기관에서 고안했지요." 마크 스타우트는 제임스 본드 영화로 유명해진 허구의 스파이 장비 제작소에 빗대어 말했다. 그러나 치약 폭탄이나 불꽃이 나오는 백파이프가 할리

우드 영화에서는 제 역할을 톡톡히 하지만 실제 스파이 세계에서는 이국적 무기를 보기 힘들다. "거의 항상 기술 수준이 낮아요." 스타우트가 이어서 말했다. "누군가가 총으로 쏘고 폭탄을 터뜨리지요. 당시 우산 총과 거기서 발사된 작은 총알은 대단한 기술의 솜씨였어요."

마크 스타우트는 국제 스파이 박물관에서 수석 역사가를 3년간 역임한 바 있으며 이 때문에 나는 그에게 전화를 걸어 마르코프 사건을 물어보았다. 이런 직함이 명함에 찍혀 있으면 대단히 멋져 보이기도 하지만 이 덕분에 그는 복제품 우산 총을 볼 수 있었다. 이 복제품은 오리지널 우산 총을 만들었던 동일한 KGB 실험실 소속의 한 베테랑이 만들었다. 이 복제품은 "스파이들을 위한 학교"라는 명칭이 붙은 박물관의 한 구역에서 특히 눈길을 끄는 주인공이며, KGB의 또 다른 발명품인 단발식 립스틱 권총과 함께 진열되어 있었다. 나와 이야기를 나누던 당시에는 스타우트가 보다 전통적인 학술적 자리로 옮겨간 뒤였지만 그래도 여전히 비밀 요원의 세계에 대한 분명한 열정을 보여주었다. "우산은 비비탄 총처럼 압축공기를 이용했어요." 그가 열정적으로 설명했다. 나는 전화기 너머로 그의 책상 의자가 삐걱거리는 소리를 들을 수 있었으며 그가 책상 의자를 밀면서 사무실 안을 돌아다니다가 잠시 의자에 기대어 생각에 잠기는 모습을 머릿속에 그릴 수 있었다. "하지만 우산 총은 아주 단거리용으로, 2.5센티미터나 길어야 5센티미터 정도의 거리에서 쏘도록 설계되었지요. 마르코프 사건의 경우에 그들은 그야말로 총 끝을 그의 다리에 갖다 댄 다음 발사했던 거예요."

그러나 1978년에 활동했던 병리학자들은 문의할 만한 스파이 박물관도, 역사가도 없었다. 환자는 곧 런던의 한 병원에서 급성 혈액 중독으로 보이는 증상으로 죽었지만 병리학자들은 환자의 증상을 밝혀낼 논리적 설명을 내놓지 못했다. 부검에서는 허벅지에 작은 염증 부위를 발견했지만 찔린 상처라기보다는 벌레에 물린 부위처럼 보였다. 또한 그 안에 박혀 있던 의문의 총알은 너무 작아서 전문가들은 X레이에 작은 얼룩이 생긴 것이라고 무시했다. 또 다른 불가리아 망명자가 비슷한 이야기를 꺼내지 않았다면 아마 조사는 그 정도에서 멈췄을 것이다. 이 망명자는 파리 개선문 근처에서 공격을 받았지만 잠깐 앓다가 회복되었다. 이때 의사들은 그가 아프게 찔린 일이 있다는 설명에 주의를 기울였고 그의 뒤쪽 허리 부근에서 작은 백금 공을 찾아냈다. 그는 두꺼운 스웨터를 입고 있었기 때문에 근육을 감싸고 있는 연결조직 안쪽까지 총알이 뚫고 들어가지 못했으며 총알의 독이 대부분 퍼지지 못했다. 런던의 검시관은 즉시 마르코프의 시신을 다시 검사했고 그의 다리 상처에서 똑같은 총알을 발견한 뒤 널리 알려진 대로 "이 일이 사고로 일어났을 어떤 가능성도 알지 못한다"고 살인에 대해 지극히 신중한 결론을 내린 바 있다.

대중의 입장에서는 마르코프 살인 사건으로 인해 제임스 본드의 환상 속 세계가 갑작스레 현실이 되었으며 같은 해 〈나를 사랑한 스파이〉는 역대 최고 수익을 올린 영화 중 하나가 되었다. 연구자의 입장에서 이 사건은 풀리지 않은 명확한 의문 두 가지를 남겼다. 우산을 들고 있던 남자는 누구였는가 하는 의문과, 다른 하나는 그 정도로 작은 용량으로 누군가를 죽일 수 있는 독이 무엇인가 하는 의문으로, 영국 첩보원과 미국 CIA가 촉각을 세우면서 찾고자 했다. 첫 번째 의문은 여전히 풀리지 않았다. 훗날 소비에트 망명자들은 KGB가 우산과 총알을 불가리아 정부에 제공한 바 있다고 확인해 주었지만 중요 세부 사항들이 여전히 모호하며 그런 범죄로 체포된 사람이 아무도 없었다. 하지만 독극물 수수께끼를 푸는 과정에서 병리학자들과 정보원 전문가들로 이루어진 국제적인 팀에서 만장 일치의 의견을 내놓았다. 그들은 몇 주일 동안 꼼꼼한 범죄 분석을 거친 뒤 약리학자, 유기 화학자, 그리고 90킬로그램의 돼지 한 마리가 기여한 공로로 합의된 결론을 내놓았다.

첫 번째 어려움은 마르코프의 몸속에 얼마나 많은 독이 들어갔는지 정확하게 판단할 수 없다는 데 있었다. 허벅지에서 지름 1.5밀리미터도 채 되지 않는 총알을 빼내고 보니 이 총알에는 세심하게 파놓은 구멍 두 개가 있었으며 전체 무게는 대략 450마이크로그램 정도였다. (넓은 시각에서 보고 싶다면 볼펜으로 종이에 점을 살짝 찍어보라. 자국으로 남은 작은 잉크 점이 이 총알의 크기다. 구멍까지 보려면 현미경이 있어야 할 것이다.) 이 총알의 용량을 아는 것만으로도 가능성의 범위가 좁혀져 세계에서 가장 치명적인 몇 가지 화합물만 남는다. 연구팀은 보툴린이나 디프테리아, 파상풍 같은 세균성 물질은 배제했는데, 이것들은 명확한 증상이나 면역 반응을 보이기 때문이다. 플루토늄과 폴로늄의 방사성 동위 원소 역시 들어맞지 않는다. 이런 물질이 치명적일 수는 있지만 희생자가 죽기까지는 훨씬 오랜 시간이 걸리기 때문이다. 비소, 탈륨, 신경가스 사린은 그 정도로 강력하지 않으며, 코브라 독이 비슷한 반응을 일으키긴 하지만 적어도 용량이 두 배는 되어야 한다. 마르코프가 보였던 복합적 증상을 그처럼 단시간 안에 빠르게 야기할 수 있는 것은 오직 한 가지 집단의 독소뿐이었다. 바로 열매에서 발견되는 독이다.

수천 년 동안 사형 집행인과 암살자들은 희생자를 죽일 방법을 찾기 위해 열매에 의지했다. 대체로 식물 왕국에는 선택 가능한 독이 많이 있지만 열매는 손쉬운 보관과 높은 효과의 이점을 제공한다. 소크라테스의 목숨을 앗아간 독미나리뿐만 아니라 알렉산더 대왕을 해치운 것으로 의심되는 흰여로에서 가장 독성이 강한 부분이 열매다. 스트리크닌 나무에는 "구역질 버튼"이라는 별명을 얻을 만큼 아주 역겨운 열매가 열리며 이 열매의 독은 터키 대통령에서부터 빅토리아 시대의 연쇄 살인범 토머스 크림 박사의 목표 대상이었던 젊은 여성들에 이르기까지 모든 살인에 등장했다. 마다가스카르 섬과 동남아시아에서는 매년 수백 명이 해수 소택지에 자라는 종, 간단히 "자살 나무"라고 알려진 식물의 열매 때문에 죽는다. 윌리엄 셰익스피어가 햄릿의 아버지 귀 속에 부을 확실한 혼합물이 필요했을 때에도 사람을 죽이는 열매의 효능이 필요했다. 대다수 학자들은 그가 말한 "문둥병을 일으키는 증류액"이 필시 사리풀 열매 추출액이었을 것이라는 데 동의한다. 마찬가지로 미스터리 소설 팬들은 아서 코넌 도일이 하마터면 홈즈와 왓슨을 죽일 뻔했던 아프리카 서부의 치명적인 칼라바르콩을 바탕으로 하여 "악마의 발"이라는 독성 식물을 고안해냈다는 것을 알고 있다. 이들 식물은 모두 알칼로이드를 기반으로 하여 독성을 만들어내지만 마르코프 사건을 담당한 조사관들은 더 희귀하고 치명적이며 추적하기 힘든 한 가지 독성물질로 범위를 빠르게 좁혀 나갔다. 그 물질에 대해서는 이렇게 말할 수 있다. "단순한 기름 그 이상이다." 이 말은 캐스트롤 모터오일 회사가 별 생각 없이 내걸었던 사훈이었지만 이 물질을 아주 적절하게 표현하고 있다.

캐스트롤 사는 등대풀의 친척 종이라고 할 수 있는 아프리카의 다년생 관목식물 아주까리의 씨앗을 재료로 엔진오일을 만들어 사업을 시작했고 회사 이름도 여기서 따왔다(영어로 아주까리씨는 castor bean이며 회사 이름은 castrol이다_옮긴이). 아주까리씨는 걸쭉한 기름 형태로 에너지의 대부분을 저장하며, 이 기름은 극한의 온도에서도 점도를 유지하는 희귀한 능력을 자랑한다. (비록 캐스트롤 사가 현재는 다양한 석유 기반의 제품을 만들고 있지만 아주까리씨 기름은 고성능 경주용 자동차의 고급 윤활유로 여전히 남아 있다.) 그러나 아주까리씨에는 기름 그 이상의 것이 들어 있는데, 바로 리신ricin이라고 불리는 특이한 저장 단백질이다. 화학자들 사이에서 리신은 이상한 이중사슬의 분자 구조를 가진 것으로 유명하다. 발아하는 씨앗 속에 들어 있을 때에는 이 분자도 여느 다른 저장 단백질처럼 질소, 탄소, 황 등으로 분해되어 빠른 성장의 에너지로 쓰인다. 그러나 동물 또는 어느 불가리아 망명자의 몸속에 있을 때에는 이런 이상한 구조 때문에 살아있는 세포에 침투하여 세포를 파괴하는 능력을 갖는다. 사슬 하나가 세포 표면에 구멍을 뚫는 동안 다른 하나는 세포 안에서 따로 분리되어 리보솜을 무차별적으로 파괴하는데, 이 리보솜은 세포의 유전 암호를 해독하여 단백질을 합성하는 데 반드시 필요한 작은 입자이다. (이 때문에 생화학에서는 리신을 "리보솜불활성화단백질"로 분류하며, 이 단백질 집단은 흔히 RIPs라는 적절한 약자로 알려져 있다.) 리신이 혈액을 타고 몸 안에 퍼지면 세포 파괴 과정이 시작되며 일단 이 과정이 시작되면 도저히 멈출 수 없어서 과학 학회지조차 이 물질을 묘사할 때에는 경외감을 보인다. "지금까지 알려진 가장 치명적 물질의 하나"라거나 "가장 흥미로운 독의 하나", 혹은 그냥 간단하게 "정교한 유독성 물질"이라고 표현하기도 한다. 설상가상으로 아주까리씨는 강력한 알레르기 유발 항원을 갖고 있어서 죽어가는 동안에도 심한 재채기와 콧물, 고통스런 발진 증상이 추가로 나타나는 것으로 예상되기도 한다.

이론적으로 보면 마르코프의 다리에서 나온 총알에는 그의 몸속 세포 전부를 여러 번 죽일 수 있을 만큼 많은 양이 들어갈 수 있었다. 그러나 조사자들은 연구를 더 진행할 만한 귀중한 증거가 없었다. 마르코프는 너무 빨리 죽어서 식별 가능한 항체가 미처 생기지도 못했고, 비록 리신이 치명적인 독으로 알려져 있긴 해도 기록으로 정리되어 있는 독살이 매우

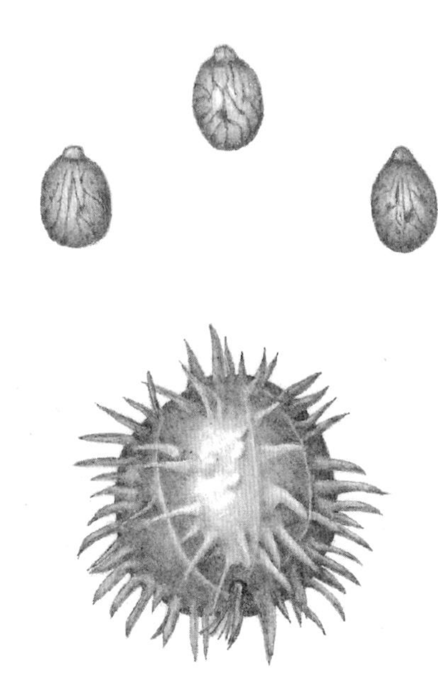

그림 11.1. 아주까리*Ricinus communis*. 얼룩덜룩한 무늬의 아주까리씨는 보석 제조자들이 연구 대상으로 삼을 만큼 아름다우며, 유용한 기름뿐만 아니라 세계에서 가장 치명적인 독인 리신도 함유하고 있다. 수분이 마를 때 가시 돋친 보호용 껍질이 터지면서 안에 있는 개별 씨앗들을 멀리 퍼뜨리는데 어미식물로부터 무려 11미터 떨어진 곳까지 날아간다.

드물었으며 증상에 대한 임상 설명도 없었다. 그래서 병리학자들은 한 가지 실험을 진행하기로 했다. 독자적으로 아주까리씨를 구해서 리신을 정제한 다음 아무것도 모르는 돼지에게 이를 주사했다. 26시간 만에 돼지는 마르코프와 똑같이 끔찍한 증상을 보이며 죽었다. "사람들이 두려움을 느꼈을 만한 동물 방어"였다고 이 연구에 참여한 의사가 말했다. 그러나 나중에 밝혀진 바에 따르면 불가리아 과학자들은 훨씬 더 잔인했다. 이들은 적은 양을 감옥 수감자에게 실험하여 그가 생존하는 것을 확인한 다음 마르코프에게 투여할 양을 미세 조절했다. 그들은 어른 말을 확실하게 죽일 정도의 양을 계산해낸 뒤 계획을 실행에 옮겼다.

게오르기 마르코프 살해 사건으로 인해 사람을 죽일 수 있는 열매의 힘이 매스컴의 스포트라이트를 받았다. 범죄적 요소가 주목받았고 이후로도 계속 리신은 탁월한 생화학 테러 무기로 부상했다. 최근에도 리신을 묻힌 익명의 편지가 백악관이나 미 의회, 뉴욕 시장, 그 밖의 여러 정부 기관에 배달되어 더러는 우편물 처리 과정이 몇 주씩이나 중단되기도 했다. 2003년 런던 경찰은 알카에다 비밀조직으로 의심되는 곳을 덮쳐 22개의 아주까리씨와 커피 그라인더, 그리고 간단한 추출을 할 수 있을 정도의 화학 실험 장비를 압수했다. (그들의 불법 소지물 중에는 많은 양의 사과씨와 곱게 빻은 체리씨도 있었는데, 이 두 가지에는 극소량의 청산가리가 들어 있다.) 씨앗 독은 강력한 효능을 지닐 뿐만 아니라 쉽게 구할 수 있어서 매력을 지닌다. 내가 직접 아주까리씨를 구하려고 인터넷을 검색해보니 수십 가지 종류가 합법적 공개적으로 판매되고 있었다. 지금도 사람들은 기름을 얻거나 장식용으로 쓰기 위해 아주까리를 기르고 있으며 열대지방에서는 길가에 흔히 보이는 잡초로 자리 잡았다. 몇 번의 클릭과 신용카드 결제로 우리 집 문 앞까지 아주까리가 배달되었다. 윤기가 도는 아름다운 열매로 크기는 엄지손톱 정도 되었으며 매끄러운 표면에 암적색 소용돌이무늬가 물결치고 있었다. 아주까리씨는 암갈색에서 분홍색까지 색깔이 다양하며 종종 목걸이나 귀걸이, 팔찌에서도 볼 수 있다. 실제로 선명한 "경고성" 색상 덕분에 로자리콩을 비롯하여 산호콩, 말눈콩, 여러 소철 등 많은 독성 씨앗이 보석 산업에서 유행하게 되었다. 그러나 아주까리와 여타 독성 씨앗은 다른 이유로 여전히 흔하게 볼 수 있다. 이는 현대 제약 산업의 바탕을 이루는 원칙이지만 19세기에 철학자 프리드리히 니체와 아동문학 작가 루이스 캐럴에 의해 완벽하게 표현된 바 있다.

사람들은 주로 종교와 도덕에 관한 입장으로 니체를 기억하고 있지만 그는 "나를 죽이지 못하는 것은 나를 더욱 강하게 만든다"는 격언을 만들기도 했다. 그는 인생에 대한 일반적인 논평 차원에서 이런 말을 했지만 이 문구는 씨앗의 독에 관한 하나의 진실을 표현하고 있다. 루이스 캐럴은 자신이 만들어낸 가장 유명한 캐릭터 앨리스가 "독극물" 표시가 있는 병의 내용물을 "많이 마시는 것"에 대해 주의를 주면서 역시 같은 주장을 했다. 캐럴은 "많이"라는 단어를 넣음으로써 그런 병의 내용물을 조금 마시는 것은 전혀 불쾌하지 않으며 심지어는 이로울 수도 있다고 암시했다. 이는 독성 씨앗의 경우에도 종종 있는 일이다. 동일한 독성 씨앗인데도 치사량에 못 미치는 양을 먹을 경우 의학적으로 사용할 수 있으며, 세계에서 가장 심각한 중병들 중 몇몇의 중요한 치료제로 쓰인다. 앨리스의 경우 문제가 되었던 병에 독극물이 들어 있지 않고 몸이 작아지는 묘약이 들어 있었고 이 묘약 덕분에 그녀는 다음 행동으로 나아가기 위한 준비과정을 마치고 이상한 나라에서 계속 모험을 펼칠 수 있었다. 니체의 경우는 보다 의미심장했다. 그는 신경쇠약을 앓기 직전 이 유명한 격언을 썼는데, 오늘날 학자들은 이 신경쇠약을 뇌종양의 시작단계로 해석하며 현재 씨앗 추출물이 이런 질병 중 하나를 다스리는 치료제로 사용되고 있다.

독극물의 용어로 리신은 세포 독소라고 알려져 있다. 즉 세포를 죽이는 물질이라는 것이다. 겨우살이, 소프워트, 로즈마리콩의 씨앗에 들어 있는 비슷한 화합물들과 함께 리신은 아주 작은 단위의 암살, 즉 암세포에 대한 선별적 파괴라는 멋진 가능성을 보여주고 있다. 연구자들은 종양과 싸우는 항체에 이 "리보솜 불활성화" 단백질을 결합시킴으로써 실험실 실험, 임상실험, 그리고 겨우살이 추출물의 경우에는 환자 수만 명의 임상실험에서 암세포를 공격하는 데 성공했다. 여기에는 당연히 두 배의 어려움이 따른다. 하나는 적절한 용량을 정하는 일이고 다른 하나는 독극물이 다른 신체 부위로 퍼지지 않게 하는 일이다.

리신이 광범위한 암 치료제가 될 수 있을지 여부는 앞으로 지켜볼 일이다. 만일 그렇게 된다면 의약의 기원까지 거슬러 올라가는 다른 씨앗과 식물 기반 치료제의 긴 목록에 리신도 포함될 것이다. 침팬지에서부터 꼬리감는원숭이에 이르는 야생 영장류는 약효를 가진 것으로 알려진 특별한 씨앗과 잎과 나무껍질을 선별하여 이러한 식물 성분으로 종종 자기 몸을 치료하곤 했다. 중앙아프리카 공화국에서 어떤 고릴라가 코끼리 똥에서 정글솝 씨앗을 골라내는 것을 연구자들이 목격한 적이 있었는데 이 씨앗에 강력한 알칼로이드가 들어 있다는 것, 그리고 이 지역의 질병치료사들이 화끈거리는 발이나 위장 장애를 치료할 때 이 씨앗을 (아울러 이 식물의 잎과 나무껍질도) 처방한다는 것을 알고도 아무도 놀라지 않았다. 이러한 패턴은 열대지방 전역에서 반복되는데, 영장류들은 기생충을 제거하거나 상처나 질병으로 인한 통증을 완화하기 위해 열대우림의 약제상 주변을 어슬렁거린다. 우리 조상들도 역시 마찬가지였을 것이라는 데 의심을 품는 인류학자는 거의 없다. 실제로 아마존에서 이루어진 한 연구 결과를 보면 수렵채집 생활자들이 이용하는 식물 목록과 원숭이들이 선호하는 식물 목록이 매우 비슷하다고 한다. 이와 같은 먼 옛날의 관습이 전통 의학의 중심을 이루고 있을 뿐만 아니라 지금도 계속 신약 개발을 촉진하고 있다.*

현대 의학에서 씨앗이 차지하는 중요성을 판단하기 위해 나는 미국국립보건원에서 약품 개발 분야의 전문가로 일하는 데이비드 뉴먼에게 연락했다. 그의 말에 따르면 20세기 중반까지 엄청난 양의 약물을 식물에서 얻었으며 그중 많은 부분은 씨앗에서 발견된 화합물을 이용했다. 심지어 오늘날과 같이 합성 약품과 항생물질이 만들어지고 유전자 치료가 이

* 자가 치료는 야생 영장류에게 흔한 행동이었을 것이며 많은 전통 의약에 영감을 주었을 텐데, 이를 하찮게 볼 일은 아니다. 아주까리에 들어 있는 리신이 그렇듯이 씨앗과 여타 식물 부위에 들어 있는 많은 화합물의 경우 적정 용량을 넘어서면 심한 독성을 지닌다.

루어지는 시대에도 미국에서 사용 승인을 받은 모든 신약의 거의 5퍼센트는 식물 추출물을 직접 이용하고 있다. 유럽의 경우는 이 비율이 훨씬 높다. 최근 열매에 관한 의학적 연구를 종합적으로 요약 정리하려는 시도가 있었는데 순식간에 1,200페이지를 넘어섰고 전 세계 실험실에서 일하는 300명의 과학자들이 원고를 보냈다. 열매 추출물은 파킨슨병(살갈퀴와 벨벳콩)에서부터 HIV(검은콩, 미국자리공), 알츠하이머병(칼라바르콩), 간염(밀크씨슬), 하지정맥류(칠엽수), 건선(아미초), 심장마비(덩굴 협죽도)에 이르는 모든 병의 치료에서 일정한 역할을 하고 있다. 리신과 마찬가지로 이들 화합물 중에는 독극물과 치료제 양쪽 모두로 쓰이는 것이 많다. 또한 공교롭게도 또 하나의 유명한 사례가 알멘드로 열매를 이용한 것으로 밝혀졌다.

껍질을 벗긴 싱싱한 알멘드로 열매는 아몬드와 상당히 비슷하게 생긴 탓에 그런 스페인 이름이 붙여졌지만 전체적으로 납작하게 옆으로 퍼져 있고 짙은 색의 윤기가 흐른다. 처음 알멘드로 열매를 볶았을 때 나는 곧바로 향긋한 향신료 냄새를 알아차렸는데, 19세기 향수 제조자들도 이 냄새 때문에 이 열매에 관심을 갖게 되었다. "통카 콩"이라는 상품명으로 알려진 향기 나는 열매도 바닐라 대용품으로, 그리고 파이프담배와 스파이스드 럼의 풍미를 더해주는 것으로 인기가 높아졌다. 내가 중미에서 연구했던 알멘드로의 친척 종인 아마존의 알멘드로에서도 여러 가지 실용 품종이 생겼다. 이들 품종에서 비롯된 사업이 한동안 높은 수익성을 거두어서 나이지리아와 서인도제도에 대규모 통카 콩 플랜테이션이 정식 허가를 받기도 했다. 이 통카 콩에서 유효성분을 분리해낸 프랑스 화학자는 이 나무의 인디언 이름인 쿠마루cumarú에 경의를 표하는 차원에서 유효성분에 쿠마린coumarin이라는 이름을 붙였다. 통카 콩을 재배하던 농부들에게 한동안 기분 좋은 상황이 이어졌지만 1940년대에 가서 쿠마린이 간세포에 유해하다는 사실이 연구자들에 의해 발견되었다. 규제기관에서는 적은 양도 해로울 수 있다고 경고했으며 곧이어 쿠마린을 식품 첨가물로 사용하지 못하도록 전면 금지시켰다. 그 후로도 과감한 요리사가 특제 초콜릿이나 아이스크림, 그 밖의 다른 디저트에 쿠마린을 살짝 넣기는 했지만 통카 콩의 소비량은 당연히 곤두박질쳤다.

박사학위 논문 지도교수이자 나의 모든 알멘드로 관련 논문의 공동 저자인 스티브 브룬스펠드와 함께한 자리에서 알멘드로의 볶은 열매 몇 개를 맛보았을 때 나는 이런 역사를 알고 있었다. 그는 간암 생존자였지만 우리는 이런 사실에 개의치 않았다. 식물학에서는 기이한 것이 있을 때 맛을 보는 일이 직무 설명 속에 들어 있다. 맛과 냄새는 해당 식물이 무엇인지 확인하는 데 종종 좋은 도구가 된다. 그럼에도 바닐라와 계피가 섞인 맛에 감귤 맛이 끝에 감돈다는 것을 느낄 만큼만 아주 조금 갉아 먹었다. 스티브는 코밑수염을 찡그리더니 보다 간명하게 맛을 묘사했다. "가구 광택제 맛이 나는군." 스티브다운 전형적인 논평이었다. 예리하고, 재미있으며, 핵심을 바로 찌르는 평가였다. 그러나 우리가 알멘드로 열매를 맛보던 순간은 몹시 아이러니했다. 당시 우리는 스티브의 암이 재발해서 다른 부위까지 퍼졌다는 것을 알지 못했으며, 우리가 농담을 주고받았던 그 화합물을 변형시킨 약을 담당 의사가 몇 달도 채 지나지 않아 처방하게 되리라는 것도 모르고 있었다.

통카 콩의 전성기가 지나고 난 뒤 과학자들은 여러 다양한 식물들 속에서 쿠마린의 흔적을 발견했다. 쿠마린은 계수나무 껍질의 계피 향을 더해주며, 향기풀이나 전동싸리가 섞여 있는 들판에서 베어낸 건초의 향을 신선하게 해준다. 그러나 과학자들은 쿠마린을 함유한 식물들이 썩기 시작할 때 이상한 일이 일어난다는 것도 알아차렸다. 푸른곰팡이와 그 밖의 일반적인 균류가 있으면 중간 수준의 간 독소였던 쿠마린이 다 큰 젖소도 죽일 만큼 강력한 혈액 희석제로 변한다. 이런 발견 덕분에 왜 썩은 꼴을 먹은 농부의 가축이 이따금씩 몰살하는 일이 벌어지는지 수수께끼가 풀렸다. 그러나 연구자들이 이 작은 화학적 변형을 완전히 이해하고 나자 두 가지 산업 분야에서 10억 달러 규모의 발전이 이어졌다. 바로 병충해 방제 사업과 제약회사였다.

연구에 기금을 낸 집단(위스콘신 졸업생 연구재단Wisconsin Alumni Research Foundation, WARF)의 명칭을 따서 와파린warfarin이라고 이름 붙인 이 변형 쿠마린은 순식간에 세계에서 가장 널리 사용되는 쥐 독약이 되었다. 유혹적인 먹이 미끼 속에 이 변형 쿠마린을 섞어 놓으면 빈혈증, 출혈, 멈추지 않는 내출혈을 일으킴으로써 설치류를 죽인다. 그러나 사람의 경우 적은 용량을 복용하면 정맥에 위험한 혈전이 생기는 것을 막아줄 정도로 혈액을 묽게 해주는데 이 혈전은 암과 암 치료의 가장 흔한 치명적 부작용 중 하나다. 쿠마딘이라는 상품명으로 팔리는 와파린 처방은 스티브의 경우처럼 특히 암이 많이 퍼졌을 때 종종 화학 요법과 함께 병행한다. 또한 중풍과 심장병 환자들도 흔히 사용하는데, 이 약은 발견된 이후 반세기가 지나는 동안 세계에서 가장 많이 팔리는 약 중 하나가 되었다.

스티브와 내가 알멘드로 프로젝트를 진행하는 내내 그의 몸은 암과 싸우고 있었다. 몸이 아픈 식물학자가 늘 직면하게 되는 상황이 있는데, 병과 싸우는 동안 자신의 식물 표본집 종이와 현미경 슬라이드 위에 놓여 있던 바로 그 식물에서 치료법이 나오게 되는 상황이다. 스티브가 와파린을 먹고 있었는지 어떤지에 대해 내게 한 번도 말한 적은 없었지만 그의 연구 대상이 수납 선반에 놓인 약품과 겹치는 경우가 처음은 아니었을 것이다. 그는 경력의 많은 기간 동안 아스피린의 원천인 버드나무를 연구했으며, 일전에는 한 생명공학 회사가 흰여로의 좋은 자연 공급지를 찾도록 도와주었는데, 백합과에 속하는 이 흰여로의 독성 열매와 잎, 뿌리에는 항암 치료의 가능성을 지닌 알칼로이드가 들어 있었다.

결국 어떤 처방도 충분치 못했다. 스티브는 나의 박사학위 논문 발표회를 불과 몇 주 앞두고 죽었다. 실험실뿐만 아니라 개인 생활에서도 끝마치지 못한 일을 남겨 두고 떠나는 것이 마음에 걸렸고 대다수 사람들 같으면 수건을 던져버렸을 시기가 한참 지난 이후까지도 계속 연구했다. 그러나 그 어떤 것도 그에게 지상의 시간을 더 벌어주지는 못했지만 그는 몇 가지 답을 얻고, 연구가 어떤 의미를 지니는지 이해할 만큼 오래 살았다. 또한 그와 같이 호기심이 많은 사람의 경우에는 그것으로도 최소한 어느 정도 보상이 되었다. 이후 몇 년 동안 나는 스티브의 우정, 함께한 시간, 짓궂은 농담뿐만 아니라 그의 예리한 지성이 종종 그리웠다. 그는 관련 없는 정보들, 그의 표현을 빌리면 "헛소리"라고 일컬었을 법한 정보들을 걷어내고 문제의 중심으로 바로 들어가는 남다른 능력을 지녔다. 이는 대화에서나 과학에서나 모두 소중한 능력이다. 자연에서는 아무리 단순한 관념조차도 생각처럼 단순하지 않은 경우가 많기 때문이다.

열매가 치명적 독성을 지닌다는 개념은 얼핏 보기에 전적으로 타당한 것 같다. 향신료, 카페인, 그 밖의 방어적 화합물을 만들어낸 적응 방식이 자연스럽게 확대된 것이기 때문이다. 요컨대 당신의 씨앗을 가장 잘 보호하려면 이것을 먹으려고 하는 것들을 죽이는 것이 가장 좋은 방법이 아닐까? 그러나 불쾌한 느낌을 주는 방어수단에서 시작하여 치명적인 방어수단으로 진화적 발전을 이루어가는 과정은 좀 더 복잡하게 얽혀 있다. 씨앗이 공격을 받을 때 식물의 첫 번째 긴급 과제는 더 이상 공격하지 못하도록 막는 것이며, 이런 목적에서 쓴맛, 매운맛, 얼얼한 느낌 등이 매우 일반적으로 나타난다. 즉각적인 물리적 불쾌감을 안겨주면 씨앗을 먹는 존재들을 내쫓을 수 있고 다시는 먹지 못하도록 교훈을 가르치며 심지어 그들이 이 교훈을 다른 존재들에게 전해주기도 한다.

반면 독성물질이 효과를 나타내기까지는 몇 시간 혹은 며칠이 걸리기도 하는데 이렇게 되면 씨앗에 대한 공격이 진행되는 상황에서는 이를 저지할 수 있는 대책이 없다. 리신처럼 독성 물질이 특별한 맛을 지니지 않는 경우 이론적으로 볼 때 동물은 아주까리의 모든 열매를 따 먹은 뒤 어딘가로 가서 이유를 알지 못한 채 죽을 것이다. (또한 "아주까리 회피" 행위가 발달되고 전달되는 일도 없을 것이다!) 그러므로 불쾌감을 주는 화학 성분은 씨앗 포식자 집단 전체가 다시는 이 씨앗을 먹지 않도록 제지할 수 있는 반면 치명적 독성 물질은 개별 생명체만을 제거할 뿐이어서 이후로도 이런 개별적 싸움을 반복해야 한다. 여기서 의문이 제기된다. 독성을 점점 강화시켜 마침내 리신처럼 터무니없이 강력한 효능을 지닌 화합물까지 만들어내는 진화적 동기가 무엇인가 하는 의문이다.

"명확한 답은 없는 것 같아요." 내가 이런 의문을 제기했을 때 데릭 뷸리가 말했다. 나는 한동안 그에게 연락을 하지 않았지만 씨앗 연구계의 이 "신"은 내가 도저히 풀지 못하는 수수께끼에 부딪힐 때마다 늘 마음씨 좋은 든든한 자원이 되어주었다. 그의 설명에 따르면 씨앗의 독성은 공격자에 따라 각기 다른 방식으로 영향을 미친다고 한다. 어떤 동물에게는 보통 수준의 위장 장애를 일으키도록 (그리하여 그 씨앗을 다시는 먹지 말라고 가르치도록) 진화된 방법이라도 다른 동물에게는 심각하게 치명적일 수 있다. 혹은 어떤 독성이 큰 생물체를 처치하는 데는 며칠 정도 걸리더라도 곤충을 죽이는 데는 몇 초도 안 걸려서 지독한 맛을 풍기는 것만큼이나 신속하게 공격을 중단시킬 수 있다. "아니면, 이 모든 것이 그저 우연한 일일 수도 있어요." 그가 골똘히 생각하더니 아주까리 사례를 다시 지적했다. "리신은 일찍부터 손쉽게 저장 단백질로 이용되어 왔으며, 그것이 지닌 독성은 어쩌면 그저 쓸모 있는 부작용이었는지도 몰라요."

노엘 마크니키는 고추에 들어 있는 캡사이신을 연구했을 때 애초 항균성 화합물이었던 것이 나중에는 곤충과 새는 물론 사람을 포함한 포유류의 미뢰에 이르기까지 모든 것에 영향을 미치게 되었다고 깨달았다. 동일한 복잡성이 씨앗의 독성에도 적용되며 그중 하나라도 저변에 깔린 이야기 전반을 밝혀내려면 노엘만큼이나 결연한 의지를 지닌 박사과정 학생이 있어야 할 것이다. 그러나 독성을 지닌 모든 씨앗에는 한 가지 확실한 점이 있다. 씨앗이 아무리 강한 독성을 지니게 되었더라도 필시 식물의 입장에서는 씨앗을 널리 퍼뜨릴 방법도 함께 고안했을 것이라는 점이다. 씨앗을 이곳저곳으로 퍼뜨릴 수 없다면 안전하게 지켜봐야 소용없다. 아주까리 사례에서는 이중의 해결책이 있었다. 하나는 팡 터지는 콩꼬투리이며 이 덕분에 잘 익은 씨앗이 어미식물로부터 11미터나 멀리 떨어진 곳까지 날아갈 수 있다. 다른 하나는 영양분이 풍부한 작은 먹이 보따리인데 씨껍질 바깥쪽에 이것이 붙어 있어서 개미가 이를 노리고 씨앗에 꼬인다. 세계 어느 곳을 가나 잘 자란 아주까리 부근에는 똑같은 장면이 벌어진다. 콩꼬투리가 팡 터지면 씨앗이 멀리 날아가고 수천 마리의 개미가 분주하게 설치며 이 씨앗들을 지하의 개미집으로 끌고 간다. 일단 집에 도착한 개미들은 먹이 보따리를 먹어 치운 뒤 씨앗을 손대지 않고 놔두며 씨앗은 싹을 틔우기 위한 준비 상태로 땅속에서 안전하게 기다린다. 이 먹이 보따리가 유해하지는 않은지, 혹은 개미에게 리신에 대한 면역이 발달했는지 여부를 연구한 사람은 놀랍게도 아직 한 사람도 없다. 어쨌든 이 영리한 체계 덕분에 아주까리는 치명적인 독성을 지니면서도 씨앗을 멀리 퍼뜨리는 능력까지 위태로워지지는 않았다. 반면 알멘드로의 경우는 씨앗에 쿠마린이 들어 있는 상황을 설명하기가 다소 힘들다.

곰팡이나 화학 작용에 의해 변형되지 않은 상태의 쿠마린은 엄밀히 말해 쥐 독약이 아니지만 그럼에도 설치류에 의해 확산되는 씨앗에 들어 있음직한 화합물은 아닌 것 같다. 아무것도 섞이지 않은 순수한 형태의 쿠마린이라도 설치류의 간을 심하게 파괴한다. 쿠마린은 유독성 때문에 식품첨가제로 사용하지 못하도록 금지되었으며, 실험실 쥐를 상대로 어떤 실험을 하는 과정에서 처음으로 이 독성을 알아차리게 되었다. 쿠마린이 첨가된 먹이를 쥐에게 먹였더니 점차 체중이 줄고 간 종양이 생겼으며 일찍 죽었다. 야생에서는 이러한 역학 관계가 어떻게 되는지 아무도 연구한 적은 없었지만 쿠마린이 풍부하게 들어 있는 먹이를 꼽으라고 하면 무엇보다도 알멘드로 나무 아래에서 살아가는 아구티나 다람쥐, 고슴도치의 먹이를 가장 먼저 떠올릴 것이다. 그런데도 이 설치류들은 이렇다 할 부작용 없이 열매를 계속 먹고 있으며 더러는 열매를 멀리 퍼뜨리기도 한다. 이들에게 면역이 생긴 것일까? 알멘드로 열매를 먹지 못하는 다른 계절 동안 간이 회복되는 것일까? 아니면 실제로는 둥지나 굴속에서 아무도 모른 채 일찍 죽는 것일까? 아무도 답을 알지 못하지만 더욱 흥미로운 또 다른 가능성이 있다.

쿠마린은 여러 다양한 식물에서 생기지만 알멘드로 열매만큼 농도가 높은 것은 없다. (이 때문에 유럽 향수 제조자들은 자기네 뒷마당에 자라는 향기풀에서 쿠마린을 짜내기보다는 계속 통카 콩에서 쿠마린을 얻는다.) 알멘드로에 들어 있는 쿠마린이 점점 늘어나는 일이 가능한가? 우리는 새로운 화학적 방어 전략이 초기 단계에 어떠했는지 목격할 수 있을까? 그 당시만 보면 설치류가 실제로 알멘드로 열매를 퍼뜨리고 있었지만 진화적 시간으로 볼 때 그런 상황은 하나의 스냅사진에 불과하다. 식물의 관점에서 볼 때 그것은 골치 아프고 위험한 일이다. 아구티와 다람쥐는 가능한 한 모든 열매를 먹어 치우며 어쩌다가 잊어버린 열매 정도만 퍼뜨릴 것이다. 알멘드로 나무가 강한 쿠마린 효능을 개발하여 설치류를 멀리 내쫓게 되더라도 설치류를 겨냥한 열매의 방어 전략이 이번이 처음은 아닐 것이다. 한 가지 예만 들어봐도 캡사이신은 열매를 먹는 쥐의 입을 얼얼하게 만들지만 열매를 퍼뜨리는 새의 부리에는 아무 영향을 주지 않는다. 그러나 알멘드로 나무가 고추처럼 비장의 무기, 즉 열매를 퍼뜨릴 수 있는 다른 방안을 갖고 있었다면 설치류를 단념시키는 정도에서 그쳤을 것이다. 아울러 우리는 정글의 수백 개 횡단로를 걷고 실험실에서 수천 개의 표본을 분석하고 나서야 그런 일이 벌어지고 있다는 것을 깨달았다.

씨앗은 여행한다

풍요로운 오크나무마다 천 개의 도토리가 열리고
가을 폭풍에 날려 아낌없이 흩어진다.
풍요로운 양귀비마다 만 개의 씨앗이 열려
흔들리는 머리에서 아낌없이 흩어진다.
_이래즈머스 다윈, 『자연의 전당』(1803년)

제12장

거부할 수 없는 과육의 달콤함

자연이 우리의 즐거움을 염두에 두고서
사과와 복숭아와 자두와 체리를 만들었을까?
확실히 그랬을 테지만 자연의 은밀한 목적을 위한
수단으로서만 염두에 두었을 것이다.
이런 맛있는 과육이 생겨서 씨앗을 뿌리다니,
모든 생명체에게 얼마나 대단한 뇌물 혹은 월급인가!
게다가 자연은 세심하게 보살펴서 씨앗이 소화되지 않도록 했으며,
그랬기에 설령 과일을 먹더라도 배아를 먹지는 못하며
이 배아는 다만 땅에 묻혀 자랄 뿐이다.

존 버로스, 『새들과 시인들』(1877년)

“무르시엘라고” 호세가 숨을 삼켰다. “박쥐요!” 오랫동안 호세와 함께 걸어오는 동안 그에게서 차분한 절제력이 사라지고 뭔가 경이감 같은 것이 드러내는 모습을 처음 보았다. 우리 앞쪽 땅바닥에 알멘드로 열매가 아무렇게나 더미를 이룬 채 한 자리에 모여 있었다. 대개 한두 개만 발견해도 행운이라고 여기는데 이 무더기에는 알멘드로 열매가 서른 개가 넘었다. 그야말로 주맥이었다. 그러나 우리가 알기로는 반경 800미터 내에 큰 알멘드로 나무가 없었으며 이 정도 거리면 너무 멀어서 어떤 설치류도 알멘드로 열매를 이렇게 무더기로 가져다놓을 수 없었다. 우리는 바닥에 무릎을 꿇고 앉아 바닥의 열매들을 수거하여 일일이 번호가 매겨진 비닐백 속에 하나씩 넣었다. 열매는 아직도 싱싱했으며 단단한 껍데기를 감싸고 있던 얇은 초록색 과육은 이빨에 물어 뜯겨 축축하게 가닥가닥 늘어져 있었다. 나는 위쪽을 올려다보았고 거기에 무엇이 있을지 이미 알고 있었다. 4미터나 되는 야자나무 잎이 아래로 축 늘어져 있었는데 이곳은 중미에서 가장 큰 과일박쥐가 즐겨 찾는 곳이었다.

과일을 먹는 이 큰 박쥐는 활짝 펼친 날개 길이가 45센티미터나 되며 이런 날개를 세차게 퍼덕이면서 알멘드로 열매를 멀리까지 운반할 수 있다. 날아다니는 모습을 보면 날개가 하도 거대해서 10센티미터 길이의 몸통이 날개에 달라붙어 있는 것처럼 보인다. 무거운 날개에 간신히 붙어 있을 정도의 뼈와 살 정도밖에 되지 않는 것이다. 과일을 먹는 박쥐가 종종 무화과나 꽃, 꽃가루를 먹기도 하지만 우리 앞에 보이는 더미는 알멘드로 열매가 박쥐에게도, 그리고 나무에게도 뭔가 특별한 것이었다는 증거였다. 다람쥐나 아구티의 경우는 옮기지 못하는 열매를 모두 먹어 치우지만 이와 달리 과일 먹는 박쥐의 관심은 그야말로 이름 그대로다. 이 박쥐는 껍데기를 감싸고 있는, 수분이 많은 얇은 과육만을 원한다. 거꾸로 매달린 채 날카로운 이빨로 마구 물어뜯으면서 몇 분 만에 껍데기에서 과육을 벗겨내는데 그런 다음 아무런 손상을 입지 않은 씨앗은 아래 숲 바닥으로 떨어뜨린다.

내 입장에서 보면 알멘드로 열매를 먹는 것은 특별한 맛이 없는 너무 익은 스냅 콩을 햇볕에 딱딱해진 상태로 갉아먹는 것과 같다. 그러나 이곳에 머물렀던 박쥐(혹은 박쥐들)로서는 서른 번이나 왔다 갔다 할 만한 맛이었다. 게다가 부엉이, 박쥐매, 비단뱀이 방심한 방문객을 낚아채기 위해 기회만 엿보면서 숨어 기다리는 나무를 반복적으로 찾는 데 따르는 위험도 감수해야 했다. 이런 위험 요소가 시스템에서 중요한 역할을 했다. 이런 위험이 도사리고 있지 않았다면 박쥐들은 알멘드로 나무에서 느긋하게 쉬면서 열매를 실컷 먹고 씨앗은 어미나무 바로 아래쪽에 떨어뜨렸을 것이다. 물론 아무 손상을 입지 않은 상태이겠지만 널리 확산되지도 못한다. (무거운 열매를 옮기지 못하는 작은 박쥐들이 그렇듯이 원숭이가 낮 시간 동안 바로 이런 모습을 보여준다.) 그러나 포식자가 어딘가 숨어서 기다리는 한 몸집이 큰 박쥐들은 먹이를 들고 안전한 홰까지 열매를 옮기며, 호세와 내가 굳이 눈으로 보지 않아도 이들 박쥐의 모든 동작을 알 수 있을 만큼 매우 특징적인 씨앗 분산 패턴을 만들어낸다.

나는 호세와 함께 다시 걸음을 옮기기 전 머리 위쪽의 텅 빈 야자나무 잎을 다시 한 번 훑어보았다. 익숙한 모습이었다. 직감을 확인하기 위해 우리는 야자나무 잎과 열매의 위치를 대조하면서 거의 2,000번이나 똑같은 식으로 위를 올려다보곤 했다. 열매가 한 개 있든, 두 개 있든, 아니면 이제껏 본 것 중 가장 열매가 많았던 이번처럼 무더기를 이루고 있든 간에 박쥐가 앉는 홰 아래에는 멀리 옮겨다 놓은 알멘드로 나무의 자손이 있을 가능성이 두 배나 되었다. (박쥐가 야자나무 잎을 선택하는 데에는 그럴 만한 이유가 있었다. 아래로 축 늘어진 잎이 박쥐들을 가려주어 위쪽의 포식자들 눈에 띄지 않게 해주는 반면 줄기가 막대처럼 길고 가늘게 생겨서 아래쪽에서 뭔가가 줄기를 타고 올라올 때면 줄기가 흔들리면서 경고를 보내준다.) 우리는 도처에서 이러한 패턴을 목격했다. 넓은 원시림은 말할 것도 없고 군데군데 떨어져 있는 작은 숲에서도 같은 패턴을 볼 수 있었다.

실험실로 돌아온 뒤에는 유전자 지문의 도움을 얻어 자료를 더욱 보강할 수 있었다. 나는 나무에서 홰까지 특정 열매의 경로를 추적함으로써 알멘드로 열매가 열리는 곳이면 거의 어디든 박쥐가 날아올 것이라고 입증해 보일 수 있었다. 심지어는 초원 한복판에 자리한 나무들도 연결망의 일부가 되어 배고픈 박쥐를 끌어들이며 이들 박쥐는 이 나무에서 거의 1킬로미터나 떨어져 있는 보다 안전한 서식지까지 열매를 운반한다. 거대한 우림이 사라지는 현실에서 우리가 관찰한 결과는 알멘드로 나무와 이 나무에 의존해서 살아가는 많은 종이 조그만 땅이나 농장, 목초지라는 새로운 지형에서도 계속 살아갈 수 있다는 희망을 안겨주었다.

숲속 횡단로를 따라 되돌아오는 동안 우리는 갑자기 앞이 안 보일 만큼 눈이 부신 햇빛 속으로 들어섰고 숲은 이곳에서 초록의 직선을 그리며 끝났다. 저 멀리까지 무성한 풀밭이 펼쳐져 있고 풀밭 끝에 보이는 구릉지에는 나무들이 듬성듬성 남아 있으며 그중에 더러는 알멘드로 나무도 보였다. 우리가 잘 아는 지역이어서 땅주인 돈 마르쿠스 피네다가 당나귀 한 마리를 끌고 부근 들판을 가로질러 오는 것을 보고도 놀라지 않았다. 그는 손을 흔들더니 우리 쪽으로 방향을 틀었다. 피네다는 많은 땅을 소유하고도 아직까지 자기 몸을 움직여서 나무를 베고 울타리를 손보고 많은 육우를 기르고 있었다. 그가 가까이 오자 당나귀의 짐 싣는 안장에 끈으로 연결되어 달랑달랑 매달린 노란 항아리 단지에서 뭔가 화학 성분 냄새가 났다. 피네다는 고사리에 약을 뿌리러 가는 길이라고 했다. 사람이 먹지 못하는 이 고사리가 방목장에 무성하게 자라서 이를 없애고 싶어 했다. 그러나 그가 우리에게 전할 소식이 있다는 것을 알 수 있었다. 그렇지 않다면 가던 길에서 벗어나 굳이 우리 쪽까지 와서 인사를 할 리가 없었다. 마침내 피네다가 다시 입을 열었다.

"엘 파파 하 무에르토" 그가 간단히 말했다. "교황이 죽었어요." 마르쿠스 피네다는 니카라과 국경 지대에 있는 바위투성이 농장에서 살았으며 나는 늘 그에게서 남자다움의 화신을 보곤 했다. 머리 위에는 늘 카우보이모자가 걸쳐져 있고 그 아래로 주름진 강인한 얼굴을 찡그리면서 바라보곤 했다. 그러나 교황의 죽음이 큰 충격을 준 게 분명했고 호세 역시 흔들렸다. 몇 분 동안 우리 셋은 조용히 고개를 숙인 채 후텁지근한 열기 속에 서 있었다. 인구의 70퍼센트 이상이 천주교 신자로 확인되는 코스타리카에서 교황 요한 바오로 2세는 영웅이었다. 그러나 단순히 종교 지도자에 그치는 것이 아니었다. 교황은 라틴아메리카를 자주 방문했고 개인적인 카리스마를 지녔으며 이 지역에 진심 어린 관심을 보여주었기 때문에 교회 안팎에서 모두 사랑받는 존재였다.

나 역시 과학자로 요한 바오로 2세에게 호감을 갖고 있었다. 어쨌든 그는 갈릴레오를 마침내 사면해준 교황이었으며 교회의 가르침과 진화론을 화해시키기 위해 그 어떤 전임자보다 많은 일을 했다. 교황청과학원에서 행한 담화에서 다윈의 사상을 "단순한 추정 이상의 것"이라고 일컬었고 창세기가 비유적 내용이며 "과학 논문"이 아니라고 암시하는 데까지 나아갔다. 그는 교황청과학원 담화에서 짧게 이야기했지만 만일 길게 이야기했다면 창세기에 나오는 비유를 얼마든지 지적했을 것이며 그중에는 생물학적인 내용도 많았을 것이다. 예를 들어 아담과 이브에 관한 장에는 인간의 시초와 원죄를 설명하는 것 이외에도 다른 내용이 들어 있었다. 창세기는 가장 위대한 씨앗 확산 이야기의 하나도 함께 들려주고 있었다.

르네상스 이후로 예술가들 덕분에 이 내용은 우리의 머릿속에서 오래 지워지지 않는 장면이 되었다. 아담과 이브가 선악과나무 아래에서 달콤한 사과를 나눠 먹고 바로 옆 나뭇가지에는 뱀 한 마리가 감겨 있다. 식물학적 순수주의자는 20세기에 들어서야 그렇게 큰 사과 품종이 흔해졌다고 지적하면서 이 장면 속의 사과는 아마도 석류일 것이라고 주장했다. 어느 쪽이든 교활한 뱀은 완벽한 미끼를 선택했으며 이 과일은 오로지 유혹이라는 목적만을 위해 진화해온 미끼라고 할 수 있다. 배고픈 동물에게 사과 속의 작은 씨나 대추 가운데 박혀 있는 씨는 거부할 수 없는 과육에 비해 하찮으며 아무 상관도 없는 것처럼 여겨진다. 그러나 사실은 그 반대다. 과육은 아무리 대단한 품종이라도 오로지 씨앗에 도움이 되기 위한 이유 이외에 다른 어떤 존재 이유도 없다.

그림 12.1. 아담과 이브를 묘사한 알브레히트 뒤러의 1504년 작 판화에는 무화과 잎, 나무, 뱀, 유혹의 궁극적 징표인 과일까지 모든 것이 나와 있다. 〈아담과 이브〉, 알브레히트 뒤러, 1504년.

하나의 식물이 에덴동산에서 자라든, 열대우림에서 자라든, 그것도 아니면 빈터에 자라든 씨앗을 생산하고 보호하며 영양을 공급하기 위해 많은 것을 투자하지만 이 모든 것이 씨앗의 확산을 위한 것이 아니라면 아무 의미가 없다. 어미 식물에 매달려 시들어가거나 어미 식물 바로 밑에 떨어지는 자손은 결국 헛된 노력으로 끝난다. 설령 싹이 트더라도 다 자란 어미 식물의 그늘 아래에서 오래 살지 못한다. (어떤 경우에는 다 자란 식물이 부근 토양에 독성 물질을 배출하여 자손이 경쟁자가 되지 못하도록 하기도 한다.) 알멘드로 나무의 경우에는 씨앗 위에 얇은 과육 층을 덮어 과일박쥐를 유인함으로써 이들이 800미터 이상 멀리 떨어진 곳으로 씨앗을 가져가게 한다.

선악과는 이 작업을 훨씬 잘해냈다. 창세기에 따르면 아담과 이브는 이 금단의 열매를 먹은 뒤 즉시 에덴동산에서 추방되었다. 비유적으로 볼 때 적어도 과일은 이들의 몸 안에 들어 있는 채로 이동했다. 몇몇 그림을 보면 죄를 지은 남녀 한 쌍이 반쯤 먹은 사과를 여전히 손에 쥐고 있는 모습도 보인다. 게다가 이 과일이 정말로 석류였다면 씨앗은 이들 남녀의 소화관 속에 안전하게 자리 잡고 있었을 것이다. 어쨌든 선악과는 아주 좋은 입장에 놓였다. 에덴동산을 벗어나지 못했던 나무가 이제 유혹적인 과일 하나 덕분에 인류와 함께 지구 곳곳으로 퍼져 갈 대량 확산의 가능성을 열게 된 것이다.

사람과 과일 또는 다른 작물의 관계에 관해, 즉 우리가 가는 곳마다 늘 함께 가지고 갔던 작물에 관해 많은 글이 나와 있다. 사과 하나만 보더라도 카자흐스탄의 산악지대에서 단일 품종으로 재배되던 것이 이제 수천 개의 품종이 되었으며 사람들은 남극 대륙을 제외한 모든 대륙에서 사과를 재배하고 있다. 우리가 식량 작물들을 전 세계 곳곳으로 부지런히 퍼뜨리고 잘 손질된 과수원이나 밭에서 노예처럼 작물을 돌보고 있으니 우리를 식량 작물의 종이라고 부르더라도 가벼운 과장밖에는 되지 않는다. 또한 이러한 활동을 씨앗 확산이라고 일컬어도 전혀 과장이 아니다. 박쥐들이 그렇듯이 우리 역시 무의식적으로 이런 일을 해오면서 씨앗 자체의 역사만큼이나 오래된 식물과 동물의 상호작용을 끝까지 수행하고 있다. 과일이 우리 행동에 영향을 미치는 것은 애초 과일이 그런 방향으로 진화해왔기 때문이다. 우리가 달콤하다고 여길 만한 과육, 우리의 시선을 끌 만한 색상과 모양을 개발해왔기 때문이다. 과일의 힘은 우리의 농장과 부엌 너머까지 뻗어나가 문화와 상상력의 경계에 있는 믿음에까지 가닿는다. 정물화의 역사에서 모든 바구니와 접시에 넘쳐 나도록 담겨 있는 포도, 배, 복숭아, 마르멜로, 멜론, 오렌지, 딸기류만 봐도 된다. 과일에 대한 우리의 욕구 때문에 과일은 유혹의 상징을 넘어서서 아름다움을 규정하는 데까지도 기여한다.

자연 환경에서 일반적으로 볼 때 과일은 맛있고 일시적인 것이기 때문에 이런 특성이 딱 알맞은 순간에 알맞은 확산자를 끌어들이는 데 도움이 된다. 사람들은 대체로 달콤한 것을 추구하지만 식물의 입장에서는 설탕뿐 아니라 단백질과 지방도 생산하여 다른 미각도 만족시키는 과일을 기꺼이 개발할 수 있다. 아주까리(그리고 다른 많은 종)의 경우 기름진 꼬투리를 만들어내어 이 꼬투리만 아니었다면 육식성에 머물렀을 개미를 끌어들이는 반면 수박의 조상인 칼라하리 사막의 차마 멜론의 경우는 더운 지방에서 보편적으로 생기는 욕망, 즉 갈증을 만족시키는 방식으로 다른 생물들을 끌어들인다. 어떤 경우든 씨앗이 익고 떠날 준비가 되었을 때에만 맛이 좋아진다. 씨앗이 익기 전까지는 열매가 쓴 맛을 띠거나 심지어는 노골적으로 독성을 띰으로써 동물이 가까이 오지 못하도록 한다.

크리스토퍼 콜럼버스가 두 번째 항해에 올랐을 때 동행했던 의사는 해안에 도착한 선원들이 아주 행복한 표정으로 야생 꽃사과 같은 것을 정신없이 먹는 모습을 목격했다. "그러나 과일을 먹은 선원들은 얼마 지나지 않아 얼굴이 부어오르고 점점 벌겋게 아파오면서 거의 정신 나간 지경이 되었다." 선원들은 살아남았지만 아마도 만사니요를 먹었을 것으로 짐작되며 이 지역의 카리브 원주민들은 이 과일을 따다가 화살 독을 만들곤 했다. 이 열매는 다 익은 후에도 여전히 독성을 갖는데 아마 곤충이나 균류를 억제하기 위한 목적이거나 아니면 특정 씨앗 확산자(그 정체는 아직 밝혀지지 않았다) 외에 다른 모든 것의 접근을 막기 위한 목적일 것이다. 그러나 독성을 띠고 단일종에게만 확산을 허용하는 전략은 드물다. 과육

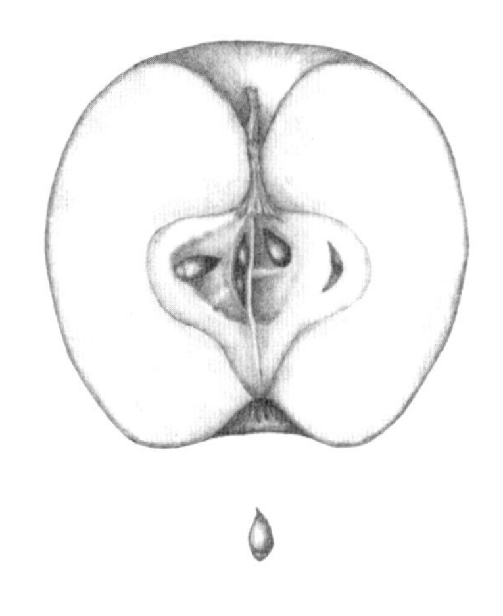

그림 12.2. 유혹의 대표적 상징으로 꼽히는 사과는 열매만이 할 수 있는 독특한 역할을 한다. 자연 환경 속에서 과육을 가진 모든 종류의 열매들은 오로지 동물을 유혹하여 식물의 씨앗을 널리 퍼뜨리기 위한 목적만을 위해 진화되었다.

이 있는 대다수 종은 사과와 같은 길을 택하며, 식물이 생산할 수 있는 좋은 것들을 가능한 한 다양하게 만들어 내어 잠재적인 확산자들을 유혹한다.

"감당할 수 있는 비용"이란 말이 식물학적 용어처럼 들리지는 않지만 가계예산의 수입과 지출을 맞추는 일이 식물의 생활에서도 매우 중요한 일이 되고 있다. 이 영역에서는 에너지, 영양분, 수분이 돈이며, 필수적인 우선순위에 이 한정된 자원을 배분해야 한다. 씨앗을 퍼뜨리는 데 너무 많은 비용을 들이면 잎, 줄기, 뿌리의 성장과 보호는 말할 것도 없고 씨앗의 영양분이나 보호에 자원이 부족해지는 위험이 생긴다. 식물 경제의 세계에서 과육이 있는 열매를 생산하는 데는 자원이 많이 든다. 정원사나 농부들은 경험으로 이를 알고 있다. 채소밭에서 이른바 "음식을 많이 먹는 사람"을 고른다면 토마토, 멜론, 호박, 가지, 오이, 고추 등 열매가 큰 작물이 늘 포함된다. 비료나 퇴비를 주면 수지 균형이 달라져서 이들 종이 즙 많은 것을 생산하는 데 보다 많은 것을 투자할 수 있다. 야생 환경에서는 식물들이 해당 구역의 토양이나 기후가 제공하는 것을 뭐든 이용하면서 근근이 살아간다. 그러나 아무리 상황이 좋은 해에도 열매를 생산하는 데는 엄청난 비용이 들기 때문에 열매 맺는 시기를 늘 짧게 하고 동물이 좋아할 만한 특징을 키우는 정도만 한다.

잘 익은 열매는 부근 풍경 속에서 가장 희귀하고 가장 달콤하고 가장 영양이 많기 때문에 먼 곳에 있는 동물도 끌어들일 수 있다. 아프리카코끼리는 자기가 좋아하는 비터바크나 마룰라를 찾기 위해 몇 킬로미터씩 걸어가기도 한다. 비터바크는 체리 크기의 향기로운 열매가 달리고 콩고 분지가 원산지인 종이며 마룰라는 망고의 친척 종으로 아프리카 남부지방에서 자라는 맛있는 열매다. 어떤 숲에서 연구자들은 다 자란 발라니테스 나무를 모두 연결하여 코끼리 이동로 지도를 만든 바 있는데 이 종의 경우는 2, 3년에 한 번만 열매를 맺는다. 우리 종 역시 야생의 산물을 수확할 수 있다면 어디라도 간다. 칼라하리 사막에 사는 전통적인 산 부족은 차마 멜론을 구할 수 있는 가능성을 바탕으로 이동 경로와 계절적 야영지를 정하며, 예전에 웨스턴 사막에 사는 호주 원주민도 무화과, 야생 토마토, 그리고 복숭아처럼 생긴 단향과의 콴동을 기준으로 하여 이동했다. 사람과 야생동물이 열매에 대해 비슷한 관심을 가진 탓에 직접적 경쟁관계에 놓이는 일도 드물지 않다. 우간다에서는 옴위파 기간 동안 마을 사람과 마운틴고릴라 간의 싸움이 늘어나며 이 기간이 되면 유인원과 지역 주민 모두 같은 야생 숲으로 몰려가 나무에 주렁주렁 달린 향기로운 열매를 따먹는다.

열매의 유혹은 생물학으로 시작되었지만 불멸(복숭아), 부(포도), 비옥함(석류)을 뜻하는 중국의 상징에서부터 환영(파인애플)을 뜻하는 전통 미국의 상징에 이르기까지 수많은 문화적 언급에서도 지속되고 있다. 북유럽 신화에 나오는 사랑의 여신 프레이야가 먹는 음식이 딸기이고, 그리스인들은 올리브를 만든 아테나에게 경의를 표했다. 동남아시아의 힌두 신 가네쉬는 망고를 좋아하는 것으로 유명하며 비슈누가 탄생할 때와 붓다가 깨달음을 얻었을 때 길게 뻗은 보리수 가지가 이를 가려주었다. (보리수는 너무도 신성한 종이라서 분류학자조차 그 메시지를 이어받아 보리수에 *Ficus religiosa*(신성한 무화과)라는 학명을 붙여주었다.) 성경에 나오는 풍요로운 에덴동산은 천국을 열매가 풍성한 곳이라고 묘사하는 오랜 전통을 반영한다. 시인 헤시오도스의 표현을 빌리면 그리스의 유명한 엘리시온 평야(선량한 사람들이 죽은 뒤에 사는 곳. 엘리시움이라고도 한다_옮긴이)에 들어간 축복받은 사람들은 "일 년에 세 번 무성하게 열리는, 꿀처럼 달콤한 열매"를 즐겼다고 한다. 이슬람교의 문헌에도 대추와 오이, 수박에서부터 "천국의 마르멜로"에 이르는 모든 열매가 그득하게 열려 있는 영원한 정원이 암시되어 있다. 중세의 영국인들은 신화 속 아서왕의 고향을 아발론이라고 언급함으로써 훨씬 간결하여 표현했는데, 아발론[Avalon]은 "사과의 섬"을 뜻하는 웨일스 어에서 유래했다. 어원을 연구하는 학자들은 파라다이스[Paradise]라는 말 자체의 어원이 담장으로 둘러싸인 땅을 의미하는 페르시아 말에서 유래되었다고 보며 초기 히브리 인들은 "과일 정원" 또는 간단히 줄여서 "과수원"을 뜻할 때 이 페르시아 말을 썼다고 한다. 그러나 과일을 찬미하는 우리의 마음을 가장 잘 보여주는 예는 영어에서 찾을 수 있는데 모험을 성공적으로 마쳤을 때 결실이 많다[fruitful]라고 하며 실패했을 때에는 결실이 없다[fruitless]고 여긴다.

열매가 이처럼 언어와 문화 깊숙이 자리 잡고 있는 탓에 달콤한 과육이 기능적 관점에서 단지 씨앗을 위한 겉치레일 뿐이며 여기저기 옮겨가기 위한 정교한 수단이라는 사실을 쉽게 잊는다. 열매의 확산은 전문 용어로 동물의 흡수에 의한 확산[endozoochory]이라고 하는데 사람들이 아직까지

고대 그리스 어를 사용했다면 "동물 몸속에 들어간 채로 멀리 가다"는 의미가 생생하게 전해져서 훨씬 우아하게 들렸을 것이다. (우리 과학자들은 죽은 언어를 이용하여 기다란 매시업(원래 서로 다른 곡을 조합하여 새로운 곡을 만들어 내는 것_옮긴이)을 만들어내는 것을 매우 좋아한다. 예를 들어 박쥐가 알멘드로 열매를 옮길 때 이를 지칭하는 적절한 묘사는 익수류에 의한 확산 chiropterochory, 즉, "손이 날개처럼 생긴 동물과 함께 멀리 가는 것"이다.) 이런 방식으로 다른 생명체를 이용하는 것은 씨앗 확산의 역사에서 일찍부터 발달했으며 이 일을 해낼 만한 몸집의 생명체가 생겼을 때부터 거의 동시에 시작되었다. 빌 디미셸이 현재 탄광 천장에 나타난 모습을 보면서 연구하는 옛날 석탄기의 숲에는 비교적 많지 않은 집단의 곤충과 양서류와 파충류가 있었다. 그러나 양치류 종자식물과 원시적 침엽수가 곧 몇 가지 전략을 선구적으로 시작하여 이들을 덫에 걸리게 만들었는데, 작고 앙상한 씨앗 꼬투리의 경우에는 노래기들이 꾀어 들었을 테고 망고 크기 정도 되는, 과육이 있는 열매는 아마 썩은 고기 냄새를 풍기면서 공룡의 조상을 불러들이는 유혹의 부름이 되었을 것이다. 이 시대를 상기시키는 흔적이 은행나무처럼 먼 고대로부터 살아남은 식물들의 냄새 고약한 열매 속에 남아 있다. 은행나무의 악취는 너무 지독해서 많은 도시에서 암은행나무를 심지 못하도록 금지하고 있다. 장식용으로 심어놓은 거의 모든 은행나무가 수은행나무이며 냄새 없는 꽃가루만 생산할 뿐 그 밖의 불쾌감을 주는 것은 생산하지 않는다.

식물학적으로 말해서 초기 종자식물은 진정한 "열매"라고 할 만한 특정 조직이 부족했다. 그렇기는 해도 그에 못지않게 효과가 있는 비슷한 조직을 발달시켜 예를 들면 씨껍질의 바깥층을 달콤하게 한다든가 가까이 붙어 있는 줄기나 덮개잎에 과육을 붙이곤 했다. 현대의 침엽수나 그 밖의 겉씨식물이 이 전통을 계속 이어오고 있으며, 진을 마셔본 사람들은 주니퍼 "베리"라고 알려진, 과육이 있는 향기로운 방울을 통해 이를 잘 알고 있다. 그러나 동물에 의한 확산이 겉씨식물에서 여전히 흔하게 나타나긴 해도 우리가 잘 아는 대다수 열매들은 속씨식물과 더불어 진화되었다. 꽃식물이라고도 불리는 속씨식물은 정의에 따라 씨앗이 꼬투리 속에 들어 있다. 이렇게 씨앗을 꼬투리 속에 넣음으로써 열매의 수많은 가능성을 열었으며 이에 따라 확산자를 끌어들일 수 있는 가능성도 폭발적으로 증가했다. 조류, 포유류, 꽃식물 모두 분류학자들이 말하는 이른바 적응방산radiation을 경험했는데, 이는 공룡의 멸종 직후 발생한 급속한 종의 증가를 일컫는다. 또한 도마뱀, 곤충, 심지어는 어류 등 예전의 집단들이 여전히 씨앗을 퍼뜨리는 가운데 대다수 과육 열매들도 조류와 포유류를 끌어들여 이들과 함께 먼 곳까지 이동하게 되었다.

열매의 다양성이 어느 정도인지 알아보기 위한 가장 좋은 방법 중에는 우리들 대다수가 일주일에도 몇 번씩 실행하는 간단한 실험이 있다. 바로 농산물을 사러 가는 일이다. 일반 슈퍼마켓의 농산물 코너에 빽빽하게 진열된 종들을 보면 어떤 열대우림도 따라올 수 없을 정도이다. 우리 동네 야채가게는 1929년 이후 계속 같은 블록에서 장사를 해왔는데 마찬가지로 오래된 다른 두 가게, 드러그스토어와 음식점 사이에 전략적으로 위치해 있다. 최근 어느 봄날 아침 야채가게의 선반에는 39종에 이르는 71가지의 열매들이 놓여 있었다. 가장 작은 것은 블루베리로, 내 손톱보다 크지 않았다. 이제 농산물 코너에는 블루베리가 사시사철 진열되어 있지만 애초 블루베리가 진화했던 북아메리카 야생 지역에서는 가을 철새들이 이동하는 시기와 열매를 많이 먹는 곰이 겨울잠을 자기 전 시기에 맞춰 블루베리가 익는다. 또 다른 극단으로 수박이 보였는데 개당 무게가 7킬로그램이나 되었다. 이들의 조상인 차마 멜론은 아프리카 남부 지방에서 건기 동안 열매가 열려, 영양에서부터 하이에나와 인간에 이르기까지 모든 생물체에게 필수적인 물을 제공한다. 상점에 있는 열매들도 결국은 이와 동일한 이야기를 다른 버전으로 들려준다고 할 수 있으며 야생의 시나리오가 현대 농업의 효율성을 통해 흔하게 펼쳐지는 것이라고 할 수 있다.

물론 현재는 많은 나무 열매들이 꺾꽂이로 번식되며 상점에 진열된 대다수 열매들은 결국 어느 집의 퇴비 통이나 정화조에서 수명을 다하지만 어쨌든 이들의 존재만을 놓고 볼 때 열매 전략의 성공을 여실히 증명해 보였다. 야채 상점에 매일 올라오는 엄청난 농산물은 씨앗의 확산이 극단적으로 이루어진 결과라 할 수 있는데 이렇게 진열된 열매들이 저 멀리 이탈리아, 칠레, 뉴질랜드에서 왔기 때문이다. 하지만 이들 열매는 이동하는 데 성공했을 뿐만 아니라 꽃식물이 열매를 맺는 다양한 방식과 관련해서도 교훈의 의미를 지닌다. 열매는 사과의 달콤한 과육처럼 뚜렷하게 드러나 있는 방식이 있는가 하면 대다수 사람이 전혀 생각지도 않았던 방식이 있다. 예를 들면 오렌지 안의 잔털 조직에 즙이 가득 들어간 방식이나 딸기처럼 꽃턱이 자라 모양과 맛을 갖추게 된 탓에 아주 이상하게 열매 바깥에 씨앗이 맺히는 방식도 있다.

열매와 확산자 간의 상호 작용은 춤 무대에 참여한 모든 파트너에게 영향을 미친다. 또한 식습관이나 이주 형태뿐 아니라 관련 동물과 식물 모두의 번식 시기에도 영향을 끼친다. 그러나 적응 방식은 훨씬 구체성을 띤다. 예를 들어 과일박쥐의 이빨은 곤충을 잡아먹기 위해 쪼개는 형태였다가 이후 열매를 깨물어 먹기 위해 이빨 표면이 으깨고 분쇄하는 용도의 각진 형태로 진화되었다. 게논원숭이와 버빗원숭이는 뺨에서 목 옆면까지 늘어나는 특별한 주머니를 갖고 있으며 여기에 많은 열매를 담아 이후 안전한 곳으로 가서 먹는다. 열매 나무에 이들 원숭이가 있을 때 한번 놀래보라. 아마 당신 눈에 비치는 마지막 모습은 원숭이의 뺨이 유난히 불룩한 채로 우거진 잎 사이로 뛰어 달아나는 모습일 것이다. 열매를 먹는 새들은 큰 부리나 신축성 있는 목, 그리고 많은 열매 양을 빨리 처리하기 위한 짧은 내장까지 온갖 것을 발달시켰다. 앵무새는 덜 익은 열매의 독성에 대응하기 위해 카올리나이트가 풍부하게 들어 있는 점토를 잔뜩 먹는데, 이 카올리나이트는 위장을 진정시키는 강장제 카오펙테이트의 기본 주성분이 되는 광물이다. 나는 여새가 점토를 먹는 것도 관찰한 바 있는데 이 새가 가진 특성 중 열매와 관련된 것이 이것만은 아니다. 여새는 베리류를 매우 빨리 소화시키기 때문에 이들의 똥에는 향긋한 냄새가 여전히 남아 있다(이런 이유 때문에 여새는 독특한 직장이 발달하게 되었으며 이 직장에서는 내장과 똑같이 당분을 흡수한다).

반면 식물은 특별한 유형의 확산자를 유인하기 위한 맞춤형 전략도 세웠다. 새들은 빨강이나 검정(라즈베리, 블랙베리, 크랜베리, 까막까치밥나무, 산사나무, 호랑가시나무, 주목나무) 등 눈에 띄는 색을 알아보지만, 색맹(코끼리), 야행성(박쥐), 혹은 눈보다 후각이 날카로운 동물(거북, 주머니쥐)을 유인하는 데는 냄새가 훨씬 중요하다. 열매 속에 들어 있는 씨앗들은 자연에서 가장 단단한 씨껍질을 자랑하는데, 이 씨앗들은 긁고 씹고 심지어는 소화과정에서 화학적으로 박박 문질러도 견딜 만큼 강인하다. 이 씨앗이 들어 있는 열매를 확산자가 먹게 되면 열매 크기를 줄였을 때보다 실제로 발아 가능성이 두 배나 높아진다. 코끼리가 아프리카 남부의 마룰라나무에서 향긋한 열매를 따서 씹어 먹으면 코끼리의 엄청난 이빨이 열매 속 씨앗에 있는 목질의 마개를 느슨하게 만들어주는데, 이는 나중에 씨앗이 수분을 흡수하여 싹을 틔울 수 있게 해주는 중요한 단계이다. 정확히 어떤 이점이 있는지 늘 분명하게 알 수는 없지만 곰이 먹는 체리에서부터 갈라파고스 거북이 좋아하는 백년초에 이르기까지 모든 식물은 동물의 소화 기관을 거침으로써 발아가 촉진된다. 화학적 변화와 물리적 마모가 특정 방식으로 결합하여 씨앗의 휴면 상태를 깨우는 데 도움을 주며 그런 다음에는 최종 목적지가 기다리고 있다. 즉 따끈한 거름 똥 속에 씨앗이 파묻히게 되는 것이다. 어떤 경우에는 이다음에 다른 동물들이 똥 속에서 이 씨앗을 꺼내 더 멀리 퍼뜨린다. 나무 다람쥐들이 코끼리 똥 속의 마룰라 열매를 꺼내 멀리 확산시키며 흰발생쥐는 곰 똥 속에서 찾아낸 초크베리와 산수유를 여기저기 분산 저장한다.

그러나 이런 과정의 가장 악명 높은 예는 고메 커피의 세계에서 볼 수 있으며 이 세계의 사람들은 말레이사향고양이 똥에서 꺼낸 커피콩 1킬로그램에 650달러나 지불한다. 최첨단의 맨해튼 카페에서 이 커피를 한 잔 마시는 데 거의 100달러나 들기도 한다. 이렇게 높은 가격에 팔리다 보니 커피콩을 먹는 것으로 알려진 다른 동물의 똥에서 커피콩을 수거하여 수익성 있는 파생 상품을 내놓기도 한다. 태국의 코끼리, 페루의 긴꼬리미국너구리붙이, 칠면조를 닮은 일명 더스키레그드구안이라는 이름의 브라질 새가 여기에 해당된다. (불행히도 말레이사향고양이 커피 붐으로 인해 동물을 강제로 우리에 넣어 커피콩을 먹이는 잔인한 방법까지 등장하기도 했다. 내가 시애틀의 슬레이트 커피전문점을 찾았을 때 이 뉴스가 나오자 바리스타 브랜든 폴위버는 기억에 남을 만한 말로 이 미친 짓을 간단히 일축해버렸다. "똥구멍에서 나온 커피는 머리에 똥 든 사람들을 위한 거죠.")

소철과에서부터 박과와 감귤류에 이르는 모든 식물과 중 거의 3분의 1에서 맛있는 과육를 이용한 확산이 이루어진다. 이 전략이 다양한 환경에서 반복적으로 진화한 이유는 이 전략이 효력을 발휘하는 경우에는 극적인 결과를 가져왔기 때문이다. 예를 들어 목마른 갈색 하이에나는 하룻밤에 열여덟 개의 차마 멜론을 먹은 뒤 400제곱킬로미터에 이르는 행동권 내에 씨앗을 떨어뜨린다. 블루베리가 자라는 땅의 갈색 곰은 이보다 훨씬 우수하여, 몇 시간 만에 16,000개의 작은 열매를 우적우적 먹어 치운다. 열매 1개당 평균 33개의 씨앗이 들어 있으므로 한 마리 배고픈 곰이 블루베리를 확산시키는 비율은 하루에 50만 개 이상이다. 사례는 얼마든지 있으며 자잘한 차이들을 연구하는 데 연구 생활 전체를 즐거운 마음으로 바치는 경우도 있다. 그러나 대다수 씨앗이 다른 수단을 이용하여 이동한다는 사실이 여전히 남아 있다.

대다수 식물의 경우 씨앗의 확산이 없었다면 한 자리에서 정적인 생활을 해야 하기 때문에 이들에게 씨앗의 확산은 이동성을 갖는 유일한 순간이 된다. 어디서 무엇이 자라는가 하는 생태계의 근본적인 조직 원리가 바로 이것에 의해 결정된다. 그처럼 확산 과정은 거대한 진화적 결과를 담고 있으며 종자식물은 거의 4억 년 동안 이런 주제로 여러 가지 변형 방식을 만들어냈다. 열매는 보상을 가져다주지만 다른 씨앗들은 그저 히치하이킹을 하면서 고리나 가시, 끈적거리는 성질을 이용하여 동물의 겉면에 달라붙어 무임승차를 한다. (이러한 전략을 상업적으로 발달시킨 형태가 바로 벨크로 찍찍이인데, 발명자가 자기 집 개의 털에 우엉 씨가 달라붙어 있는 모양을 보고 영감을 얻어 이 상품을 고안했다.) 꼬투리가 톡 터지면서 씨앗이 날아가는 방식이 있는가 하면 물속에 떨어져 물결 따라 흘러가는 방식도 있다. 많은 사람이 익숙하게 경험하는 확산 방식은 양말에 박힌 풀 씨앗에 찔릴 때이다. 걸음을 옮길 때마다 씨앗은 점점 깊이 박히고 마침내 참을 수 없는 지경이 되었을 때 당신은 발길을 멈추고 씨앗을 빼낸 뒤 이를 부근에 던진다. 씨앗이 임무를 완수하는 순간이다.

코스타리카에서 호세와 나는 알멘드로가 박쥐 날개의 도움을 받아 여기저기 퍼져 간다는 것을 알았다. 하지만 박쥐가 존재하지 않았던 오래전에도 씨앗은 자신만의 날개를 달 줄 알았다. 씨앗의 가장 오래된 확산 형태는 활공을 하거나, 빙글빙글 돌거나, 그것도 아니면 높이 솟구치거나, 바람을 타고 날아가는 방식이었겠지만 어쨌든 이런 확산 방식은 여전히 가장 일반적이다. 식물은 이 모든 방식을 실행해 보면서 비행 (혹은 부유) 수단을 개발했고 박쥐나 곰이나 새에 의한 확산은 꿈에도 생각하지 않은 채 많은 양의 씨앗을 멀리 날려 보내고 있다. 그로 인해 관목, 허브, 풀, 나무가 자라는 구역이 체계적으로 배열되는 결과가 만들어졌지만 이 정도에서 그치지 않았다. 이후의 진전된 이야기를 하기 위해서는 씨앗과 인간의 기나긴 역사 속에 또 하나의 장을 할애해야 한다. 종잇장처럼 얇은 날개와 작은 솜털이 항공학과 패션에서부터 산업의 역사, 대영제국, 미국남북전쟁에 이르는 모든 것에 어떤 영향을 미쳤는가 하는 이야기가 펼쳐질 것이다. 또한 많은 생물학 이야기가 그렇듯이 이 이야기를 시작하기 위한 가장 좋은 출발점도 갈라파고스 제도에 있던 어느 젊은 동식물 연구가의 공책과 일지가 될 것이다.

제13장

바람에 실려, 파도에 떠밀려

식물의 삶은 꽃이나 나무에서 하나의 씨앗을 떨어뜨리는 데 만족하지 않는다.
그들은 대기와 땅을 수많은 씨앗들로 가득 채우며
그 결과 수천 개가 죽더라도 수천 개가 터를 잡고 수백 개가 싹을 틔우며
수십 개가 완전하게 다 자라 적어도 하나는 어미를 대신할 것이다.

랄프 왈도 에머슨, 『에세이: 두 번째 시리즈』(1844년)

젊은 시절 찰스 다윈은 식물에 별 관심이 없었다. 동식물 연구가로 비글호를 타고 출발했을 때 식물학은 지질학과 동물학에 대한 열정에 한참 밀려 관심 순위에서 저만치 세 번째로 뒤처져 있었다. 그는 자신을 가리켜 "데이지와 민들레도 거의 구분하지 못하는 사람"이라고 했으며, 다윈이 비글호에 탈 수 있도록 추천해주었던 케임브리지의 스승도 "그는 식물학자가 아니"라고 인정했다. 나중에 가서 식물학 연구는 다윈의 연구 생활을 지배하게 되었으며 식충식물, 덩굴식물, 꽃의 구조, 난초의 수분에 관해 각각 저서를 남겼다. 그러나 비글호가 남미 해안 지역 주변을 천천히 항해하는 동안 다윈은 대체로 의무 차원에서 식물학 관련 수집활동을 했고 심지어는 표본을 내다버릴 생각도 했다. 그러므로 비글호가 마침내 갈라파고스 제도에 상륙했을 때 그의 관심이 온통 화산, 용암원, 거북, 이상한 새들에 쏠린 것은 전혀 이상할 것이 없다. 다윈이 현장 활동 공책에 슬쩍 적어 놓은 한 마디 논평이 식물군에 관한 자신의 생각을 요약 정리해

놓은 것으로 보이는데, 거기에는 "큰 나무가 없는 브라질"이라고 쓰여 있었다. 채텀 섬 해안에 닿은 첫날에 대해 그는 훗날 이렇게 적었다. "가능한 한 많은 식물을 수집하려고 부지런히 애썼지만 겨우 열 종류를 얻는 데 성공했다. 그토록 초라해 보이는 작은 잡초들은 적도의 식물군이라기보다는 오히려 북극에 더 잘 어울렸을 것이다."

그러나 다윈이 분화구와 핀치류에 훨씬 더 흥미를 보였는지는 몰라도 갈라파고스에서 부지런히 식물 수집을 했던 일은 그에게 멋진 보상을 가져다주었다. 이후 다섯 주 동안 다윈은 173종을 수집, 보존했는데, 이는 알려진 식물군의 거의 4분의 1에 해당했다. 또한 그 후 몇 년에 걸쳐 이들 식물은 진화에 관한 그의 사상에 결정적인 관점을 제공해주곤 했다. 종이 어떻게 늘어나는가에 관한 다윈의 사상은 한 가지 의문에서 시작되었으며 이 의문은 실제로 비글호 항해처럼 먼 곳을 오래 여행하다 보면 누구라도 떠올릴 법한 것이었다. 왜 식물과 동물은 그곳에 생겨났는가 하는 의문이다. 갈라파고스가 다윈의 사고에 얼마나 많은 영향을 끼쳤는가 하는 문제를 둘러싸고 아직 학자들 간에 논쟁이 벌어지긴 하지만 섬에 도착한 지 아직 열닷새밖에 되지 않던 초반 시기에 그는 흥미로운 메모를 남겼다. "나는 조류학과 관련해서 남미를 확실하게 알아볼 수 있다, 식물학자도 그럴까?" 분명 그는 갈라파고스 식물군의 조상이 어디서 왔는지 이미 의문을 품고 있었던 것이다. 나중에 밝혀졌듯이 채텀 섬에서 가져온, 초라해 보이는 잡초들은 이 질문에 완벽한 답을 줄 수 있는 식물이었다. 몇 년 뒤 다윈의 친구 조지프 후커가 표본들을 살펴보았을 때 이들 잡초와 남미의 사촌 종이 어떻게 서로 비슷하고 어떻게 서로 다른지 곧바로 알아차렸다. 현재 식물학자들은 이 사촌 종을 다윈의 목화라고 부르며 이 종이 어떻게 갈라파고스에 오게 되었는가에 관한 이야기는 씨앗이 얼마나 멀리 이동할 수 있는지, 왜 이동하는지, 그리고 갈라파고스에 닿았을 때 어떤 일이 일어나는지 아주 잘 보여주는 강력한 사례이다.

목화를 연구하는 과학자들은 속명을 정하기 위해 라틴어를 만들 필요 없이 그냥 로마서에서 바로 가져와 "목화Gossypium"라고 정했다. 면은 고대 세계에 잘 알려진 직물이었다. 알렉산더 대왕의 군대가 인도에서 처음으로 표본을 가져왔고 곧바로 지중해와 남쪽의 아라비아 반도(그곳 사람들은 면을 쿼툰qutun이라고 불렀으며 영어 명칭이 여기서 유래했다)까지 퍼져 나갔다. 크리스토퍼 콜럼버스가 마주친 아라와크 인디언에게 면이 있었던 것처럼 아스텍과 잉카에도 면이 있었다. 콜럼버스는 카리브 해의 해안에 상륙할 때마다 사람들이 면을 짜서 어망과 해먹은 물론 여자들의 치마까지 만드는 것을 보았는데, 그는 이 치마를 가리켜 "딱 그들의 본성을 가릴 정도의 크기이며 그 밖에는 다른 어떤 것도 가리지 못한다"고 묘사한 바 있다. 콜럼버스는 첫 항해 때부터 일지에 아라와크 인디언의 면을 열아홉 번 언급했고 "그들은 손으로 이것을 심지 않는다. 왜냐하면 장미처럼 들판에 저절로 자라기 때문이다"라고 적었다.

전 세계 열대 지역에는 40종이 넘는 목화가 야생에 자라고 있었으니 곳곳에서 동일한 모습이 관찰되었을 것이다. 단순하게 생긴 씨앗도 있지만 지역에 따라서는 씨앗에 깃털 같은 섬유질이 달려 있는 경우도 있어서 이런 지역의 사람들은 이 섬유질로 실을 잣는 법을 배웠다. 이제 면은 세계에서 가장 인기 있는 섬유로 군림하고 있으며 4천 2백 5십억 달러에 이르는 산업의 기반이 자리 잡고 있어서 역사상 가장 가치 있는 비非식량작물이 되었다. 면이 없는 곳이 없을 정도이다 보니 우리는 애초 목화가 토가나 터번, 해먹, 티셔츠 등을 만들기 위해 진화된 것이 아니라는 점을 거듭 상기할 필요가 있다. 목화씨를 에워싸고 있는 보드라운 솜털은 애초

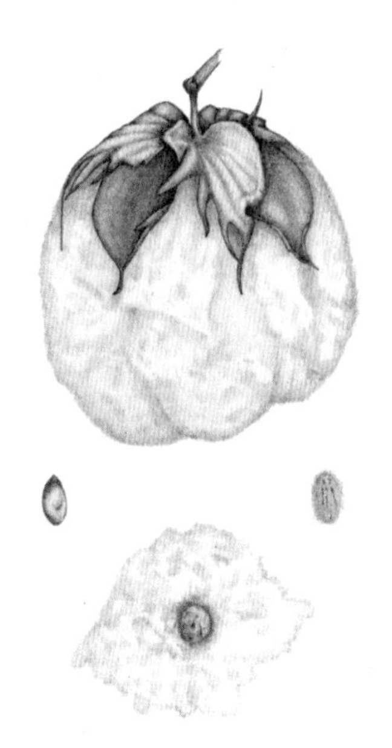

그림 13.1. 목화*Gossypium* spp. 목화다래 한 개에서 나오는 모든 섬유질을 한 줄로 이으면 32킬로미터가 넘기도 한다. 사람들은 이것을 짜서 실로 만들었고 하나의 산업으로 정착시켰으며 이 산업으로 인해 여러 제국의 역사가 바뀌고 산업혁명과 미국남북전쟁이 일어났다. 완전한 모습의 목화다래가 맨 위 그림에 나와 있고 솜털이 있는 깎은 씨앗이 아래 그림에 나와 있다.

다른 목적을 염두에 두고 생겨났다. 어린 식물체가 바람에 실려 날아가도록 도움을 주기 위한 목적이었다.

바람에 의한 확산 개념을 이해하기 위해서는 봄철 여러분 집 잔디밭에 잡초가 길게 자라게 놔둔 뒤 가장 가까이 있는 아이와 함께 그곳을 걸어보기만 하면 된다. 우리 아들 노아는 두 다리로 서기 시작한 초기부터 활짝 핀 민들레 꽃송이를 꺾어 위로 높이 들고는 거부할 수 없는 한 단어짜리 요구 사항을 내놓곤 했다. "불어!" 내 계산으로 가늠해볼 때 아주 약하게 불어도 200개 이상의 씨앗이 갑자기 공기 중에 날렸다가 작은 낙하산의 즐거움을 느끼면서 둥둥 떠다니며 내려온다. 이 씨앗을 잡으려고 하면 어느새 어미 식물에게서 1.5미터, 3미터, 심지어는 6미터나 떨어진 곳까지 뛰어가게 될 것이다. 바람 부는 날이라면 당신 손이 닿지 않는 곳으로 멀리 달아날 것이다. 요즘은 런던에서부터 도쿄와 케이프타운에 이르기까지 민들레가 흔해서 이런 관례가 식물의 공기역학에서 보편적인 교훈으로, 즉 씨앗과 바람의 구조적 결말로 자리 잡았다. 민들레의 경우 비법은 보푸라기 다발로 이루어진 섬세한 축에 있으며, 이 축은 대칭적이며 유연하고, 최대한 잘 떠다니도록 빈 공간을 완벽하게 갖추고 있다. 목화는 다르게 설계되어 공중에 떠다니는데 이 설계를 이해하기 위해서 나는 엘리 휘트니가 그 유명한 조면기를 발명한 이후 사람들이 웬만해서는 하지 않는 성가신 작업을 직접 해보기로 했다. 손으로 직접 목화다래를 분리하는 작업이었다.

야생에서 목화는 다년생 관목이나 작은 나무로 자라며 앙상한 가지에 솜털이 있는 회색빛 녹색 잎이 달려 있다. 재배종은 빠르게 자라는 한해살이 식물인데 키가 더 작을 뿐 다른 것은 거의 같다. 이들 재배종은 모두 아욱과에 속하며 이 아욱과는 범천화와 오크라가 속해 있는 큰 집단으로, 접시꽃이나 하비스쿠스 같은 화려한 정원 꽃으로도 잘 알려져 있다. 목화 역시 아름다운 꽃이 피는데, 종잇장처럼 얇은 레몬색 꽃잎이 피고 가운데는 짙은 자줏빛을 띤다. 열매는 둥그런 꼬투리, 즉 목화다래로 맺히는데, 다 익은 목화다래가 톡 터져 뒤집어지면 흰 솜털이 탐스럽게 드러나서 목화밭 전체에 눈덩이 혹은 환상속의 양이 가득한 것처럼 보인다. 14세기 영국인 여행자 존 맨더빌 경은 어떤 아시아 나무에 박처럼 생긴 열매가 조그만 어린 양을 터질 듯이 품고 있는 그림을 그려 조국의 독자들에게 충격을 안겨준 바 있다. 목화를 좀 더 정확하게 묘사해놓은 그의 다른 그림도 있어서 맨더빌 경이 이 그림에서 목화를 의도한 것인지 어떤지는 확실하지 않지만 그의 발상은 사람들을 사로잡았다. 미화된 형태의 이야기에서는 목화를 "식물 양"이라고 보았으며 삽화가들은 식물 양이 보송보송한 솜털 목을 가지 끝에서 풀밭 쪽으로 길게 늘이고 있는 모습을 그

그림 13.2. 중세 여행가 존 맨더빌 경을 비롯하여 다른 이들이 전해준 이야기들을 바탕으로 미신이 생겨났으며, 이 미신에 따르면 면이 "식물 양"에서 나오고 어느 아시아 나무의 열매에서 이 털북숭이 식물 생명체를 딴다고 했다.

렸다.

맨더빌과 마찬가지로 나 역시 비가 많고 시원한 섬 출신이어서 솜을 재배한다는 개념이 무척 이국적으로 들린다. 그러나 중세 영국인과 달리 나는 굳이 인도까지 가지 않아도 자연 상태의 솜을 볼 수 있다. 현대 공예점에서는 가공하지 않은 목화다래를 가지에 달려 있는 상태 그대로 매우 합리적인 가격에 팔고 있다. 원래는 화환이나 꽃꽂이용으로 나왔지만, 분해를 시도해볼 만큼 용감한 식물 탐험가를 위해 목화다래 하나하나에는 씨앗의 놀라운 진화 이야기가 담겨 있었다. 핀셋과 주머니칼, 뾰족한 현미경 탐색침 한 쌍으로 무장한 나는 가지에서 중간 크기의 목화다래 하나를 꺾어 라쿤 오두막으로 향했다.

열매꼭지 쪽이 아래로 가도록 책상 위에 얹고 보니 목화다래는 정말로 양을 닮았고 등에 해당하는 부위에 흰색 솜이 촘촘하게 나 있어 오래된 플란넬처럼 부드러웠다. 그러나 두 손가락으로 솜을 꽉 누르자 섬유질로 둘러싸인 안쪽에 씨앗 덩어리들이 만져졌다. 목화다래는 가로세로 7.5센티미터, 5센티미터이고 무게는 4그램이며, 크기는 예전에 깃털에 관한 책을 쓸 때 같은 책상 위에서 깃털을 해체한 적 있던 작은 굴뚝새와 이상하게도 비슷했다. 또한 목화다래 역시 가볍고 촘촘하며 날아가도록 설계되어 있었다. 새의 깃털을 뽑는 작업은 새를 꼭 움켜쥐고서 깃털을 잡아당겨 뽑은 뒤 1,200개가 넘는 깃털을 종류별로 분류하는 핀셋 작업을 두 시간 꼬박 쉬지 않고 공들여 해야 했다. 그에 비하면 이번 일은 아이들 장난이었다. 일 분도 안 걸려 손으로 씨앗과 솜을 분리하긴 했지만 단 한 올의 섬유질도 온전하게 풀어낼 가능성이 없다는 것을 깨달았다. 섬유질들이 너무 단단하게 엮여 있고 구불구불 꼬여 있어서, 설령 몇 백 개까지는 아니라도 몇 십 개씩 다른 섬유질들을 매듭으로 뭉텅 잡아당기지 않고는 하나도 빼낼 수 없었다. 씨앗을 깔끔하게 빼내고자 했던 나의 계획은 무너졌다. 나는 솜 안의 씨앗을 빼낸 다음 예전에 굴뚝새 깃털들을 그렇게 했던 것처럼 개별 섬유질을 분류하고 수를 세고 측정해보고 싶었다. 결국 나는 가위에 의지했고 그런 다음에도 엉겨 붙은 덩어리를 만나면 수십 번이나 가위로 싹둑 잘라야 했다. 그리하여 눈처럼 날리는 뒤엉킨 솜털들과, 아직 섬유질 덩어리가 삐죽삐죽 붙어 있는 애처로운 씨앗 한 무더기를 최종적으로 얻었다. 형편없는 솜씨로 깎아놓은 양털 같다는 비유가 어쩔 수 없이 머릿속에 떠올랐다.

현미경으로 보니 나의 문제가 어디서 비롯되었는지 분명하게 드러났다. 각 씨앗의 표면에는 마치 바싹 잘라놓은 잔디처럼 솜털이 촘촘하게 솟아 있었고 이 솜털들이 너무 빽빽해서 씨껍질이 끝나는 지점이 어디이고 솜털이 시작되는 지점이 어디인지 분간할 수 없었다. 데릭 뷸리의 씨앗 사전에서 목화 항목을 훑어보니 이유를 알 것 같았다. 목화씨는 모두 하나같이 똑같았다. 씨껍질에 관한 한 목화 같은 식물은 규칙을 따르지 않았다. 목화씨는 가장 바깥층을 씨앗 보호보다는 씨앗 확산의 가능성에 할애했다. 비행(그리고 조금 있으면 살펴보게 될 부유)은 매우 커다란 진화적 동기가 되었고 이 때문에 개별 세포들은 현미경으로 봐야만 보이는 작은 점에서 길이 5센티미터가 넘는 엄청나게 가는 실로 변화되었다. 이 가는 실을 풀기 힘든 것은 너무도 당연했다. 실 한 개의 폭이 겨우 세포 하나밖에 되지 않으므로 쪼갠 완두콩 크기의 목화씨에는 2만 개가 넘는 가는 실이 자라 씨껍질은 온통 솜털로 뒤덮인다. 보통 크기의 열매 1개당 32개의 씨앗이 들어 있으므로 모든 목화다래는 50만 개 이상의 가닥이 뒤얽혀 있는 덩어리인 셈이다. 이 가닥들을 하나로 길게 이으면 32킬로미터가 넘는다.

엘리 휘트니는 농장 마당의 고양이가 닭을 덮치는 모습을 본 뒤 영감을 얻어 그의 유명한 기계를 만들게 되었다고 한다. 닭은 꽥꽥 비명을 지르고는 얼른 도망갔고, 그 자리에 남겨진 고양이의 발톱에는 깃털 뭉치들이 매달려 있었다. 조면기도 이와 같은 방식으로 작동하며 빙빙 돌아가는 커다란 원통에 고정되어 있는 고리로 씨앗에 붙어 있는 섬유질을 긁어낸다. 1793년 휘트니가 제출한 특허출원의 그림을 보면 보잘것없는 나무 상자에 손으로 돌리는 크랭크와 한 개의 롤러가 달려 있었다. 이 기술은 증기 시대와 전기 시대를 거치면서 빠르게 발달해 오다가 이제는 컴퓨터화된 현대식 거대 기업에 이르러 2분도 채 안 되는 시간에 227킬로그램이나 되는 면화 뭉치를 분류하고, 세척하고, 건조하고, 다릴 수 있게 되었다.

이 모든 과정을 거치는 동안에도 목화의 진화적 의도는 여전히 명확하게 드러나고 있었으며 19세기의 어느 관찰자가 "맹렬한 눈보라"라고 일컬었던 모습 그대로 모든 조면기 주변에 솜털이 몇 가닥의 성긴 구름들을 만들어내면서 둥둥 떠다니거나 빙글빙글 돌고 있었다. 목화씨에 나 있는 단일세포의 털은 사실상 거의 느낄 수 없을 정도인 최소한의 무게와 최대한의 표면적을 모두 지니고 있다. 바람을 타고 공중으로 날아다니든 아니면 기계로 그렇게 하든 간에 솜털은 공중에 둥둥 떠서 씨앗이 의도한 목적대로 이리저리 돌아다닌다.

바람에 의한 확산은 생물학자들이 말하는 이른바 "씨앗 범위"를 만들어낸다. 바람은 변화가 심하며 아무리 우수한 공기역학이라도 최대한 오래 날아가도록 할 수 있을 뿐이다. 따라서 예측 가능한 패턴이 나오는데, 대다수 씨앗은 어미식물과 상당히 가까운 땅에 떨어져 밀집된 덩어리를 이루다가 거리가 멀어지면 산발적으로 흩어져 있고 이후에는 이따금씩 보이다가 당신의 시선이 닿는 아주 먼 곳에서는 매우 드물게 보인다. 이런 씨앗 범위가 정확히 어디서 끝나는지는 여전히 풀리지 않은 문제로 남아 있다. 정말로 멀리 날아간 경우는 어쩌다가 한 번씩 있으므로 연구하기 힘들다.

공기 중에 떠다니는 씨앗을 추적했던 몇 안 되는 시도 중 하나는 망초라는 이름의 잡초 같은 과꽃을 중심으로 이루어졌다. 연구자들이 끈적끈적 달라붙는 씨 덫을 원격 조종 비행기에 설치한 결과 망초의 솜털이 상승 기류를 타고 최소 120미터 높이까지 올라간다는 것을 알았다. 이 높이에 올라가면 아무리 바람이 약해도 수십 또는 수백 킬로미터를 이동할 수 있다. 그러나 우리는 씨앗이 이보다 훨씬 높이, 훨씬 더 멀리까지 퍼질 수 있다는 것을 알고 있다. 히말라야 산맥에는 정체를 알 수 없는 씨앗이 바람에 날려 와서 6,700미터 높이의 바위틈에서 발견된 바 있는데 이곳은 식물이 자랄 수 있는 높이가 아니었다. 이 씨앗들이 얼마나 멀리 이동해 왔는지는 아무도 알지 못하지만 충분한 씨앗이 있으면 먹이사슬의 토대가 형성된다. 균류가 씨앗을 썩게 하고 톡토기가 균류를 잡아먹으며 작은 거미들이 이 톡토기를 먹잇감으로 삼는다.

그러나 장거리 확산을 가장 잘 보여주는 증거는 산꼭대기를 뒤진다고 나오는 것도 아니고 상층 대기를 샅샅이 뒤져 어쩌다 있을지 모르는 씨앗을 찾는다고 나오는 것도 아니다. 그런 증거는 찰스 다윈이 비글호를 타고 여행하던 동안 깊은 흥미를 느꼈던 바로 그 패턴, 즉 종의 분포 속에서 찾을 수 있다. 또한 아주 단순한 사실에서도 증거를 찾을 수 있는데, 가령 갈라파고스 제도의 목화처럼 멀리 떨어진 지역에서 자라는 식물은 장거리 확산을 통하지 않고는 어떤 방법으로도 그곳에 있을 수 없다. 다윈의 메모에는 그가 정확히 언제부터 씨앗의 확산에 대해 생각하기 시작했는지 잘 드러나지 않지만 비글호 항해를 마치고 영국으로 돌아온 지 몇 년 지나지 않았을 무렵 그는 셀러리 씨앗뿐 아니라 아스파라거스도 통째로 해수 탱크와 플라스크에 담그는 등 모든 식물을 일일이 담그기 시작했다. 한 달이 지난 뒤에도 대다수 종은 싹이 잘 났고 어떤 것은 넉 달 이상 해수에 담겨 있다가 발아한 것도 있었다. 그러나 처음 며칠이 지난 뒤 물 위에 떠 있는 씨앗이 몇 개 되지 않아서 다윈은 실망했다. 그럼에도 그는 평균적인 대서양 해류를 타고 최소한 483킬로미터나 이동했던 씨앗의 확산 거리를 계산해냈다. 또한 바람을 타고 확산된 씨앗이 물 위에 떠서 이동하다가 바닷가에 닿은 뒤 수분이 마르고 나면 산들바람을 타고 이리저리 굴러 내륙 지방까지 이를 수 있다는 생각을 깊이 해보게 되었다.

다윈의 실험은 양배추, 당근, 양귀비 등 영국의 밭에서 흔히 보는 식물들을 중심으로 이루어졌다. 이런 소박한 시작 단계부터 그는 바람과 새에 의한 장거리 확산, 그리고 나아가서 해류에 의한 장거리 확산이 갈라파고스 제도 같은 곳에 군집이 형성된 이유를 설명할 수 있다고 신중하게 결론을 내렸다. 그럼에도 씨앗이 얼마나 멀리 이동할 수 있을지에 대해, 그리고 "씨앗이 좋은 조건의 토양에 떨어져서 완전하게 다 자랄 가능성이 얼마나 적은가!"라는 도착 이후의 운명에 대해 여전히 의심을 품었다. 목화를 대상으로 실험했더라면 이보다 훨씬 기운이 났을 것이다.

보송보송한 솜털 덕분에 씨앗이 바람을 타고 계속 공중에 떠 있을 수 있는 것처럼 동일한 특성 덕분에 씨앗이 물에도 계속 떠 있을 수 있다. 긴 섬유질을 지닌 종의 씨앗은 공기 방울을 가둬둘 수 있어서 적어도 두 달 반 정도 물에 떠 있다. 또한 목화씨에는 털이 촘촘하여 박혀 있어 씨껍질에 물이 스며드는 것을 막아주며 심지어는 바다 속에 가라앉아 삼 년 이상 소금물에 담겨 있더라도 여전히 씨앗으로서의 생명을 유지할 수 있다. 다윈의 목화와 남미 해안가에 있던 조상 종의 유전자 데이터를 대조해본 연구자들은 이 조상 종이 본토에서 군도까지 926킬로미터를 횡단해 왔다고 상당히 명확하게 파악하고 있다. 폭풍에 날려 온 것이든, 아니면 확산 활동에서 이른바 "엄청난 기상학적 사건"으로 알려진 현상에 의해 이동한 것이든 멀리 바다까지 온 최초의 모험적인 씨앗은 이후 몇 주 동안 빠른 훔볼트 해류에 실려 떠내려가다가 바위가 많은 갈라파고스 해안가에 닿았다. 여기서부터는 아마 다윈이 상상했던 대로 바닷가의 산들바람에 실려 내륙 쪽으로 퍼져갔을 것이다. 그러나 이에 못지않게 충분히 있을 법한, 훨씬 더 멋진 또 하나의 가능성도 있다. 갈라파고스의 건조한 저지대 곳곳에서는 이 지역 고유의 토종 핀치새들이 오로지 씨앗의 솜털만을 가져다가 둥지의 안쪽을 대기 때문에 다윈의 목화가 마지막 여정 단계에서는 다윈의 핀치 부리 속에 들어가 이동했을 가능성도 있다.

여느 특정 씨앗이 바람이나 파도에 실려 이동하다가 좋은 보금자리를 찾을 가능성은 시간이 오래 걸리는 것처럼 보인다. 그러나 시간이 흐르고 반복되다 보면 두 전략은 성과를 만들어낸다. 비록 대개는 몇 십 센티미터, 몇 미터 단위이기는 해도 씨앗을 퍼뜨리기 위해 다른 몇 가지 방법을 결합하기보다는 바람에 의지하는 식물들이 더 많다. 그러나 이 등식에 해류가 더해지면 다윈의 목화 같은 이야기가 흔하게 일어난다. 최소한 170가지 식물 종이 이와 비슷한 방법으로 갈라파고스 제도까지 이동했다. 실제로 목화가 남미에 처음 군집을 형성하게 된 과정을 보면 대서양을 한 번도 아니고 두 번이나 건너야 했다. 그러므로 이런 모든 과정을 감안할 때 목화가 남미에서 갈라파고스 제도까지 가는 것은 그리 대단한 위업이 아닐지도 모른다. 생물 지리학자들은 애초 목화가 대서양을 횡단하여 남미에 군집을 형성한 과정을 "거듭된 기적"이라고 부르는데 이 기적에는 엄연히 명백한 증거가 있다. 아메리카 목화 종에는 서로 다른 두 가지 아프리카 조상 종의 유전자가 들어 있으며 이는 식물학자들의 관심이 미치지도 못할 만큼 멀리 떨어진 대서양 양쪽의 영향 관계에 진화상의 획기적 전환을 가져왔다. 목화의 대서양 횡단 이동은 19세기에 들어 산업화, 세계화, 대영제국의 패권, 미 독립전쟁 등 세계적 사건에서 매우 중요한 의미를 지녔다.

근대 시대를 여는 데 목화가 얼마나 중요한 의미를 지녔는가에 대해서는 아무리 강조해도 지나치지 않다. 역사가들은 면직물을 "혁명적 섬유",

"산업혁명의 연료"라고 일컬었다. 면직물은 최초의 글로벌 대량생산 상품이 되었으며 이 상품을 기반으로 미국의 대농장, 영국의 공장, 아프리카의 노예 항구를 연결하는 악명 높은 삼각무역이 자리 잡았다. 삼각무역 체계 내에서 가공하지 않은 면은 동쪽으로 향하고 완성된 섬유 제품은 남쪽으로 향하며 노예 노동은 서쪽으로 향했다. 카를 마르크스가 말했듯이 "노예제가 없다면 목화가 없고, 목화가 없다면 현대 산업이 없다." 마르크스가 이 말을 쓴 것은 1846년이며, 이때는 면화 무역이 미국 수출에서 60퍼센트라는 엄청난 비중을 차지하고 영국 노동자 5명 중 1명이 이 산업에 고용되어 있었다. 한 세기가 지나도록 면화는 원자재로든, 완성품으로든 유럽과 미국 수출에서 계속 지배적인 위치를 차지했다. 그러나 목화씨의 섬유질이 가져온 광범위한 사회적 경제적 변화는 이보다 훨씬 이전부터 시작되고 있었다.

크리스토퍼 콜럼버스는 카리브 해에서 목화를 발견하자 이 역시 자신이 아시아 해안에 닿았다는 또 하나의 증거라고 간주했다. 목화는 천 년이 넘도록 아시아 고유의 섬유로 간주되어 왔으며, 인도에서 생산되어 동쪽에 있는 일본에서부터 서쪽 멀리 아프리카와 지중해까지 연결하는 무역통로를 따라 유통되었다. 페르시아 한 곳만 봐도 낙타 한 마리의 짐 분량 기준으로 매년 2만 5천 내지 3만 마리 분량의 인도 면을 수입했으며, 비록 많지는 않아도 고정적인 공급량이 베니스를 통해 유럽에 제공되어 베니스에서는 면을 향신료 무역 과정에서 추가로 생긴 수익성 좋은 품목으로 여겼다. 또한 아시아 내에서도 면을 널리 거래했다. 역사가들은 실크로드를 반대 방향에서 보면 코튼로드가 된다고 여러 번 지적하곤 했다. 중국 상인이 귀국할 때 많은 양의 인도 직물을 가져갔음에도 수요를 충당하지 못했다. 결국 중국은 법 제정을 통해 자체 공급을 마련했는데, 14

세기의 한 엄격한 법에서는 4,000제곱미터 이상의 농지를 소유한 사람은 모두 일정 면적의 땅에 목화를 심어야 한다고 정해 놓았다. 포르투갈과 네덜란드 배가 향신료를 찾으러 아시아의 항구에 처음 도착했을 때 이들은 면이 중요한 품목이 될 것이라고 보았다. 인도의 날염 직물은 유럽의 은보다 훨씬 큰 구매력을 지녔으며, 특히 육두구와 정향이 자라는 먼 섬과 무역할 때 특히 그러했다. 이후로도 직물은 네덜란드인에게 여전히 수익성 있는 부업으로 남았지만 실제로 새로운 면화 시대를 연 곳은 영국의 동인도회사였다.

18세기 후반 반세기 동안 패션, 혁신, 정치라는 세 가지 사항이 결합되어 면화 경제를 변화시켰다. 적은 비용으로 비싼 실크의 디자인을 그대로 베낀 캘리코(캘리컷이라는 해안 도시 이름에서 유래되었다)와 기타 날염 직물은 유럽의 늘어나는 중산 계급이 색상과 스타일 감각에 눈을 뜨도록 기여했다. 보호주의 법령들, 간간이 일어나는 직물 폭동, 런던 거리에서 캘리코를 입은 여성들이 공격을 당하고 발가벗겨지는 충격적인 사건 등 모직물과 리넨 산업의 저항이 있었음에도 인도 면직물의 수입은 호황기를 맞았다. 동인도회사는 무역의 중심을 향신료에서 직물로 옮기면서 유럽의 시장뿐만 아니라 영국 소유의 아프리카와 호주, 서인도제도의 시장에까지 직물을 공급했다. 인도 직물이 세계적 상품으로 성공을 거둠으로써 이를 모방하려는 의욕을 북돋웠고 제임스 하그리브스의 제니 방적기, 새뮤얼 크럼프턴의 뮬 방적기, 리처드 아크라이트의 수력방적기 등 일련의 혁신적인 발명품을 탄생시켰다. 기계화로 인해 영국제 직물의 품질이 향상되고 가격이 하락함으로써 세계적 생산지가 인도의 마을에서 영국의 공장 도시로 옮겨갔다. 또 다른 열매인 커피가 노동자들의 머리를 활발하게 깨워주었던 것처럼 목화 열매는 기계에 대한 영감을 일깨워줌으로써 산업혁명을 이끌었다.

정치적으로 볼 때 면직물에 대한 수요 증대, 그리고 안정적인 공급의 필요성이 인도에서 보여준 영국의 팽창 정책을 정당화해주었다. 영국 공장들이 면직물 사업을 잠식하면서 인도 경제 기반을 약화시키는 동안 동인도회사가 인도 아대륙에 대한 지배력을 늘려 나갔다. 마하트마 간디가 집에서 짠 면직물을 영국 통치에 대한 저항의 상징으로 선택하고 "직접 실을 잣고 천을 짜는 것은 모든 인도인의 애국적 의무"라고 말한 것도 전혀 놀랄 일이 아니다. 양식화한 물레 그림이 지금도 인도 국기의 정 중앙에 위치해 있다. 면직물은 고도로 산업화된 최초의 산업으로서 유럽을 농업 경제에서 공장 경제로 이동시켰다. 또한 이 과정에서 형성된 반복적 양상이 향후 2세기 동안 지속되어 원자재는 남반부에서 북반구로 수입하고 완성 제품은 세계 전체로 수출하는 양상이 반복되었다. 유럽에서는 이런 체계 덕분에 제국들이 강화되고 엄청난 번영을 이루었다. 다른 한편 미국에서는 전쟁이 촉발되었다.

크리스토퍼 콜럼버스가 신세계에서 발견한 목화는 아프리카나 아시아의 친척 종과 달랐다. 섬유질이 더 길고 씨앗이 더 끈적거려서 손질하기가 힘든 것으로 악명 높았다. 그럼에도 훌륭한 제독 콜럼버스는 자신의 목화를 칭송하면서 이 종은 특별히 돌볼 필요도 없이 풍요롭게 자라며 일 년 내내 수확할 수 있다고 주장했다. 그의 설명들은 전형적인 콜럼버스식 허풍으로 가득 차 있지만 목화의 경우에는 그의 열정이 사실과 크게 어긋난 것은 아니었다. 길이가 훨씬 긴 섬유질이 솜털을 구성하고 있어서 우수한 품질의 방적사를 만들 수 있으며 현재는 아메리카 목화 단일 종이 세계 생산량의 95퍼센트 이상을 담당하고 있다. 하지만 내가 직접 시도해봄으로써 분명해졌듯이 씨앗에서 섬유질을 분리해내는 작업은 결코 쉬운 일이 아니었다. 세계적인 활황기에도 불구하고 아메리카 목화는 엘리 휘트니가 그 유명한 조면기를 만들어내기 전까지는 별로 중요하지 않은 작물로 남아 있었다. 조면기는 즉시 효율성과 생산성의 증대를 가져왔지만 젊은 발명가는 장차 전개될 다른 결과까지 예측하지는 못했다.

엘리 휘트니는 당시의 국무장관 토머스 제퍼슨(기계 도면들을 살펴본 뒤 몬티첼로에 조면기를 들여놓도록 지시했다)이 서명한 특허권을 받았지만 자신의 발명품으로 수익을 얻지는 못했다. 설계가 단순하여 베끼기가 쉬웠다. 게다가 그는 남부 지방의 시골 법원들이 북부 도시의 특허권을 가진 사람에게 그다지 동정심을 보이지 않는다는 사실을 깨달았다. 그가 받아야 할 몫의 극히 일부라도 거둬들였다면 어마어마한 돈을 벌었을 것이다. 별 소득은 없었지만 그의 특허권이 인정된 뒤 십 년 만에 조면 기술은 미국 남부 지방의 수출량을 15배나 늘렸다. 생산량은 십 년마다 계속 두 배씩 증가했고 19세기 중반 무렵 남부 지방의 대농장은 세계 면화 공급량의 거의 4분의 3을 생산했다. 다른 어떤 상품보다도 면화는 젊은 미국에 국가적 부와 영향력, 국제적 명성을 가져다주었다.

엘리 휘트니의 법적 고충에 대해서는 어떤 역사가도 이의를 제기하지 않지만 그럼에도 그의 발명이 가져온 또 다른 결과와 비교해보면 이런 문제는 정말 별 것 아니었다. 기계화를 통해 면화 가공 과정은 단순해졌는지 몰라도 목화를 재배하기 위해서는 여전히 많은 노동력이 요구되었다. 미국 면화 사업이 갑작스레 수익성이 좋아짐으로써 이전까지 쇠퇴하던 아프리카 노예 시장이 다시 활기를 띠었다. 대서양 삼각 무역 가운데 가장 혐오스러웠던 한 축은 1790년대에 새로운 정점을 맞이했고 이 당시 해마다 무려 8만 7천 명이나 되는 노예들이 중간 항로를 거쳐 미국으로 건너갔다. 1808년 미 의회가 해외 인신매매를 금지시켰지만 국내 거래는 계속 활발했고 1800년에서 1860년 사이에 노예 수가 다섯 배나 늘었다. 몇몇 지역에서는 목화를 딸 사람을 사고파는 일이 면화 자체를 사고파는 일에 필적할 만한 사업이 되었다.

노예와 면화 간의 이런 뿌리 깊은 연결 관계가 미 남북전쟁 이전의 남부 경제를 규정했고 미국에서 가장 지독했던 충돌의 계기가 되었다. 1865년 남북전쟁이 끝날 때까지 백만 명 이상의 사람이 죽고, 다치고, 쫓겨났다. 이 전쟁은 결정적인 대결의 양상을 띠었으며 향후에도 끈질기게 이어진 사회적 정치적 갈등의 요인이 되었다. 그러나 씨앗의 솜털을 기반으로 하는 경제는 거의 변하지 않았다. 노예 대신 소작인을 둠으로써 면화 생산은 다섯 해 만에 전쟁 이전 수준을 회복했고 1937년까지 미국 수출에서 일등 품목의 지위를 계속 이어갔다. 엘리 휘트니도 모든 게 잘 풀려갔다. 그가 발명한 조면기의 특허 기간이 만료되고 여전히 별 가치는 없었지만 이후 그는 다른 사업 분야에서 큰돈을 벌었다. 머스킷 총, 라이플총, 권총을 제조하는 사업이었다. 아이러니한 일이지만 남북전쟁에서 가장 흔하게 사용된 화기 중에는 휘트니 아모리 사에서 만든 무기가 들어 있었다.

씨앗과 전쟁이 서로 어울리지 않을 것 같은 이상한 조합처럼 들리지만 목화 솜털이 전쟁터의 사건에 영향을 미치게 된 것이 오로지 씨앗의 확산 전략 때문만은 아니었다. 역사상 최초의 공습은 1911년 이탈리아-투르크 전쟁 동안 어느 정찰기의 조종석에서 네 개의 작은 수류탄을 투척한 사건이었다. 상부의 지시 없이 단독으로 행동한 이 이탈리아 조종사는 리비아 사막에 있던 터키 군 야영지 위로 급강하하면서 수류탄의 안전핀을 직접 뽑았다. 부상자는 없었지만 전쟁의 양측 모두 그의 행동이 전쟁 매너를 어긴 충격적인 일이라고 질타했다. 하지만 전략가들이 이러한 새로운 공격 방식의 잠재적 가능성을 인식하면서 이러한 분노의 감정은 곧 사라졌다. 수류탄 투척을 통해 전쟁 수행에 새로운 시대가 열렸고 이 조종사는 전쟁사 교과서의 각주에 영구적으로 이름을 올리게 되었다. 그러나 그가 타고 있던 비행기의 특이한 디자인을 기억하는 사람은 거의 없다. 이 비행기는 라이트 형제가 만든 형태의 복엽기도 아니고, 브라질 비행기 제작의 선구자인 아우베르투 산투스두몽이 만든 형태의 복엽기도 아니었다. 그렇다고 오토 릴리엔탈이 만든, 새처럼 생긴 글라이더에서 영감을 받은 것도 아니었다. 조종자가 탔던 비행기에는 꼬리 날개가 달려 있고 인도네시아 출신이라면 익숙하게 보았을 법한 맵시 있는 날개가 있었는데, 인도네시아의 우거진 우림 속에는 이와 동일한 디자인이 수천 개씩 허공에 떠다녔다. 이 유명한 사건에 등장했던 비행기는 기본적으로 자바 오이의 유선형 씨앗을 크게 확대시켜 놓은, 날아다니는 씨앗이라고 할 수 있었다.

대다수 선구적인 비행가들은 새와 박쥐에게서 힌트를 얻었지만 오스트리아 사람인 이고 에트리히는 이보다 훨씬 오래된 날개에 눈을 돌렸다. 내가 빌 디미셸과 함께 보았던 것과 같은 화석들이 입증하는 바에 따르면 씨앗은 수억 년 동안 날개를 지니고 있었다. 식물들은 이런 엄청난 시행 과정을 통해 자손의 조직을 얇고 판판하게 만들어 수직 꼬리 날개와 지지대 같은 것을 엄청 다양하게 만들었다. 예를 들면 "가장자리에 술이 달린 물매화"에게서 발견된 벌집 모양의 이랑에서부터, 제비고깔의 레이어드 스커트까지, 혹은 단풍나무나 플라타너스의 보다 익숙한 팔랑개비까지 다양하다. 에트리히가 주목한 씨앗의 경우 뒤로 젖힌 날개 한 개의 대각선 길이가 15센티미터나 되지만 목화의 섬유질처럼 두께가 세포 하나

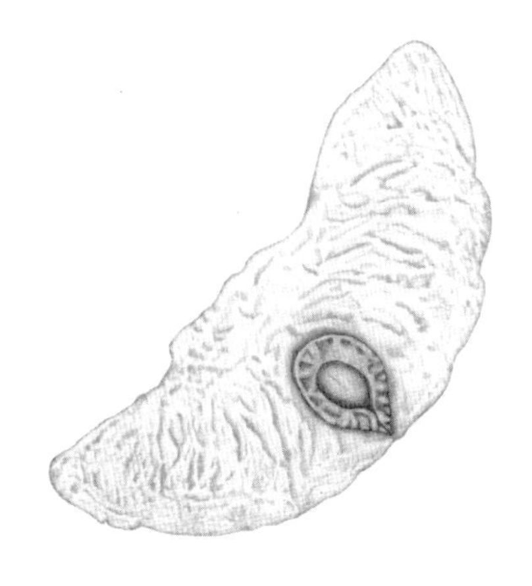

그림 13.3. 자바 오이*Alsomitra macrocarpa*. 가장자리를 늘려서 얇고 넓은 날개로 만든 자바 오이의 씨앗은 자연에서 가장 효율적인 날개의 하나로 꼽히며, 아주 약한 미풍만 불어도 공중에 떠 있을 수 있고 몇 십 센티미터가 아닌 몇 킬로미터씩이나 활공을 하면서 날아간다.

밖에 되지 않아 양력을 제공하면서도 무게는 나가지 않았다. 자바 오이의 덩굴은 가늘고 별 특징이 없으며 인도네시아 숲에 햇빛이 드는 나무 꼭대기를 향해 나무줄기를 휘감으며 위로 뻗어나간다. 서구의 식물학자들 중 이 식물을 본 사람은 거의 없지만 씨앗을 만들어낸 식물을 보기도 전에 오래전부터 이 씨앗에 대해서는 알고 있었다.

자바 오이의 씨앗은 호박처럼 생긴 열매의 갈라진 끝에서 수백 개나 떨어져 허공에 떠다니며 보통 우림이 끝나는 지점에서 멀리까지 날아간다. 선원들은 바다에서 몇 킬로미터나 떨어진 배의 갑판에서 이 씨앗을 보았다고 전했다. 씨앗이 이처럼 놀라울 정도로 활공을 할 수 있었던 것은 수동적 안정성과 얕은 하강 각도 덕분이었는데 이는 여느 항공 엔지니어라도 흥미를 가질 법한 특징이었다. 수동적 안정성이란 비행 과정에서 스스로 조정해 나가는 것을 가리키며, 비행물체가 흔들릴 때 다시 균형을 찾는 능력을 말한다. 자바 오이 씨앗의 잘 휘어지는 막은 선천적으로 이런 안정성을 갖고 있으며 막의 둘레에서 양력의 중심점을 끊임없이 재조정한다. 하강 각도가 얕다는 것은 씨앗이 날아가는 동안 1초마다 0.5미터씩

고도가 내려간다는 의미이다. (빙글빙글 도는 단풍나무 씨앗은 이보다 두 배나 더 빨리 하강한다.) 비록 에트리히가 자신의 비행기에 붙인 이름은 독일어로 "비둘기"를 뜻하는 타우버였지만 이 비행기가 씨앗을 기반으로 만들어졌다는 사실을 숨기지 않았고 이후 비행 서클 내에서 자바 오이는 예찬의 대상이 되었다. 완성된 비행기 타우버는 꼬리가 달린 동체에 의해 날개의 곡선이 둘로 나뉘는 형태이지만 에트리히는 자바 오이 씨앗의 모양을 똑같이 모방하여, 끊긴 곳 없이 부드럽게 이어진 날개 표면 안쪽에 조종석을 배치하고 꼬리를 없앤 비행기를 만들고 싶어 했다. 제1차 세계대전 이후 비행기의 주된 흐름은 이러한 모습과 동떨어진 방향으로 나아갔다. 그러나 "전익" 비행기(동체도, 수평꼬리날개도, 수직꼬리날개도 없이 항공기 자체가 마치 거대한 날개처럼 된 항공기_옮긴이)의 아이디어는 이후 75년 동안 몇몇 매버릭(지상의 장갑차, 방공망, 선박, 육상 운송 수단, 연료 저장소 등을 파괴하기 위한 공대지 유도탄_옮긴이) 설계자의 상상 속에서만 지속되다가 마침내 이제껏 나온 것 중 가장 치명적인 최첨단 고가 비행기에서 절정을 이루었다.

노스럽 그러먼 사의 B-2 스피릿은 대중적 이름인 스텔스 폭격기로 더 잘 알려져 있다. 이 폭격기에 영감을 준 씨앗과 마찬가지로 높은 양력과 적은 항력을 보여주는 형태의 B-2 스피릿은 매우 효율적이어서 연료 보급 없이도 거의 11,265킬로미터까지 날 수 있다. 게다가 추가 이점으로 이 폭격기는 꼬리날개나 그 밖의 툭 튀어나온 수직 날개가 없어서 최첨단 방공시스템 말고는 어떤 것에도 탐지되지 않는다. 지금까지 21대밖에 제작되지 않았지만(폭격기 1대당 총비용이 20억 달러가 넘는다) B-2 스피릿은 미국 무기고의 초석으로 간주되고 있다. 한 대의 비행기에 핵무기와 재래식 무기를 모두 탑재할 수 있도록 설계된 이 폭격기는 미 남북전쟁의 사상자

그림 13.4. 보통은 스텔스 폭격기로 더 잘 알려진, 노스럽 그러먼 사의 B-2 스피릿은 자바 오이 씨앗의 비행 날개 모양에서 영감을 얻었다.

를 모두 합친 것보다 더 많은 목숨을 앗아갈 수 있다. 이는 엔지니어링의 엄청난 위업이지만, 자바 오이의 전익과는 어울리지 않는 것 같다. 자바 오이의 전익은 생명을 앗아가기 위한 것이 아니라 생명을 퍼뜨리기 위해 진화된 설계이기 때문이다.

군용 항공은 경쟁이 치열하기로 악명 높은 산업이며 방위 산업 계약자 중에는 자기네 전투기를 노스럽 그루먼 사의 비행기로 교체하고 싶어 하는 사람이 얼마든지 있을 것이다. 스텔스 폭격기는 씨앗에서 영감을 얻은 날개 덕분에 우위를 점하고 있으며 이러한 공기역학적 이점은 경쟁자보다 뛰어난 성능을 발휘하고 B-2 프로그램이 지속적인 투자 자금을 확보하도록 해주었다. 이 분야의 끝없는 경쟁이 비행기 설계를 지속적으로 발전시켜 왔지만 다른 한편으로는 씨앗의 확산과 관련한 당연한 물음이 제기된다. 날개와 솜털 중 어느 쪽이 좋은가라는 물음이다. 2.5미터짜리 발판사다리와 줄자를 가지고 있을 뿐만 아니라 씨앗을 사랑하는 열정적인 미취학 아동까지 둔 나로서는 이 질문에 대답하기 위한 준비를 단단히 갖추고 있는 것 같았다.

어느 더운 여름날 아침 노아와 나는 집 뒤뜰로 가서 우리끼리 "씨앗 떨어뜨리기"라고 부르는 게임을 하기로 했다. 규칙은 간단했다. 내가 사다리에 올라가 씨앗을 날리는 동안 노아는 뒤뜰에서 이 씨앗을 좇아가다가 씨앗이 땅바닥에 떨어지면 그 지점에 오렌지색 측량 깃발을 꽂는다. 그런 다음 우리는 줄자를 이용하여 씨앗이 얼마나 멀리 갔는지 잰다. 맨 먼저 목화씨를 날렸는데 막상 측정하고 보니 조금 실망스러웠다. 솜털은 보통 정도의 바람에서도 5미터 이상을 떠다니지 못하고 풀밭으로 떨어졌다. 곧장 아래로 떨어진 것보다는 나은 편이지만 목화씨가 대양을 건너려면 강풍이라도 불어야 할 것이다. 솜털의 섬유질이 가볍고 많은 양이 생기지만 씨앗 자체는 다소 부피가 크기 때문에 몇몇 전문가들은 이런 솜털의 중요한 진화적 이점이 아마도 물에 뜨기 위한 것이라고 생각하게 되었다. (다윈의 목화처럼 매우 보송보송한 솜털 종류들이 모두 해안가에서 발견된다는 사실은 많은 것을 말해준다.) 우리는 민들레 씨앗으로도 계속 측정을 했고(9미터) 근처 포플러 나무의 깃털 달린 씨앗으로 측정을 해보았을 때에는 멀리 숲 끝까지 35미터를 날아갔다.

날개가 있는 씨앗을 시험할 차례가 되자 나는 봉투에서 자바 오이 씨앗 하나를 조심조심 꺼냈다. (자카르타 부근의 한 식물원에 보낸 편지는 답장을 받지 못했지만 어느 동정심 많은 씨앗 수집가에게서 간신히 몇 개를 구입할 수 있었다.) 이고 에트리히가 영감을 얻은 이유를 금방 알 수 있었다. 내 손바닥을 쫙 편 정도의 크기에 두께는 잎처럼 얇았다. 또한 엄지손가락 크기의 황금색 원판이 중앙에 있고 그 둘레에 반투명 막이 펼쳐져 있으며 바람이 불면 이 반투명막에 양피지 같은 주름이 쪼글쪼글 생겼다. 외관상으로는 타의 추종을 불허할 만큼 잘 날아가게 생겼고 하늘 높이 올라가는 것도 쉬워 보였지만 맨 처음 시도한 비행은 처참한 실패로 끝났다.

"이건 하나도 재미없어요, 아빠." 노아가 노골적으로 실망감을 드러내며 말했다. 자바 오이 씨앗은 앞부분이 무거운 종이비행기처럼 뒤뚱거리며 몇 십 센티미터쯤 날다가 바닥으로 쿵 떨어져버렸다. 나는 다섯 번이나 더 사다리 꼭대기에 올라가 씨앗을 날렸다. 그러나 딱 한 차례 불안한 새처럼 아래로 내려가더니 방향을 틀어 조금 날았고 모두 15미터 정도 갔다. 목화보다는 멀리 갔지만 십억 달러짜리 비행기의 훌륭한 모델처럼 보이지는 않았다. 마지막으로 사다리에 올라갔을 때 노아의 관심이 시들해지고 있는 것을 알 수 있었다. 이번에도 씨앗은 아래로 내려가더니 조금 펄럭거리다가 풀밭을 향해 떨어지기 시작했다. 그런데 그때 어떤 보이지 않는 의지가 끌어당기는 것처럼 씨앗이 알맞게 바람을 타더니 갑자기 위로 둥둥 떠오르기 시작했다. 노아가 함성을 질렀고, 사다리에서 후다닥 내려온 나와 함께 추격을 시작했다.

우리는 씨앗을 쫓아 마당 끝까지 뛰어갔다. 씨앗은 하늘 높이 솟아오르다가 방향을 틀어 몇 차례 긴 하강 비행을 하기도 하고 요동을 치기도 하면서 과수원 울타리를 넘어갔다. 라쿤 오두막의 처마에 둥지를 튼 제비들 중 한 마리가 그쪽으로 날아갔고 씨앗이 계속 상승 비행을 하는 동안 주위를 두 바퀴 빙빙 돌면서 조사했다. 우리는 그야말로 감탄의 웃음을 터뜨리면서 씨앗을 지켜보았다. 씨앗은 숲 꼭대기를 훌쩍 넘어 훨씬 빠른 기류와 합류하더니 속도를 내기 시작했다.

"저기 간다, 노아야!" 내가 소리쳤다. "다시는 저 씨앗을 보지 못할 거야!"

노아는 여전히 오렌지색 깃발을 손에 쥐고 있었고 나 역시 줄자를 들고 있었지만 날개 달린 씨앗과 깃털 달린 씨앗의 날기 시합에 대해서는 까맣게 잊고 있었다. 우리는 씨앗이 날아가는 것을 지켜보면서 단순한 기쁨을 느꼈다. 이는 본연의 모습 그대로 자기에게 맡겨진 일을 하는 어떤 아름다운 존재를 볼 때 느끼는 그런 기쁨이었다. 우리는 나란히 서서 고개를 하늘로 쳐든 채 씨앗이 시야에서 사라질 때까지 계속 웃고 또 웃었다. 시선이 닿는 저 끝에 종이처럼 얇은 조각이 여전히 하늘 높이 오르고 있었다.

씨앗의 미래

우주의 섭리에 따라
낮이 물러가고 밤이 오듯이
겨울도 여름도,
전쟁도 평화도, 많은 기근도 지나간다.
만물은 변한다.

헤라클레이토스(기원전 6세기)

모든 가족마다 오랫동안 이어져온 전통이 있다. 우리 아버지의 조상들은 모두 노르웨이 출신이며, 작은 나무배를 타고 피오르드 해안을 부지런히 움직이던 금욕적인 어부였다. 요즘은 우리 중 누구도 낚싯줄과 고리로 생계를 잇는 사람이 없지만 그럼에도 여전히 낚시는 당연한 활동의 하나였다. 어느 사진을 보나 적어도 한 사람은 죽은 연어를 들고 있으며 그렇지 않은 사진을 보기 힘들었다. 반면 우리 어머니는 외가 쪽을 가리켜 "하인즈 57"(57가지 성분이 들어가 있는 소스의 상품명_옮긴이)이라고 하는데, 시골의사와 말 도둑에서부터 결투로 죽은 하원의원까지 온갖 유형의 사람이 마구 뒤섞여 있는 전형적인 미국의 가문이다. 나는 엘리자와 결혼한 뒤로 농업 전통이 강한 가문에 들어가게 되었다. 지금도 그녀 가문의 이야기들을 알아가는 중이지만 그중 많은 것이 수박과 연관되어 있다.

"내가 북미에서 처음으로 4배체 수박을 재배했지." 엘리자의 할아버지 로버트 위버는 이렇게 말하면서 두 눈이 기쁨의 빛으로 환하게 빛났다.

아흔네 살인 로버트는 지금도 삶의 열정을 조금도 잃지 않았으며 수박을 재배하던 시절의 세세한 일들, 가령 수없이 많이 피어 있는 꽃을 손으로 직접 수분하던 일이나 이런 노력의 결실을 판매하고자 했으나 헛된 수고로 끝난 일 등을 지금도 기억하고 있다. "버피 사람들을 만나러 갔었지." 그는 유명한 종자회사의 운영자들을 구체적으로 지칭하며 말했다. "그런데 그들은 염색체와 먼지도 구분하지 못했어!"

4배체는 하나의 세포핵 속에 들어 있는 염색체 수를 가리킨다. 그레고어 멘델이 깨달았듯이 일반적으로 식물은 부모에게서 각각 염색체를 하나씩 받아 두 개의 염색체를 지니며, 유전학자들은 이를 2배체라고 부른다. 그러나 때로는 세포 분열이 잘못되어 정상 개수보다 두 배가 많은 씨앗이 생산된다. 자연 상태에서는 이러한 것이 변이의 중요한 원천이 되고 그 결과 새로운 형질이나 품목, 종이 생기기도 한다. 알멘드로가 4배체이며 다윈의 목화도 4배체이다. 그러나 20세기 중반에 식물 교배자들은 화학적 방법으로 염색체의 수를 배로 늘일 수 있다는 것, 그리고 4배체와 2배체를 역교배하면 번식력 없는 잡종*이 생산된다는 것을 발견했다. 이 방법을 수박에 적용하면 겉으로는 정상과 똑같고 맛도 달지만 씨앗이 없는 수박이 나온다. 소비자 입장에서는 성가신 일을 덜 수 있으며 종자회사의 입장에서는 농부나 재배자가 자기네 씨앗을 저장하지 못하고 매년 새로운 씨앗을 사야 하므로 지배력을 누릴 수 있다.

오늘날 수박 시장에서는 씨 없는 품종이 85퍼센트 이상을 차지하지만

* 문제의 핵심은 단순한 세포 분열에 있다. 짝수의 염색체를 지닌 식물은 꽃가루나 정자에 각각 절반의 몫을 나눠주었다가 이후 다시 결합하여 씨앗을 만들 수 있다. 그러나 2배체와 4배체를 교배하면 세 개의 염색체를 지닌 개체가 나오며 이 세 개를 똑같이 둘로 나눌 수 없다. 3배체 식물은 건강하게 자랄 수 있지만 정상적인 꽃가루나 난자를 만들지 못하고 그 결과 씨앗을 만들지 못하기 때문에 번식하지 못한다.

로버트는 이 품종이 큰 수익을 올리기 수십 년 전에 가내 기업에서 자기 몫을 팔아버렸다. “수백만 달러쯤 되지.” 최종적으로 그의 처남이 씨 없는 수박으로 얼마나 많은 돈을 벌었는지 물어보았을 때 이렇게 대답했다. 그러나 이 말을 하면서 어떤 후회의 흔적도 보이지 않았다. 로버트는 수박 사업에서 손을 뗀 뒤 가족 모두를 데리고 서부로 이사 와서 그의 말에 따르면 “아이들이 맨발로 걸어서 학교에 갈 수 있는” 섬에 정착했다. 그들은 유목 통나무로 마당이 내려다보이는 집을 지었고 이 마당의 토양은 매우 기름져서 일전에는 감자 한 포기에서 10킬로그램이 넘는 감자를 수확하기도 했다.

여러 가지 점에서 로버트의 경험은 현재 씨앗의 미래를 둘러싸고 격렬하게 진행되는 논쟁을 예고하고 있었다. 그는 어릴 때 농사를 지으며 자랐고 이후에는 소박한 시골 생활로 돌아갔다. 하지만 그 사이 기간에 유전자 변형의 시작을 슬쩍 맛보았으며 현재 이 분야는 단순히 염색체 수를 배로 늘리는 것을 넘어서서 훨씬 멀리 나아갔다. 현대의 식물 유전학자들은 특정 형질이 나타나도록 유전자를 더하고, 없애고, 변경하고, 이식하고, 새로 만드는 방법을 고안해냈다. 이제 농부들은 씨앗 저장, 자연 수분, 그 밖의 오래된 전통들을 둘러싼 특허 분쟁에 직면해 있으며 비판적 세력들은 각기 다른 종의 유전자를 혼합하는 데 따른 환경 문제, 건강 문제, 나아가 도덕적 문제에 대해 타당한 우려를 제기하고 있다. 유전자 변형 씨앗은 현재 드론에서부터 유전자 복제, 그리고 핵무기에 이르기까지 우리가 어떻게든 조정해보려고 애쓰는 테크놀로지와 혁신의 늘어가는 목록에 이름을 올린 상태이다. 수익을 추구하는 사람들의 경우에는 유전자 조작을 받아들이지만 현재 많은 이들은 경계심을 보이거나 완전히 거부 입장을 보이고 있다. 모든 사람을 만족시킬 수 있는 하나의 해결책은 있을 수 없지만 만일 이 책을 여기까지 읽은 독자라면 씨앗에 관해 많은 생각을 해왔을 것이며 아마도 바라건대 한 가지 점에서는 모두 동의할 것이다. 즉 이러한 문제가 논의할 만한 가치가 있다는 점이다.

로버트 위버는 그 이후로 한 번도 상업적 농사는 하지 않았지만 지금도 그의 가정생활에서는 식물 재배가 중심적 위치를 차지한다. 그와 그의 아내는 식물 재배에 대한 사랑을 아이들에게 전해주었으며, 이는 다시 엘리자의 세대까지 이어져왔다. 그리고 이제 노아를 강하게 사로잡고 있다. 위버 가족이 한자리에 모일 때면 결국 대화는 누가 무엇을 기르고 있는지, 식물은 잘 자라고 있는지 하는 주제로 이어진다. 씨앗 통이 등장하고, 얼른 메모를 써 달라고 재촉하고, 즉석에서 봉투를 접고, 어떤 종이 유망할지 그 자리에서 의견을 교환하는 일이 심심치 않게 일어난다. "새로운 쌀을 시험해보는" 시에라리온의 멘데 족처럼 모든 곳의 식물 재배자들은 씨앗 교환에 대한 열의를 함께 나누고, 직접 경작할 땅이 조금이라도 있으면 끊임없이 실험을 한다. 또한 이처럼 주고받는 전통을 통해 씨앗은 이야기들을 쌓아간다.

'씨앗을 나누는 사람들'의 다이앤 오트 휠리와 인터뷰를 가졌을 때 그녀는 할아버지가 물려준 나팔꽃을 키우다 보면 할아버지가 곁에 함께 있는 것 같다고 말했다. 그녀가 여름 내내 보았던 할아버지는 자주색 꽃들 사이에 서서 생울타리 너머로 윙크를 보내거나 온실 안에서 밖을 내다보곤 하는 모습이었다. 우리 집 마당도 마찬가지다. 어느 해를 보더라도 엘리자는 할아버지가 맹세로 다짐한 4번 저장 칸의 양배추를 심거나 이모 크리스가 준 케일(이 씨앗은 한쪽 다리를 잃은, 맥노트라는 이름의 스코틀랜드-아일랜드 사람이 크리스에게 전해준 것이다)을 심는다. 혹은 처가 집안이 좋아하는 덩굴제비콩인 오레곤 자이언트를 심을 것이다. 현재 이 콩은 직접 저장해두지 않은 경우에는 구하기 힘든 종자다. 또한 나는 아내의 친척 중 한 명이 "엘리자의 상추"를 재배하고 있을 것이라고 곧잘 생각한다. 이 종자는 그녀가 오래전 어느 공동 텃밭에서 배정받은 자기 구역에 씨를 뿌리러 갔다가 발견한 그 지역 토종 샐러드볼이다.

진화는 식물재배자와 아주 많이 비슷해서 가장 성공한 실험의 결실을 저장한다. 또한 씨앗의 승리에 관한 한 반드시 지켜야 하는 것은 없다. 포자식물이 지배적 위치에서 물러났듯이 어쩌면 씨앗도 결국은 새로운 것에 밀려날 것이다. 실제로 이 과정은 이미 진행되고 있는지도 모른다. 2만 6천 종 이상이 확인되는 난초는 지구상에서 가장 다양하고 가장 많이 진화된 식물이다. 그럼에도 난초의 씨앗은 거의 씨앗이라고 할 수 없을 정도이다. 난초의 꼬투리가 벌어져서 터지면 씨앗들이 먼지처럼 흩어져 나오는데, 이 씨앗들은 현미경으로만 보일 정도로 아주 작은 점과 같으며 기본적으로 씨껍질이나 화학적 방어 수단, 이렇다 할 영양분조차 갖고 있지 않다. 여전히 어린 식물체이기는 해도 캐럴 배스킨의 비유를 빌리면 상자도, 도시락도 없는 상태이다. 실제로 이 난초 씨앗은 알맞은 균류가 포함된 토양에서만 발아하고 자랄 수 있다. 이와 같으니 난초 씨앗은 사람에게 아무것도 베풀어주지 않는다. 연료도, 열매도, 식량도, 섬유도 제공하지 않으며 어떤 자극제나 효과 있는 약 성분도 제공하지 않는다. 난초과에 속하는 수천 종 가운데 오직 바닐라 한 종만이 상업적 가치를 지닌 씨앗을 생산한다. 난초가 아름다운 꽃을 피우지 않았다면 우리는 이 식물을 거의 알지 못했을 것이다.

빌 디미셸 같은 고식물학자들은 식물의 진화를 긴 시각으로 바라보면서 화석을 통해 갖가지 형질과 종, 전체 군이 증가하다가 줄어드는 과정을 관찰한다. 빌은 씨앗의 지배가 조만간 끝날 것이라고는 보지 않는다.

"난초는 말하자면 남에게 얻어먹는 식물이에요." 그가 내게 확인시켜 주었다. 대다수 난초는 균류에 의존하는 것 외에도 생존과 구조를 유지하기 위해 다른 식물을 이용하는 착생식물이다. 또한 매력적인 꽃을 피우지만 꿀이나 이용 가능한 꽃가루가 거의 없으며, 다른 식물이 든든한 보상을 제공해주지 않으면 그냥 허물어져버리는 일종의 속임수 체계 같은 것이다. 그럼에도 지구 식물군에서 거의 10종 가운데 1종이 난초라면 이들이 다른 뭔가에 의존하고 있다고 믿지 않을 수 없다. 먼지처럼 생긴 간단한 씨앗을 이용하여 성공을 거두었다는 사실은 복잡성이 진화의 결과라기보다 징후임을 우리에게 일깨워준다. 씨앗은 영양분, 오래 견디는 인내, 보호 등 정교하고 놀라운 특징을 지니지만 이 모든 것이 다음 세대에게 이점을 줄 때에만 앞으로도 지속될 것이다. 씨앗은 뭔가를 물려주는 생물학을 상징한다. 또한 어떤 점에서 깊은 문화적 의미의 뿌리이기도 하다. 씨앗은 과거와 미래의 연결성을 구체적 형태로 보여주며, 계절과 토양의 자연적 리듬뿐만 아니라 인간관계까지도 일깨워준다.

지난 가을 나와 노아는 우리 어머니네 집의 웃자란 화단에서 분홍색 꽃이 피는 아욱과 초롱꽃 씨앗을 주웠다. 나는 라쿤 오두막 앞 빈터에 생기를 불어넣기 위해 이 씨앗을 집으로 가져왔다. 어느 이른 봄날 오후 우리는 이 작은 땅을 삽으로 파고 잡초를 뽑은 다음 보관해두었던 씨앗을 꺼내왔다. 노아는 씨앗을 자세히 살펴보더니 갈퀴가 있는 꼬투리 속의 거무스름한 아욱 씨앗에 대해, 그리고 황금색 부스러기 같이 생긴 작은 초롱꽃 씨앗에 대해 논평을 했다. 씨앗을 심을 시간이 되자 노아는 잘 자라는 씨앗 몇 움큼을 갈아 엎어놓은 땅에 뿌리고는 자기가 가져온 씨앗도 함께 뿌렸다. 그날 오전에 간식을 먹다가 세심하게 골라 놓은 팝콘 옥수수 알맹이 네 개였다.

운이 따랐는지 씨앗을 심기에 딱 알맞은 때를 고른 셈이었다. 그날 오후 비가 꾸준하게 내려 씨앗에 물을 주더니 그 다음에는 하늘이 개었고 몇 날 며칠 동안 햇볕이 내리쬐었다. 얼마 안 있어 아욱이 싹을 틔웠고 아직 씨껍질 조각이 달라붙은 채로 새잎이 위로 솟아올랐다. 두 주일이 지났고 지금 이 단락을 쓰는 동안 내 연구실 창문 밖에서 엘리자가 노아에게 어린 식물을 가리키며 이야기하는 소리가 들렸다. "말바가 또 하나 있네." 그녀가 학명을 사용하며 노아에게 말했다. "저거 보여?"

노아는 그렇다고 대답했다. 그리고 나중에 어린식물을 내게 자랑스럽게 보여주었다. 용감한 녹색의 작은 점이 흙 위에서 빛나고 있었다. 이 책이 출판될 무렵이면 꽃이 한창 피었을 것이다.

감사의 말

이 책을 쓰는 동안 여러 분야에서 아낌없이 베풀어준 분들의 도움과 인내심에 많은 것을 의지했다. 이 과정에서 인터뷰를 허락해주고, 책과 논문을 빌려주고, 질문에 답해주고, 심지어는 꼭 필요한 때 우리 집 아이들을 돌봐주는 등 지원을 아끼지 않은 분들 인명을 일부나마 특별한 순서 없이 적는다. 캐럴 배스킨과 제리 배스킨, 크리스티나 월터스, 로버트 해거티, 빌 디미셸, 프레드 존슨, 존 도이치, 데릭 뷸리, 패트릭 커비, 리처드 랭엄, 샘 화이트, 마이클 블랙, 크리스 루니, 올레 J. 베네딕토브, 미카엘라 콜리, 에이미 그론딘, 존 나바조, 매튜 딜런, 새러 샬런, 일레인 솔로위, 휴 프리처드, 하워드 팰컨-랭, 맷 스팀슨, 스콧 엘릭, 스타니슬라프 오플루슈틸, 밥 시버스, 필 콕스, 로버트 드루진스키, 그렉 애들러, 데이비드 스트레이트, 쥬디 추파스코, 다이앤 오트 휠리, 소피 로이스, 팸 스털러, 노엘 마크니키, 첼시 워커-왓슨, 브랜든 폴 위버, 히로시 아시하라, 제리 라이트, 로널드 그리피스, 치푸미 나가이, 스티브 메레디스, 데이비드 뉴먼, 리처드 커밍스, 조반니 주스티나, 제이슨 워든, 에린 브레이브룩, 국제 스파이 박물관, 발레리아 포르니 마르틴스, 마크 스타우트, 앨 하베거와 넬리 하베거, 토머스 보거트, 아이라 패스턴, 키스턴 갤러허, 우노 엘리어슨, 조너선 웬들, 던컨 포터, 찰스 모슬리, 보이드 프랫, 벨라 프렌치, 폴 핸슨, 애런 부르마이스터, 네이슨 햄린과 에리카 햄린, 존 디키, 수잔 올리브, 에이미 스튜어트, 데릭 아른트와 수전 아른트, 캐슬린 발라드, 크리스 위버.

이 책의 저술을 돕기 위해 특별히 연구비를 지원해준 존 사이먼 구겐하임 기념 재단에 깊은 감사의 뜻을 전한다. 레온 레비 재단 역시 이 연구에 아낌없이 후원해주었다.

연구에 도움을 준 아이다호 대학 도서관과 샌 후안 아일랜드 도서관에 특별한 감사의 뜻을 표하며 특히 도서관 상호 대출 조정자 하이디 루이스에게 고마움을 전한다.

내 담당 에이전트 로라 블레이크 피터슨를 비롯하여 커티스 브라운 사에 근무하는 그녀의 동료가 재능과 열정을 다해준 데 감사드린다. 또한 샌드라 베리스, 캐시 넬슨, 클레이 파, 미셸 제이콥, 트리시 윌킨슨, 니콜 자비스, 니콜 카푸토(이밖에도 많은 사람들이 있었다)가 속한 페르세우스 출판 그룹과 베이직북스의 최고 팀 및 TJ 켈러허와 함께 했던 작업 역시 이번에도 진정한 기쁨을 안겨주었다.

마지막으로, 나의 친구들과 가족이 보여준 사랑과 응원이 없었다면 이 책은 나오지 못했을 것이며 특별히 즐거운 작업이 되지도 못했을 것이다.

일반명	학명	과(科)
아카시아Acacia	*Acacia spp.*	콩과Fabaceae(Bean)
팥Adzuki bean	*Vigna angularis*	콩과(Bean)
아프젤리아Afzelia	*Afzelia africana*	콩과(Bean)
알멘드로Almendro	*Dipteryx panamensis*	콩과(Bean)
아몬드Almond	*Prunus dulcis*	장미과Rosaceae(Rose)
사과Apple	*Malus domestica*	장미과(Rose)
팔 수수Arm millet	*Brachiaria spp.*	벼과Poaceae(Grass)
아스파라거스Asparagus	*Asparagus officinalis*	아스파라거스과Asparagaceae(Asparagus)
과꽃Aster	*Aster spp.*	국화과Asteraceae(Aster)
샤프란Autumn Crocus	*Colchicum autumnale*	콜키쿰과Colchicaceae(Autumn Crocus)
아보카도Avocado	*Persea americana*	녹나무과Lauraceae(Laurel)
발라니테스Balanites	*Balanites wilsoniana*	남가새과Zygophyllaceae(Caltrop)
보리Barley	*Hordeum vulgare*	벼과Poaceae
바질Basil	*Ocimum basillicum*	꿀풀과Lamiaceae(Mint)
아미초Bishop's Flower	*Ammi majus*	미나리과Apiaceae (Parsely)
겨이삭Bentgrass	*Agrostis spp.*	벼과Poaceae (Grass)
고피Bitterbark	*Sacoglottis gabonensis*	후미리아과Humiriaceae (Humiria)
블랙빈Blackbean	*Castanospermum australe*	콩과 (Bean)
블랙베리Blackberry	*Rubus spp.*	장미과 (Rose)
까막까치밥나무Black Currant	*Ribes nigrum*	까치밥나무과 Grossulariaceae(Gooseberry)
블루베리Blueberry	*Vaccinium spp.*	진달래과Ericaceae (Heather)
블루그래스Bluegrass	*Poa spp.*	벼과 (Grass)
보리수Bodhi Fig	*Ficus religiosa*	뽕나무과Moraceae (Mulberry)
우엉Burdock	*Arctium spp.*	국화과 (Aster)
카카오Cacao	*Theobroma cacao*	아욱과Malvaceae (Mallow)
칼라바르콩Calabar Bean	*Physostigma venenosum*	콩과 (Bean)
망초Canadian Fleabane	*Conyza canadensis*	국화과 (Aster)
카나리아풀Canary Grass	*Phalaris spp.*	벼과 (Grass)
칸나Canna Lily	*Canna indica*	홍초과Cannaceae (Canna Lily)
카놀라Canola/Rape	*Brassica napus*	십자화과Brassicaceae (Mustard)
캐롭Carob	*Ceratonia siliqua*	콩과 (Bean)
캐슈Cashew	*Anacardium occidentale* *Cinnamomum cassia*	옻나무과Anacardiaceae (Cashew)
계수나무Cassia	*Cinnamomum cassia*	녹나무과 (Laurel)

일반명	학명	과(科)
아주까리Castor Bean	*Ricinus communis*	대극과Euphorbiaceae (Spurge)
셀러리Celery	*Apium graveolens*	미나리과 (Parsely)
개귀리Cheat Grass	*Bromus tectorum*	벼과 (Grass)
밤나무Chestnut	*Castanea spp.*	참나무과 (Beech)
병아리콩Chickpea/Garbonzo Bean	*Cicer arietinum*	콩과 (Bean)
치과나무Chigua	*Zamia restrepoi*	플로리다소철과Zamiaceae (Cycad)
고추Chili Pepper	*Capsicum spp.*	가지과Solanaceae (Nightshade)
중국 결명초Chinese Sicklepod	*Senna obtusifolia*	콩과 (Bean)
덩굴 협죽도Climbing Oleander	*Strophanthus gratus*	협죽도과Apocynaceae (Dogbane)
코코넛Coconut	*Cocos nucifera*	종려과 (Palm)
커피Coffee	*Coffee spp.*	꼭두서니과Rubiaceae(madder)
범천화Congo Jute	*Urena lobata*	아욱과 (Mallow)
산호콩Coral Bean	*Adenanthera pavonina*	콩과 (Bean)
옥수수Corn/Maize	*Zea mays*	벼과 (Grass)
목화Cotton	*Gossypium spp.*	아욱과 (Mallow)
무지개콩Cowpea	*Vigna unguiculata*	콩과 (Bean)
크랜베리Cranberry	*Vaccinium spp.*	진달래과 (Heather)
오이Cucumber	*Cucumis sativus*	박과Cucurbitaceae (Gourd)
소철Cycad	*Cycas spp.*	소철과Cycadaceae (Cycad)
민들레Dandelion	*Taraxacum officinale*	국화과 (Aster)
다윈의 목화Darwin's Cotton	*Gossypium darwinii*	아욱과 (Mallow)
대추야자Date Palm	*Phoenix dactylifera*	종려과Arecaceae (Palm)
난쟁이 아욱Dwarf Mallow	*Malva neglecta*	아욱과 (Mallow)
가지Eggplant	*Solanum melongena*	가지과 (Nightshade)
흰여로False Hellebore	*Veratrum viride*	멜란티움과Melanthiaceae (Bunchflower)
나래새Feather Grass	*Stipa spp.*	벼과 (Grass)
김의털Fescue	*Festuca spp.*	벼과 (Grass)
무화과Fig	*Ficus spp.*	뽕나무과 (Mulberry)
물망초Forget-me-not	*Myosotis spp.*	지치과Boraginaceae (Borage)
유향Frankincense	*Boswellia sacra*	감람과Burseraceae (Torchwood)
가장자리에 술이 달린 물매화 Fringed Grass of Parnassus	*Parnassia fimbriata*	노박덩굴과Celastraceae (Staff Tree)
가반조 콩Garbonzo Bean/Chickpea	*Cicer arietinum*	콩과 (Bean)
은행Ginkgo	*Ginkgo biloba*	은행나무과Ginkgoaceae (Ginkgo)
염소 풀Goatgrass	*Aegilops spp.*	벼과 (Grass)

일반명	학명	과(科)
가시금작화Gorse	*Ulex spp.*	콩과 (Bean)
땅콩Groundnut	*Vigna subterranean*	콩과 (Bean)
구아Guar	*Cyamopsis tetragonoloba*	콩과 (Bean)
머리카락 기장Hairy Panic Grass	*Panicum effusum*	벼과 (Grass)
조팝나물Hawkweed	*Hericacium spp.*	국화과 (Aster)
산사나무Hawthorn	*Crataegeous spp.*	장미과 (Rose)
개암나무Hazel	*Corylus spp.*	자작나무과Betulaceae (Birch)
사리풀Henbane	*Hyoscyamus niger*	가지과 (Nightshade)
하비스쿠스Hibiscus	*Hibiscus spp.*	아욱과 (Mallow)
호랑가시나무Holly	*Ilex spp.*	감탕나무과Aquifoliaceae (Holly)
접시꽃Hollyhock	*Alcea spp.*	아욱과 (Mallow)
칠엽수Horse Chestnut	*Aesculus hippocastanum*	무환자나무과Sapindaceae (Soapberry)
말눈콩Horse-eye Bean	*Ormosia spp.*	콩과 (Bean)
연꽃Indian Lotus	*Nelumbo nucifera*	연꽃과Nelumbonaceae (Lotus)
붓꽃Iris	*Iris spp.*	붓꽃과Iridaceae (Iris)
자바오이Javan Cucumber	*Alsomitra macrocarpa*	박과 (Gourd)
호호바Jojoba	*Simmondsia chinensis*	호호바과Simmondsiaceae (Jojoba)
정글솝Junglesop	*Anonidium mannii*	포포나무과Annonaceae (Custard Apple)
케일Kale	*Brassica oleracea*	십자화과 (Mustard)
콜라나무Kola Nut	*Cola spp.*	아욱과 (Mallow)
제비고깔Larkspur	*Delphinium spp.*	미나리아재비과Ranunculaceae (Buttercup)
렌틸Lentil	*Lens culinaris*	콩과 (Bean)
옥수수Maize/Corn	*Zea mays*	벼과 (Grass)
마드로나Madrona	*Arbutus menziesii*	진달래과 (Heather)
만사니요Manzanillo	*Hippomane mancinella*	대극과 (Spurge)
단풍나무Maple	*Acer spp.*	무환자나무과 (Soapberry)
마룰라Marula	*Sclerocarya birrea*	Anacardeaceae (Cashew)
마테Maté	*Ilex paraguariensis*	감탕나무과 (Holly)
메이그래스Maygrass	*Phalaris caroliniana*	벼과 (Grass)
밀크씨슬Milk Thistle	*Silybum marianum*	국화과 (Aster)
현삼Moth Mullein	*Verbascum blatteria*	현삼과Scrophulariaceae (Figwort)
겨우살이Mistletoe	*Viscum spp.*	겨우살이과Viscaceae (Mistletoe)
멀가 풀Mulga grass	*Aristida contorta*	벼과 (Grass)
녹두Mung Bean	*Vigna radiata*	콩과 (Bean)
벌거벗은 유칼립투스Naked Woollybutt	*Eragrostis eriopoda*	벼과 (Grass)

일반명	학명	과(科)
네가래Nardoo	*Marsilea spp.*	네가래과Marsileaceae (Water-clover)
육두구Nutmeg	*Myristica fragrans*	육두구과Myristicaceae (Nutmeg)
오크나무Oak	*Quercus spp.*	참나무과Fagaceae (Beech)
오크라Okra	*Abelmoschus esculentus*	아욱과 (Mallow)
기름야자Oil Palm	*Elaesis guineensis*	종려과 (Palm)
옴위파Omwifa	*Myrianthus holstii*	쐐기풀과Urticaceae (Nettle)
카스틸레야Paintbrush	*Castilleja spp.*	열당과Orobanchaceae(Broomrape)
완두콩Pea	*Pisum sativum*	콩과 (Bean)
검은 후추/흰 후추Pepper (Black/White)	*Piper nigrum*	후추과Piperaceae (Pepper)
후추Pepper (Chili)	*Capsicum spp.*	가지과 (Nightshade)
독미나리Poison Hemlock	*Conium maculatum*	미나리과 (Parsely)
포플러Poplar	*Populus spp.*	버드나무과 (Willow)
콴동Quandong	*Santalum acuminatum*	단향과Santalaceae (Sandalwood)
마르멜로Quince	*Cydonia oblonga*	장미과 (Rose)
핀쿠션 프로테아Pincushion Protea	*Leucospermum spp.*	프로테아과Proteaceae (Protea)
카놀라Rape/Canola	*Brassica napus*	십자화과 (Mustard)
라즈베리Raspberry	*Rubus spp.*	장미과 (Rose)
빛 풀Ray Grass	*Sporobolus actinocladus*	벼과 (Grass)
록 로즈Rock Rose	*Cistus spp.*	반일화과Cistaceae (Rock Rose)
홍두(紅豆)Rosary Pea	*Abrus precatorius*	콩과 (Bean)
자귀나무Silk Tree	*Albizia julibrissin*	콩과 (Bean)
소프워트Soapwort	*Saponaria officinalis*	석죽과Caryophyllaceae (Carnation)
수수Sorghum	*Sorghum spp.*	벼과 (Grass)
콩Soybean	*Glycine max*	콩과 (Bean)
호박Squash	*Cucurbita spp.*	박과 (Gourd)
별 풀Star grass	*Dactyloctenium radulans*	벼과 (Grass)
사탕수수Sugar Cane	*Saccharum spp.*	벼과 (Grass)
자살 나무Suicide Tree	*Cerbera odollam*	협죽도과 (Dogbane)
옻나무Sumac	*Rhus spp.*	옻나무과 (Cashew)
전동싸리Sweet Clover	*Melilotus spp.*	콩과 (Bean)
시카모어Sycamore	*Acer pseudoplatanus*	무환자나무과 (Soapberry)
타구아Tagua	*Phytelaphas spp.*	종려과 (Palm)
타라Tara	*Caesalpinia spinosa*	콩과 (Bean)
차Tea	*Camellia sinensis*	차나무과Theaceae (Tea)
토마토Tomato	*Solanum spp.*	가지과 (Nightshade)

일반명	학명	과(科)
통카콩Tonka Bean	*Dipteryx odorata*	콩과 (Bean)
차마멜론Tsamma Melon/Watermelon	*Citrullus lanatus*	박과 (Gourd)
벨벳콩Velvet Bean	*Mucuna pruriens*	콩과 (Bean)
향기새풀Vernal Grass	*Anthoxanthum odoratum*	벼과 (Grass)
살갈퀴Vetch	*Vicia spp.*	콩과 (Bean)
월러스의 부처손Wallace's Spike Moss	*Selaginella wallacei*	부처손과Sellaginelaceae (Spike Moss)
수박Watermelon/Tsamma Melon	*Citrullus lanatus*	박과 (Gourd)
밀Wheat	*Tricetum spp.*	벼과 (Grass)
야생귀리Wild Oat	*Avena spp.*	벼과 (Grass)
버드나무Willow	*Salix spp.*	버드나무과Salicaceae (Willow)
여로White Hellebore	*Veratrum album*	멜란티움과 (Bunchflower)
주목나무Yew	*Taxus spp.*	주목과Taxaceae (Yew)

미주

머리말: "잘 살펴봐!"

9쪽: "빵나무 묘목을 곧바로 배 너머로 던져 버린다."
바운티 호가 유명해진 것은 선상반란 때문이었지만 사실 이 항해의 목적은 식물과 관련되어 있었다. 왕립학회 회장인 조지프 뱅크스의 견해에 따르면 블라이 선장은 빵나무를 원산지인 타이티에서 서인도 제도로 운반해야 했기 때문에 그런 명령을 내린 것이며, 서인도제도의 대농장 소유주들은 노예의 수가 늘어나는 상황에서 이 빵나무가 값싼 식량을 생산해줄 것이라고 기대했다. 우여곡절 끝에 영국으로 돌아온 블라이 선장은 이후 다시 프로비던스 호를 타고 출항하여 2,000그루가 넘는 묘목을 자메이카까지 운반함으로써 애초의 임무를 완수했다. 이 나무가 새로운 터전에서 잘 자라기는 했지만 한 가지 세부 사실을 간과함으로써 애초 계획은 실패로 끝났다. 아프리카 노예들이 폴리네시아의 빵나무를 역겨워하고 먹지 않았기 때문이다.

10쪽: "이 책에서는 짧게만 소개할 것이다."
유전자 변형 작물에 관해 깊은 통찰이 담긴 분석을 보고자 한다면 커밍스의 2008년도 저서와 하트의 2002년 저서를 참조하라.

서론: 강렬한 에너지

17~18쪽: "루스 크라우스가 지은 고전적인 작품 『당근 씨앗』에서 한 조용한 꼬마는 모든 비관론자의 말을 무시한 채 끈질기게 물을 주고 잡초를 뽑은 결과 마침내 "그럴 거라고 꼬마가 알았던 것처럼" 커다란 당근이 자라났다."
클라우스 1945년 저서

18쪽: "당근, 참나무, 밀, 겨자, 세쿼이아, 그 밖의 씨앗으로 번식하는 대략 352,000종의 식물이 탄생하는 데 필요한 생명력과 모든 지침서가 그 안에 포함된 것이다."
종자식물의 종류는 대략 20만 종에서 42만 종 이상에 이른다(스코틀랜드와 워틀리 공저의 2003년 저서). 이 책에 나온 숫자는 큐 왕립식물원과 뉴욕식물원과 미주리식물원이 현재 공동으로 진행하는 협력 작업의 결과물로 나온 것이다(2013년도 식물 목록, 1.1판, www.theplantlist.org에 가면 볼 수 있다).

제1장 씨앗의 하루

27쪽: "살무사가 공격할 때 그 뱀이 자기 몸길이보다 더 앞으로 나오지 못할 거라고 우리는 물리학을 통해 알고 있다."
고속 카메라로 촬영하는 파충류 학자들은 살무사의 타격 범위가 몸길이의 3분의 1이나 반밖에 되지 않는다는 사실을 여러 차례 반복적으로 보여준 바 있다(예를 들면 카르동과 벨스 공저의 1998년 저서). 하지만 아무리 박식한 목격자라도 살무사의 공격을 당하고 나면 이보다 터무니없이 과장된 설명을 내놓는다(가장 극적인 예는 클라우버의 1956년 저서). 큰삼각머리독사(살무사)의 공격 모습을 목격한 바 있는 나로서는 과장된 주장에 내기를 걸 것이다. 살무사의 송곳니가 당신 쪽으로 향하고 있을 때에는 뭐든 가능해 보인다.

30쪽: "내가 맨 처음 이곳의 열대우림에 오게 된 계기가 바로 높이 자라는 이 나무의 매력적인 자연사 때문이었다."
콩과 식물인 알멘드로는 과학계에 디프테릭스 파나멘시스*Dipteryx panamensis*(혹은 디프테릭스 올레이페라*Dipteryx oleifera*)라고 알려져 있다. 내 책을 언급해서 죄송하지만, 중미 우림에서 알멘드로 나무가 중심 종으로서 어떤 역할을 하는지 좀 더 자세히 알아보려면 핸슨 등이 쓴 2006년, 2007년, 2008년의 저서를 참조하라.

31쪽: "연구는 급속도로 개발되는 중미 시골 지역에서 알멘드로 나무의 생존을 다루는 데 초점을 맞추었다."
나로서는 또 다른 이면의 동기도 있었다. 알멘드로 나무를 연구하기 전에 나는 마운틴고릴라 및 큰곰과 관련이 있는 몇 가지 프로젝트에서 일한 바 있었다. 이 종들은 대중적 호소력이 있는 거대 동물로, 모금 운동이나 보수성향의 캠페인에 주제 동물로 자주 등장하는 것으로 업계에 알려져 있으며, 매우 인기 있는 동물이었다. 내 안에 있는 식물 애호가의 성향은 이 알멘드로 나무를 그와 같이 대중적 호소력을 지닌 거대 식물로 홍보할 수 있을 것이라고 보았다. 강철처럼 단단한 목재와 마지심슨 같은 머리모양을 지닌 45미터짜리 핵심 종의 나무를 이보다 더 잘 설명할 다른 방법이 있을까?

33~34쪽: "이 간단한 사실은 초기 농부들도 알고 있었는데 이들은 멕시코 남부와 과테말라의 열대우림에서 최소한 각기 다른 세 시기에 아보카도를 재배했다."
아보카도 나무(*Persea americana*)는 재배종으로만 알려져 있다. 이 종을 재배하기 시작한 이후 수천 년이 지나는 사이 어느 순간 야생종이 중미 숲에서 사라져버렸다.

한 이론에 따르면 커다란 열매를 맺는 신(新)열대구 나무의 경우 이들의 열매를 퍼뜨려 주던 확산자들, 가령 왕아르마딜로, 조치수, 매머드, 곰포테리움, 플라이스토세 시기의 거대동물들이 사라지면서 함께 사라져 버렸다고 한다(잰슨과 마틴 공저의 1982년 저서). 야생 아보카도는 열매가 엄청나게 커서 이를 퍼뜨리려면 몸집이 큰 동물의 도움이 필요했을 것이다. (물론 지금은 사람이 이런 역할을 아주 잘해내고 있어서 남극 대륙을 제외한 모든 대륙에서 아보카도가 자라는 것을 볼 수 있다!)

37쪽: "아보카도 나무가 자라기에 적당한 장소는 씨앗이 결코 마르지 않고 사계절 내내 늘 싹을 틔우기 알맞은 곳이다."
건조 상태에서 살아남지 못하는 씨앗을 가리켜 식물학자들은 난 저장성 씨앗이라고 일컫는다. 온대 계절풍 기후에서는 이러한 전략이 희귀하지만, 장기간의 휴면상태보다 신속한 발아가 훨씬 이로운 열대우림 나무들에서는 약 70퍼센트가량이 이런 전략을 택한다. 그러나 정글에서는 효과적인 전략이 저장 시설에서는 잘 통하지 않는다. 미국 국립씨앗은행의 크리스티나 월터스는 난 저장성 씨앗을 가리켜 "응석받이 아이들"이라고 일컫지만 액체 질소 속에서 개별 배아를 급속 냉동시키는 데 일정한 성공을 거두었다.

38쪽: "다시 무게를 재보았지만 바로 직전에 측정했던 2.835그램의 숫자가 나와 있어 더할 나위 없이 기운이 솟았다."
아보카도 씨앗은 한 번도 바싹 마른 적이 없고, 완전히 건조된 휴면상태에 들어간 적이 없기 때문에 아주 적은 양의 수분만을 흡수한 채, 본질적으로 완전한 수분 흡수의 마지막 단계에만 참여한다. 건조 상태의 씨앗은 일반적으로 자기 무게의 두세 배나 되는 물을 흡수한다.

41쪽: "싹이 날 때가 된 커피 씨앗은 흡수한 물을 뿌리와 새순 쪽으로 이동시켜 이것들을 재빨리 팽창시킴으로써 뿌리와 새순의 생장점이 안전한 지점까지 멀리 뻗어나가 콩 안에 들어 있는 카페인의 성장 억제 효과가 미치지 못하도록 한다."
식물의 세포 분열은 분열조직이라고 불리는 특수한 조직에서 일어나는데 이 분열조직은 기본적으로 자라는 뿌리와 줄기의 끝부분에 위치한다. 팽창된 커피 세포가 이 끝부분을 멀리 밀어내어 카페인이 닿지 않는 곳으로 보내고 나면 분열조직이 세포분열을 할 수 있고 분열을 통한 성장이 시작된다. 잘 정리된 체계다.

42쪽: "각기 다른 차이점뿐만 아니라 씨앗의 수명에 관해서도 의문을 품으면서 발아 과정을 매우 상세하게 설명했다."
테오프라스토스 1916년

45쪽: "이와 달리 겨우살이들은 끈적거리는 점액질이 씨껍질을 대신하는 반면 주변을 둘러싼 과육의 단단한 층을 껍질로 이용하는 씨앗들도 많다."
예를 들어 어떤 것도 뚫고 들어갈 수 없는 알멘드로 씨앗의 껍질은 기본적으로 속열매껍질, 즉 가장 안쪽에 있는 열매 층으로 되어 있다.

45쪽: "씨앗 유형의 차이는 식물 왕국의 주요 분류 기준이 되는데"
겉씨식물, 속씨식물(꽃식물), 외떡잎식물(떡잎이 하나인 속씨식물), 쌍떡잎식물(떡잎이 두 개인 속씨식물) 등 많은 계통을 규정하는 기준으로 씨앗이 이용된다는 것은 그만큼 식물 진화에서 씨앗이 근본적으로 중요하다는 것을 말한다. 심지어 가까운 친척 집단이나 종 내부의 미세 관계를 정할 때에도 씨앗 구조를 기본 바탕으로 할 때가 종종 있다.

제2장 생명의 지주

53쪽: "이 프로젝트는 마지막 남은 펄루스 초원을 보다 잘 이해하고 보호하며, 지역 공동체 내에서 대중적 관심을 높이기 위한, 다시 말해서 풀이 자라는 지역에서 풀에 대한 자긍심을 높이기 위한 목적으로 진행되었다."
이 활동에서 뜻밖에 얻은 성과 중 하나는 거대한 펄루스 지렁이(*Driloleirus americanus*)를 다시 발견했다는 점이다. 이 종은 초원이 쇠퇴하면서 멸종되었다고 오랫동안 여겨졌던 토착종이었다. 최근의 표본이 적긴 해도 이 백색의 큰 지렁이는 길이 90센티미터에 이르고 독특하게 백합 냄새가 나는 것으로 알려졌다.

54쪽: "모두 합쳐 보면 곡물은 인간 식단에서 칼로리의 절반 이상을 제공하며 경작지 면에서는 70퍼센트 이상을 차지한다."
전통적으로 시리얼, 즉 곡식이라는 단어는 일년생 목초 가운데 먹을 수 있는 열매를 가리키는 반면 곡물은 보다 일반적인 용어로, 메밀(대황과 같은 과에 속한다)이나 퀴노아(비트나 시금치와 친척관계다) 같은 식물의 씨앗도 포함된다. 그러나 켈로그나 포스트 같은 회사가 엄청난 성공을 거둔 결과 이제 시리얼은 아침 식사와 뗄 수 없는 관계를 갖게 되었고 곡물은 풀이나 풀 같은 작물을 뜻하는 일반 용어로 남게 되었다. 이는 매우 유감스러운 일인데, 시리얼, 즉 곡식이 보다 설명적 용어이며 로마의 농업 여신인 사랑스러운 세레스에 어원을 두고 있기 때문이다.

54쪽: "풀 씨앗이 여전히 세계를 먹여 살리고 있다."
엄밀히 말해 풀의 각 "곡물"은 영과라고 불리는 작은 열매다. 그러나 이 열매 층은 딱딱한 종피의 기능을 하도록 적응되었으며 현미경으로 확대해 보아도 씨앗 물질과 구별할 수 없다. 아주 엄격한 설명에서도 영과를 사실상 씨앗으로 간주할 수 있다.

57쪽: "대신 어린 풀은 툭 트여 있는 땅에 의지한다."

풀은 초기 시신세의 건조기 동안 진화했으며 일련의 특징이 툭 트인 땅에서 살아가도록 적응되었다. 풀은 바람에 의해 수분이 이루어지며 낮게 자라는데, 이 때문에 가축이 풀이 뜯거나 들불이 일어나도 빨리 회복된다. 심지어 풀잎에 유리 같은 이산화규소 결정이 포함되어 있어서 들소, 말, 그 밖의 풀을 뜯어먹는 가축군의 이빨을 마모시키도록 설계되었다.

58쪽: "풀처럼 씨앗을 대량 생산하는 방식은 비록 이런 이점을 누리지는 못해도 분명 성공적인 전략이다."
풀 씨앗이 우리에게는 작아 보이지만 식물의 크기에 비해서는 상당히 크다고 할 수 있으며 특히 일년생초의 입장에서는 상당한 에너지를 투자한 셈이라는 사실을 명심할 필요가 있다.

59쪽: "셀룰로스와 탄수화물은 글루코스 사슬의 결합 방식만 다를 뿐인데도 몇몇 원자의 위치가 바뀐 것만으로도 엉성한 끈이 강철처럼 소화되지 않는 끈으로 변한다."
이 내용 속에 들어 있는 재미있는 화학 설명을 보려면 르 쿠퇴르와 버레슨의 공저 『나폴레옹의 버튼』(2003년) 제4장을 참조하라.

61쪽: "…… 우리는 요리하는 유인원인 거예요."
랭엄에 따르면 생식을 주장하는 현대의 지지자들은 재고가 풍부한 식품점의 후한 축복이 있을 때에만 살아남을 수 있으며 그 경우에도 영양학적 스트레스의 징후를 보인다. 식량 자원이 드문드문 흩어져 있고 계절적 변동을 보이는 자연 환경에서는 요리를 통해 상당한 에너지 증가를 확보하지 않는 한 굶어 죽는다(랭엄의 2009년 저서 참조).

62쪽: "이들은 뿌리와 꿀에서부터 과일, 견과류, 씨앗에 이르기까지 보다 다양한 식량을 이용하게 되었다."
고대인들은 불을 지배함으로써 요리 이외에도 연기로 벌을 둥지에서 몰아내어 꿀을 채집하는 능력을 갖게 되었다. 이러한 발전 과정과 함께 큰꿀잡이새와 인간의 공진화에 대한 흥미진진한 설명을 보려면 랭엄의 2011년 저서를 참조하라.

62쪽: "초기 인간 사회에 관심을 가진 사람들은 모두 현대에 살아가는 수렵채집 생활자들의 관습을 소중한 비교 대상으로 삼는다."
이 문단에 대한 많은 인류학과 고고학의 주를 알아보려면 클라크의 2007년 저서, 레디의 2009년 저서, 코윈의 1978년 저서, 피퍼노 등의 2004년 저서, 머케더의 2009년 저서, 고렌-인버 등의 2004년 저서를 참조하라.

63쪽: "우리 종이 진화하기 전이었던 수십만 년 전 호모 에렉투스 시대의 불 옆에 먹을 수 있을 곡물이 놓여 있었다는 사실을 이 발굴을 통해 알 수 있었다."
몇몇 저자는 호모 에렉투스를 초기 아프리카 형태(호모 에르가스터)와 후기 아시아 형태(호모 에렉투스)로 나누는 것을 선호하지만 나는 넓은 의미의 포괄적인 호모 에렉투스의 정의를 의식적으로 사용하고 있다. 화석에 나타난 이빨의 마모뿐만 아니라 동위원소의 증거에서도 곡물이 식단에 포함된 시기가 훨씬 멀리 오스트랄로피테쿠스 같은 초기 호미닌까지 거슬러 올라간다고 암시하고 있다. 리-소프 등의 저서(2012년)에서는 이들 초기 호미닌들이 습지대 풀과 사초과 풀의 섬유질 많은 뿌리를 일 년 내내 먹었으며, 이 경우 제철이 되면 영양분이 보다 많은 씨앗을 먹었을 가능성이 높다고 믿는다.

64쪽: "그러나 농업이 확고하게 자리 잡았을 무렵에는 그 종류가 줄어들어 렌틸콩과 병아리콩, 몇몇 종류의 밀, 호밀, 보리에 국한되었다."
작물 재배의 효율성과 편리성도 있었지만 이 외에도 갑작스레 한기와 건기가 찾아온 기후 변화 때문에 이들 초기 농업인들은 몇몇 따뜻한 종을 재배하는 방향으로 나아갔다(힐먼 등의 2001년 저서).

64쪽: "이들 풀은 모 아니면 도라는 생존 전략으로 씨앗 생산에 자원을 쏟아붓는 한해살이 풀이었다."
지속 가능한 농업을 옹호하는 사람들은 일년생 곡물에 대한 대안으로 큰 씨앗을 맺는 다년생 풀을 개발하기 시작했다. 성공할 경우 이들 다년생 작물은 침식 방지, 탄소 격리, 비료와 제초제에 대한 적은 의존성 등 많은 이점을 제공했다(글로버 등의 2010년 저서)

64쪽: "그 사실 하나만으로도 인류 역사의 과정을 설명하는 데 많은 도움이 된다."
이 내용에 대해 좀 더 알아보려면 다이아몬드의 1999년 저서 139쪽과 블럼러 1998년 저서를 참조하라.

66쪽: "빵 때문에, 정확히 말하면 빵이 부족했기 때문에 서로마 제국이 몰락했다."
프레이저와 리마스 공저 2010년 저서, 64쪽.

66쪽: "나중에 가서야 전염병학자들이 일반 검은 쥐의 털에 서식하는 작은 벼룩이 병의 원인이라고 지목했다."
선페스트의 증상은 페스트균에 의해 생기는데, 이 균은 벼룩에 물린 사람과 쥐 사이에서 전염된다. 감염된 벼룩 역시 결국에 가서는 죽지만 그럼에도 박테리아 군집이 벼룩의 중장에 형성되는 몇 주 동안은 살아남을 수 있다.

72쪽: "포틀랜드에 닿을 무렵이면 엄청 지겨워질 겁니다."

하든 1996년 저서, 32쪽.

73쪽: “삼십 년이라는 기간 동안 지금의 가치로 40억 달러 이상의 비용을 들여 추진해야 하는 대대적인 인프라구조 사업이었다.”
스네이크 강의 댐 역사에 대해 좀 더 알아보려면 피터슨과 리드 공저의 1994년 저서와 하든 1996년 저서를 참조하라.

76쪽: “탄수화물이 풍부한 곡물과 단백질이 맛과 영양 면에서 서로 완벽하게 보완 역할을 한다.”
“완전” 단백질에는 아홉 가지 아미노산이 이용 가능한 양만큼 들어 있으며 이들 아미노산은 인체에 필요하지만 자체적으로 생산할 수 없다. 따라서 반드시 음식을 통해 흡수해야 한다. 대다수 고기와 유단백은 완전 단백질이지만 많은 식물 식량들은 필수 아미노산이 한 가지 혹은 그 이상 결핍되어 있다.

제3장 가끔은 괴짜 같다는 느낌이 든다

80쪽: “그 영광은 콘시럽에 돌아갔는데 이 감미료는 종종 사탕수수(이 역시 풀에서 나온 산물이다)의 대체물로 사용되는 옥수수 씨앗으로 만든다.”
콘시럽은 옥수수 씨앗에 있는 전분으로 만들며 식품점 베이킹 코너에 가면 구할 수 있다. 이것은 단맛을 강화하기 위해 효소로 처리한 액상과당과는 다른 것이다. 액상과당을 둘러싼 쟁점에 관해 유용한 정보와 흥미로운 내용을 보고 싶거나 전반적인 옥수수 산업에 관해 알고 싶으면 2008년도 다큐멘터리 〈킹 콘〉을 추천한다.

81쪽: “이 역시 익숙하게 아는 카카오 산물로, 카카오 콩에서 버터를 짜고 난 뒤 남은 마른 찌꺼기를 갈아서 만든다.”
19세기가 되기까지 사람들은 초콜릿을 음료로 즐겼으며 그 안에 들어 있는 버터 성분은 지방이 많은 골칫거리 정도로 여겨졌다. “더칭” 과정(네덜란드의 반 호텐 집안에 의해 완성되었다)에서는 보다 좋은 초콜릿 음료를 만들기 위한 목적으로 카카오 콩 떡잎에서 버터를 제거했다. 나중에 가서야 초콜릿 제조업자들은 이렇게 제거된 지방을 가루로 간 카카오 콩에 도로 섞어 오늘날의 초콜릿 바를 만들어냈다. 초콜릿의 흥미진진한 역사와 과학에 대해 좀 더 알아보려면 베켓의 2008년 저서와 쿠와 쿠 공저의 2007년 저서를 참조하라.

82쪽: “무세포 배젖”
상품 라벨로는 그럴 듯해 보이지 않을지라도 이 용어는 매우 정확한 내용을 담고 있다. 코코넛의 액체 배젖은 확실한 형태를 갖춘 세포 없이 발달되었으며, 세포질의 웅덩이 안에 수많은 세포핵이 돌아다니는 방식을 취한다. 다른 씨앗의 배젖은 발달

단계의 초기에 유리 핵 단계를 거치지만 오직 코코넛만 성숙과정에서 이런 이상한 구조를 유지한다.

84쪽: "코코넛은 물 위에 뜬 상태로 최소한 석 달 이상 살아갈 수 있으며 바람과 해류를 타고 수백 킬로미터, 어쩌면 수천 킬로미터까지 이동한다."
코코넛은 훌륭한 확산 생태계를 지녔음에도 인간에게 쓰임새 있는 대상이 됨으로써 이를 아주 먼 곳까지 이동하기 위한 최상의 방법으로 삼았다. 사실상 열대 해안 지방의 거의 모든 원주민 문화는 어떤 식으로든 코코넛에 의존하고 있으며 이들은 어디로 이동하든 늘 코코넛을 함께 가지고 갔다. 원산지가 동남아시아일 것이라고 가리키는 몇 가지 증거들이 있긴 하지만 식물학자들이 질문을 던지기 오래전부터 코코넛은 남태평양에서부터 아프리카와 남미에 이르기까지 널리 퍼져 있었다.

85쪽: "중앙아시아에서 자라던 복숭아, 살구, 자두의 사촌 종을 재배하여 얻어낸 아몬드 나무는 맨 처음 지중해로 퍼져 갔다가 거기서 다시 전 세계로 확산되었다."
아몬드 재배가 널리 이루어지긴 했지만 제대로 정착된 곳은 캘리포니아의 센트럴 밸리였으며 현재 이곳에서 전 세계 연간 수확량의 80퍼센트 이상을 생산한다. 거의 모든 캘리포니아 재배자가 블루 다이아몬드 협동조합에 속해 있으며, 이 협동조합의 요령 있는 마케팅 덕분에 아몬드는 포도를 능가하여 캘리포니아의 가장 값비싼 작물이 되었다.

87쪽: "아마 제품에 "유채꽃 기름"이라고 적었다면 아무도 제품 판촉 활동이 잘 진행될 거라고 낙관하지 않을 것이다."
매니토바 대학의 작물 연구자들은 현재의 상품화된 카놀라 겨자 혈통을 교배하여 보다 맛있는 저산성 기름을 생산했다. 카놀라라는 명칭은 "Canadian oil, low acid"에서 왔다.

90쪽: "그 결과 씨앗이 매우 단단해져서 이 씨앗을 잘라 겉면에 광택을 내면 단추나 보석으로 만들 수 있고 조각상을 만들 수도 있으며 체스 말, 주사위, 빗, 편지 개봉용 칼, 장식용 손잡이, 섬세한 악기를 제작할 때 코끼리 상아 대용품으로 이용할 수 있다."
제2차 세계대전 후 값싼 플라스틱이 쓰이기 전까지 얇게 잘라 광택을 낸 타구아 열매가 북미와 유럽 단추 시장을 무려 20퍼센트나 차지했다. 최근 들어 패션 산업에서 타구아 열매가 다시 쓰이기 시작하고 있다. 이 아름다운 열매의 역사에 관해 좀 더 알고 싶으면 아코스타-솔리스의 1948년 저서와 바포드의 1989년 저서를 참조하라.

91쪽: "뇌벌레"

2008년 저서 『뮤지코필리아: 뇌와 음악에 관한 이야기』에서 색스는 "백파이프 연주자의 구더기"라는 용어에 주목하는데, 이 용어는 정신이 돌 정도로 귀에 속속 꽂히는 곡조를 지칭하기 위해 훨씬 일찍부터 스코틀랜드에서 사용되기 시작한 용어로, 훨씬 생생한 설명을 담고 있다.

91쪽: "아주까리에서 나온 PGPR(폴리글리세롤 폴리리시놀리에이트)이었다."
PGPR에는 글리세롤도 포함되어 있으며 씨앗의 지방 성분이 종종 대두에서 나오는 경우도 있다.

93쪽: "그러나 씨앗에 들어 있는 구아 검이 점도를 높여주는 점에서 녹말보다 여덟 배나 효과가 좋으며 맛있다는 것을 깨달으면서 구아의 운명이 달라지기 시작했다."
구아가 점도를 높여주는 성분으로 잘 알려져 있긴 해도 소방관, 파이프관 운영회사, 선체 및 어뢰 설계자에게는 전혀 다른 의미를 지닌다. 구아를 소량만 사용해도 이른바 "미끈거리는 물"을 만들 수 있으며, 이런 현상이 생기면 저항을 대폭 줄일 수 있다. 한 물리학자는 구아 검의 분자(그리고 이와 비슷한 중합체)를 이중의 변동이라고 묘사한 바 있으며 이 분자들이 둥글게 감겼다가 다시 풀리게 되면 거세게 소용돌이치는 액체가 부근 표면에 달라붙지 않는다. 물리학 원리는 아직도 잘 이해하지 못하지만 실생활에서는 이러한 효과 덕분에 액체가 호스나 파이프 관 속을 빠르게 움직일 수 있다. 또한 미 해군은 선체 효율성을 높이고 군함, 잠수함, 어뢰의 소음을 줄이기 위한 방법의 일환으로 이를 연구한 바 있다.

96쪽: "미국 산업혁명을 일으키는 데 기여했을 뿐만 아니라 지질학자도 경의를 표하는 차원에서 이 시기 전체를 "펜실베이니아기"라고 명명하게 되었다."
미국 지질학자들은 한때 펜실베이니아기가 하나의 독자적인 시기로서 완벽한 자격을 갖추었다고 여겼으나 지금은 석탄기의 하위 구분으로 간주한다.

제4장 부처손이 알고 있는 것

112쪽: "하지만 초기 석탄기에 이 이행과정이 상당히 진행되었다는 점에 대해서는 다들 동의한다."
씨앗 습성을 뚜렷하게 보이는 전신은 데본기 후기에 등장했으며 밑씨 비슷한 구조를 지닌 원시 양치류 종자식물, 그리고 최초의 수목 중 하나로 암 포자와 수 포자를 지닌 고대 나무 아케오프테리스가 여기에 속했다.

115쪽: "커다란 포자는 난세포의 전신인 암 포자이고"
엄밀히 말하면 이 커다란 포자가 진화하여 식물학자들이 말하는 이른바 밑씨가 된다. 이 밑씨는 생식구조로, 난세포와 이를 둘러싼 몇 개 층으로 이루어져 있다.

115쪽: "부조화를 보이는 이 포자들은 먼 옛날의 한 경향을 현대에 와서 대표하는 파견 대사라고 할 수 있으며, 씨앗의 진화 과정에서 중대한 단계를 잘 보여주고 있다."
부처손과 현대의 다른 포자식물이 식물군 전체에서 소수에 불과하다고 쉽게 무시해버릴 수도 있지만 이들 식물은 제법 큰 성공을 거두었다. 포자 전략이 더 이상 우세하지는 않지만 지금까지 수억 년 동안 지속되어왔고 몇몇 계통, 특히 양치류는 이전보다 더 종이 다양해졌다.

116쪽: "이 식물들은 침엽수나 그보다 덜 알려진 몇몇 종과 함께 겉씨식물*gymnosperm* 군을 형성하며 씨앗이 아무 장식 기관 없이 잎이나 원뿔형 비늘 위에서 자란다고 해서 이런 이름이 붙여졌다."
여러 겉씨식물에서 열매처럼 생긴 조직이 씨앗 자체의 일부인 경우도 있고(예를 들면 주목 나무에서 베리처럼 생긴 빨간 가종피) 혹은 주변을 둘러싼 비늘에서 파생되어 생기기도 한다(예를 들어 주니퍼의 베리). 이 조직들이 동일한 확산 기능을 수행하더라도 다른 조직에서 파생된 것이기 때문에 진정한 열매로 간주되지는 않는다.

118쪽: "일단 자리를 잡게 된 속씨식물은 급속도로 퍼져 나갔으며 다윈은 이러한 증가를 "가공할 만한 미스터리"로 여기면서, 신중하고 점진적인 변화라는 자신의 개념을 위협한다고 보았다."
프리드먼 2009년 저서 참조

119쪽: "꽃식물"
이처럼 오해를 불러일으키는 짜증스러운 문구에 대고 큰 소리로 불평하지 않는다면 씨앗에 관한 저서로서 결코 완벽하다고 할 수 없을 것이다! 물론 속씨식물에는 꽃과 열매가 있다. 그러나 아직까지 생존하든 아니면 멸종되었든 겉씨식물 중에도 꽃과 열매를 지닌 것이 많다. 이름에서 암시하듯 이들 중요 집단을 규정하는 것은 씨앗의 특징, 즉 심피의 유무 여부이다.

120쪽: "일련의 공진화 실험"
폴란 2001년 저서, 186쪽

제5장 멘델의 포자

124쪽: "1856년 봄"
멘델이 교배 연구를 시작한 것은 1856년이었지만 그전부터 2년 동안 지역의 서른네 가지 완두콩 종을 대상으로 확실한 순종인지 검사했다. 이러한 과정을 거쳐 마침내 그의 실험에 사용할 가장 신뢰할 만한 혈통 스물두 가지를 선택했다.

124쪽: "아주 미세한 정자가 자유롭게 헤엄쳐 가서, 보이지 않는 흙 속에서 수정을 하는데 이러한 식물의 교배를 어떻게 통제할 수 있었겠는가?"
최근의 연구에 따르면 작은 진드기와 톡토기가 이끼 정자를 이동시켜 보다 쉽게 수정이 이루어지도록 도움을 준다(로젠털 등의 2012년 저서 참조). 그 곤충들이 왜 그런 일을 하는지 아직은 아무도 모르지만, 포자식물의 생식체계에 관해 배워야 할 것이 많이 있다는 점을 흥미롭게 일깨워준다.

124쪽: "가끔 포자식물의 잎을 조금 먹어보는 일은 있을지 몰라도—이 역시 매우 예외적이다—포자식물을 이용하여 빵이나 포리지, 그 밖의 다른 음식을 만드는 일은 없다."
이 사실에 어긋나는 한 가지 흥미로운 예외가 네가래이다. 이 식물은 호주에서 자라는 수생식물의 한 종류로, 부처손처럼 암 포자와 수 포자가 있다. 크기가 큰 암포자는 작은 주머니에 담겨 있으며 이 작은 주머니를 빻은 다음 씻어서 빵으로 구울 수 있다. 제대로 잘 처리하지 않으면 역겨운 냄새가 나고 독성도 심하지만 네가래 케이크는 예전에 몇몇 호주 원주민에게 매우 중요한 구황 음식 역할을 했다. 유명한 호주인 탐험가 로버트 오하라 버크와 그의 몇몇 동료들이 잘못 요리한 네가래 음식을 먹은 후 죽은 것으로 전해진다(클라크의 2007년 저서 참조).

125쪽: "어떤 것은 녹색에 검은 점이 군데군데 찍혀 있는가 하면 갈색 콩도 있었고, 주름진 완두콩이 있는가 하면 둥근 완두콩도 있었다."
멘델은 씨앗 및 식물의 일곱 가지 특징에 대해 그 운명을 추적했다. 주름진 완두콩과 둥근 완두콩, 씨앗 색깔, 씨앗껍질 색깔, 꼬투리 모양, 꼬투리 색깔, 꽃의 위치, 줄기 길이 등 통틀어 일곱 가지였다. 나는 실험을 단순화하기 위해 맨 처음 나온 가장 유명한 특징, 즉 주름진 완두콩과 둥근 완두콩에 집중했다.

126쪽: "그가 실제로 무슨 생각을 했는지도 거의 알려진 바가 없다."
멘델에 대한 대다수 약전들은 참고할 만한 기초 자료가 매우 적은 관계로 상당 부분이 추정으로 채워져 있다. 일티스가 쓴 전기(독일어 본은 1924년, 영어 본은 1932년)가 여전히 주된 참고 문헌이다. 공개적으로 존경을 표하는 전기이지만 저자가 실제로 멘델을 알았던 사람들과 직접 인터뷰한 내용이 들어 있어 도움이 된다.

126쪽: "이 가운데 뜯지도 않고 읽지도 않은 채 그냥 나두었던 몇 권이 나중에 다시 발견된 적이 있었다."
이를 근거로 다윈의 서재에 읽지 않은 멘델의 논문이 그대로 있었다는 놀라운 이야기가 나오기도 했지만 그것은 명백한 거짓이다. 아주 잘 보관해놓은 다윈의 소장 도서를 꼼꼼하게 살펴보았지만 논문 사본은 발견되지 않았다. 또한 다윈이 글이나 편지에서 멘델의 연구를 언급한 적도 없었다. 1862년 멘델이 런던 박람회를 보러

왔을 때 두 사람이 32킬로미터 범위 내에 함께 있기는 했지만 그 당시 다윈은 다운하우스 집에 있었으며 두 사람이 만났다고 믿을 만한 근거가 없다.

129쪽: "사람들이 유전학은 알지 못했을지라도 선별적 교배를 통해 식물(그리고 동물)을 극적으로 변화시킬 수 있다는 것을 모두들 이해했다."
대다수 작물과 지역 품종은 오랜 기간에 걸쳐 점증적으로 발달된 반면 17세기와 18세기 계몽주의 시대에는 식물 교배가 급속도로 정교해지고 속도도 빨라졌다. 이 역사에 관해 잘 설명해 놓은 내용을 보려면 킹스버리(2009년)를 참조하라.

130쪽: "일찍이 중국 상나라(기원전 1766~1122년)의 술 제조자는 완벽한 혈통의 수수를 만들어내어 타가수분이 되지 않도록 보호했다."
술을 빚기에 좋은 수수의 특징들은 이중 열성유전자를 어떻게 잘 관리하는가에 달려 있으며 만일 다른 종과 이종교배가 이루어지면 이런 특징들이 사라져버린다. 벼, 귀리, 옥수수, 밀, 보리 등 많은 식용 풀에서 "찰진 성질" "부드럽고 연한 성질"의 돌연변이가 생긴다. 이런 특징은 항상 열성이지만 그 결과 생기는 특징들이 별미로 여겨질 때가 있다(예를 들어 모시, 보탄, 그 밖의 찰진 벼 품종들).

130쪽: "개체가 모든 형질에 대해 두 가지 변이를 지니고 있으며 이는 각각의 부모에게서 무작위로 유전된 것임을 자신의 완두를 통해 알아냈다."
멘델이 유전학에 기여한 내용을 정리하면 종종 분리의 법칙(양쪽 부모에게서 각기 하나씩 물려받은 한 쌍의 대립유전자)과 독립의 법칙(대립유전자가 독립적으로 유전된다)으로 요약된다. 또한 그는 열성과 우성이라는 용어도 제공했다.

133쪽: "이 식물들은 좀처럼 수분을 하지 않는다."
무수정 생식이라는 용어는 식물의 몇 가지 무성생식 유형을 지칭한다. 조팝나물, 민들레, 그 밖의 과꽃과에 속하는 다른 많은 식물의 경우 난세포를 형성하는 과정에서 불완전한 감수 분열이 일어나 본질적으로 어미 식물의 복제라고 할 수 있는, 독자 생존이 가능한 씨앗이 생긴다. 무수정 생식으로 생긴 종은 일반적인 유전자 혼합의 이점을 누리지 못하지만 수분자에 의존하지 않고도 자유로이 번식할 수 있는 능력이 있다(또한 전부는 아니더라도 대다수는 유사시에 정상적으로 번식할 수 있는 능력을 갖는다). 잔디밭이 온통 민들레로 뒤덮여버린 경험을 해본 사람이라면 누구라도 증언해주듯이 이러한 전략이 잘 적응하는 경우에는 큰 성공을 거둘 수 있다.

133쪽: "멘델에게 완두 연구에 관해 물었을 때 그는 의도적으로 화제를 다른 데로 돌렸지요."
도슨의 1955년 저서에 인용되어 있는 C. W. 에이칠링

135쪽: "우리에게는 특정 형태의 진화에 관한 특정 지식이 필요합니다."
베이트슨의 1899년 저서. 영국의 저명한 식물학자인 윌리엄 베이트슨은 영국왕립원예협회에서 행한 강연에서 이 말을 했다. 좀 더 상세하게 인용해보면 그의 견해는 곧 다가올 멘델의 재발견을 섬뜩하리만큼 예견하는 것처럼 보인다. "우리가 가장 먼저 요구하는 것은 하나의 종이 그것과 가장 가까운 동류와 이종 교배할 때 무슨 일이 일어나는지 알아야 한다는 점입니다. 그 결과가 과학적 가치를 지닌다면 그러한 이종 교배를 통해 나온 자손을 통계학적으로 조사하는 일이 거의 절대적으로 필요합니다." 베이트슨은 이후 멘델의 개념을 옹호하는 데 핵심적 역할을 했으며 "유전학"이라는 용어를 만들어냈다.

136쪽: "3대 1의 비율"
이듬해 나는 이종 교배한 잡종을 심어 모두 1,218개의 완두콩을 수확했다. 둥근 완두콩과 주름진 완두콩의 비율은 2.45대 1이었으며 멘델의 유명한 결과와 정확하게 일치하지는 않지만 비슷한 수치였다. 이런 차이가 생긴 것은 아마도 나의 표본 크기가 작았기 때문이거나 아니면 근처 엘리자의 텃밭에서 자라는 완두콩 품종으로 인해 꽃가루 오염이 있었기 때문일 것이다.

제6장 므두셀라

143쪽: "이들이 보여준 저항과 희생의 이야기는 유대 민족에게 거의 신화에 가까운, 끈질긴 항거의 상징이 되었다."
마사다에서 일어난 일들이 어떻게 역사책의 주에서 영웅주의의 강력한 이야기로 변화되었는지 흥미롭게 검토한 설명을 보려면 벤-예후다의 1995년 저서를 참조하라.

143쪽: "값어치 있는 것은 어느 것 하나 로마인들에게 넘겨주고 싶지 않았던 마지막 시카리들은 재산과 식량을 중앙 창고로 가져간 뒤 건물을 불태웠다."
로마 역사가 요세푸스에 따르면 시카리들은 마지막 순간까지 식량이 풍족했다는 것을 보여주기 위해 일정 분량의 식량을 전혀 손대지 않은 채 원래대로 놔두었다. 마사다에서 발견된 대추야자 열매 중에 왜 어떤 것은 불에 타 숯이 되었고 어떤 것은 전혀 불타지 않은 채로 있었는지 그 이유를 이런 배경으로 설명할 수 있을 것이다.

143쪽: "1960년대에 고고학자들이 잡석들을 골라내며 작업한 결과 고대 유대인들의 은화를 발굴했고, 이 때문에 유대인의 화폐 제도를 둘러싸고 몇 가지 끊이지 않는 의문이 생겼다."
마사다의 유물이 발견되기 전까지 제1차 유대-로마 전쟁 기간 동안 주조된 몇몇 주화의 기원 문제는 "유대 화폐 연구의 가장 어려운 문제의 하나"로 간주되었다(카드만의 1957년 저서와 야딘의 1966년 저서 참조).

144쪽: "달라진 기후와 정착 형태의 변화로 인해 희생되었기 때문이다."
로마인이 제1차 유대-로마 전쟁과 그로부터 몇 십 년 후 일어난 반란을 진압하고 나자 이전의 유대 왕국은 급속도로 쇠퇴했다. 수출 경제가 붕괴되었고 사람들이 도시를 버리고 떠났으며 기후 변화로 인해 심지어는 소규모 대추야자 경작까지 힘들어졌다. 한때 유명했던 야자나무 종도 결국 완전히 없어졌다. 1865년 이곳을 방문한 영국 성직자이자 탐험가인 헨리 베이커 트리스트램은 매우 안타까워하며 이렇게 말했다. "마지막 야자나무가 사라졌다. 한때 예리코는 야자나무의 도시라는 이름을 얻었지만 이제 나무 윗부분의 깃털같이 우아한 잎들이 평원 위로 높이 솟아 손짓하는 모습을 더 이상 볼 수 없다."(트리스트램의 1865년 저서)

147쪽: "므두셀라 이야기는 자연적으로 발아한 씨앗 사례 중 가장 오래된 사례에 속한다."
일레인은 식물 호르몬과 효소 비료가 든 약제—허약한 표본을 발아시킬 때 이용하는 표준 기법—에 이 씨앗을 담가두었지만 싹을 틔우고자 한 추동력은 므두셀라 혼자만의 것이었다.

147쪽: "또한 이처럼 오래 견디는 인내력 덕분에 요르단 계곡에 유대의 대추야자가 또다시 번성할 수 있을지도 모른다는 가능성이 열렸다."
현대 이스라엘의 대추야자 나무는 20세기에 들여온 표준 품종의 후손이다. 유전자 검사에서 드러난 바에 따르면 므두셀라는 이들 대추야자나무와 아무 유연관계가 없다. 므두셀라는 하야니라고 불리는 옛날 이집트 품종과 가장 가깝다. 우연의 일치이겠지만 이런 사실은 유대인이 엑소더스 때 대추야자를 함께 갖고 왔다고 대대로 전해지는 이야기와 아주 잘 들어맞는다.

제7장 은행에 갖다 두자

166쪽: "그의 설명에 따르면 처음에는 브라인 새우로 시작했지만, 쌀과 견과류에서 추출한 당인 미오이노시톨 속에서 살아있는 백신의 활동을 정지시켰을 때 가장 좋은 결과를 얻었다."
빌&멀린다 게이츠 재단으로부터 2천만 달러의 기금을 제공받아 로버트 시버스 박사의 지도 아래 활동했던 한 팀이 살아있는 홍역 백신을 개발했으며, 이 백신은 미오이노시톨의 "바이오글라스" 속에서 최대 4년까지 살아있다.

168쪽: "바깥에서 어떤 큰 문제가 일어나더라도 이곳은 무사할 거예요."
캐리 파울러, 〈식스티 미닛츠〉에서 인용(2008년 3월 20일자 CBS 뉴스 "최후 심판의 날 금고를 방문하다", www.cbsnews.com/8301-18560_162-3954557.html

에 자료로 보관되어 있다).

170쪽: “또한 스발바르에 있는 씨앗 금고와 큐 왕립 식물원에서 관리하는, 야생종을 위한 인상적인 시설과도 협력하고 있다.”
현재 밀레니엄 씨앗은행에는 영국 토종 종자식물 종의 90퍼센트 이상을 포함하여 3만 4천 개 이상의 종으로부터 얻은 20억 개 이상의 씨앗을 보관하고 있다. 2025년까지 전 세계 식물군의 25퍼센트로부터 얻은 씨앗을 보관할 계획이며 특히 희귀종과 멸종 위기에 놓인 종에 초점을 맞출 것이다. 이곳에 보관된 종 가운데 적어도 12개 종이 벌써 세계에서 멸종되었다.

171쪽: “다음에 올 기근을 막아야 한다. 그리고 지금이 시작할 때다.”
던의 1944년 저서에 인용되어 있는 그대로 옮겼다.

171쪽: “여러 지역을 돌아다니면서 표본을 1톤씩이나 모았으며 밀, 보리, 옥수수, 콩 같은 작물이 지역마다 차이를 보인다는 사실, 예를 들어 곡물이 익는 시점이 빠르거나 늦고, 서리가 내린 뒤의 생존 가능성이 다르며 해충이나 질병에 대한 내성도 다르다는 사실에 대해 깊은 이해를 얻었다.”
바빌로프는 품종의 다양성을 이해했을 뿐만 아니라 그 자신이 말한 이른바 “기원지”도 확인했다. 이 기원지는 모두 여덟 곳으로, 중요 작물이 맨 처음 재배되기 시작하고 아직도 다양한 품종이 남아 있으며 그 작물의 야생종을 여전히 찾을 수 있는 지역을 말한다. 이런 개념은 지금도 식물 교배와 식물학 연구에서 매우 중요한 원칙으로 남아 있다.

172쪽: “1932년 또 다시 기근이 전국을 강타했을 때 스탈린은 “맨발의 과학자들”, 즉 전문 교육을 받지 않은 프롤레타리아 농업 전문가들의 핵심 그룹이 빠른 성과를 올릴 수 있다고 약속한 것을 믿고 전폭적인 지지를 보냈다.“
트로핌 리센코가 이끌었던 이 악명 높은 운동은 멘델의 유전학에 맞서 후천적 획득 유전이라는 섣부른 이론을 내세움으로써 소비에트 농업, 그리고 생물학 전반을 한 세대가량 후퇴시켰다.

173쪽: “적어도 네 명의 헌신적인 직원들은 굶주림으로 죽으면서도 자신들이 관리하던 수천 상자의 쌀, 옥수수, 밀, 그 밖의 귀중한 곡물에 손도 대지 않았다.”
바빌로프가 수집해 놓은 씨앗들이 리센코 학설과 제2차 세계대전의 파괴 이후에도 살아남긴 했지만 이 씨앗들을 보관하는 연구소는 현대에 들어와 기금 축소를 겪으면서 장기간에 걸쳐 쇠퇴했다. 그 어떤 것으로도 대체할 수 없는 과수원—5천 개가 넘는 과일과 베리 종이 자라던 과수원—은 최근 주택 개발 택지로 지정되어 그곳의 나무들을 모두 없앨 예정이다.

174쪽: "이런 방식으로 다양성을 보존하는 활동이 비로소 쟁점으로 부상한 것은 산업농업으로 인해 몇몇 대량 재배 품종에서 높은 생산량을 얻는 데만 중점을 두면서부터였다."
마찬가지로 야생식물 다양성이 위기를 맞게 된 것도 서식지 손실에서부터 기후변화와 침입종 등장 등 인간 활동으로 인한 결과 때문이다.

제8장 이빨로, 부리로 물어뜯고, 갉아먹고

186쪽: "대다수 설치류는 지금도 옛날 방식으로 생활의 많은 부분을 꾸려 가는데, 그것은 바로 씨앗을 갉아먹는 것이다."
현대의 설치류가 먹는 음식에는 다양한 식물 물질(그리고 때로는 곤충이나 고기)이 포함되지만 설치류의 독특한 이빨은 열매를 갉아먹기 위해 진화했으며 열매는 지금도 이 집단 내에서 가장 흔한 음식이다.

190쪽: "복숭아나 자두 씨처럼 이 씨앗에도 돌처럼 단단한 껍질 층이 있으며 그 안에 부드러운 견과가 안전하게 들어 있다."
기능적으로 볼 때 이들 종의 씨는 씨앗이지만 엄밀히 말해 껍질 층은 속열매껍질이라고 불리는 단단한 과육 층으로 되어 있다.

194쪽: "단기적으로 볼 때 이런 시나리오는 다음 세대에게 나쁜 소식이었다. 어미나무의 그늘 아래에서는 어린 나무가 잘 자라지 않기 때문이다."
이러한 견해에 전념하는 확산 생태학의 한 분야가 있다. 멀리 확산되어야 어린 식물이 포식자에게 당하지 않고, 부모나 형제자매와의 경쟁을 피하며, 다 자란 나무 부근에 잠복되어 있는 종 특유의 바이러스와 그 밖의 병원균에 감염되지 않을 수 있다는 것이다.

199쪽: "잘 알려진 대로 조너선 와이너의 저서 『핀치의 부리』에서 이야기했듯이 이후부터 생물학자들은 열매가 많거나 적은 계절적 변화가 핀치 새에게 상당한 진화적 변화를 가져왔다는 것을 깨달았다."
이제 오십 년째에 들어서고 있는 갈라파고스핀치 새 연구는 진화에 대한 조사 활동 가운데 이제껏 이루어진 가장 심도 깊은 조사활동이었다. 프린스턴 대학의 생물학자 피터 그랜트와 로즈마리 그랜트 부부가 이끄는 이 연구 활동은 자연 선택과 그 밖의 요인들(유전학적 요인, 행동 관련 요인, 환경적 요인)이 어떻게 함께 작용하여 종을 만들어내고 유지하는지 밝혀내는 데 기여했다. 와이너의 『핀치의 부리』(1995년)와 그랜트 부부의 『종은 왜, 그리고 어떻게 늘어나는가』(2008년)는 꼭 한 번 읽어보라고 추천하고 싶다.

제9장 풍부한 맛

206쪽: "정말 매워요! 정말 매워!/페퍼 팟 스프요! 페퍼 팟 스프!/허리가 튼튼해지고/오래 살 수 있어요!/정말 매워요! 페퍼 팟 스프!"
이 시가의 기원은 18세기의 스프 장수들이 독특한 매운 맛의 스튜를 팔기 위해 큰 소리로 외치고 다니면서 노래를 불렀던 필라델피아까지 거슬러 올라간다. 필라델피아 페퍼 팟 스프에는 소 위장에서부터 거북에 이르기까지 다양한 고기가 사용되지만 한 가지 공통점은 양념, 즉 많은 양의 후추가 들어간다는 점이다.

211쪽: "초기 주주들 중 주식을 계속 보유했던 자들은 46년 동안 연평균 27퍼센트가 넘는 수익을 올렸는데 이 정도의 수익률이라면 그다지 큰 액수라고 할 수 없는 5,000달러를 투자하여 해당 기간 동안 무려 25억 달러 이상의 큰돈을 벌었을 것이다."
연평균 수익에는 현금과 향신료 배당 외에도, 회사 설립부터 1648년 회원이 539명에 이르렀던 최전성기까지의 주식 평가가치도 포함된다. 이 회사의 놀라운 역사에 대해 좀 더 알고 싶으면 드브리스와 반더우드 공저의 1997년 저서를 참조하라.

213쪽: "배와 물품 공급에 돈이 계속 들어가고 있었는데 이에 대한 보상을 어디서 찾았을까? …… 향신료의 땅은 어떤가? …… 가장 공정한 눈으로 볼 때 콜럼버스는 사기꾼이거나 아니면 바보가 아닌가 하는 생각이 들기 시작했다."
영의 1906년 저서 206쪽.

213쪽: "다른 이들은 콜럼버스가 새로운 뭔가를 정말로 찾은 게 맞는지 의심했지만 그 자신은 카리브해 섬들과 주변 해안이 실제로 아시아의 일부며 일본과 중국과 인도는 말할 것도 없고 향신료도 조만간 모습을 드러낼 것이라는 믿음을 고수했다."
지나고 나서 생각해보면 터무니없어 보이지만 콜럼버스가 "향신료 제도"를 정확히 찾아내기 힘들 것이라고 생각했다고 해서 그를 비난할 수는 없다. 18세기에 한참 들어서도 육두구 나무가 자라는 곳은 동남아시아 2만 5천 개 섬 중 10곳 미만이었다. 정향은 겨우 다섯 곳에서 발견되었다.

217쪽: "과학자들은 고추의 매운맛이 어디서 비롯되는지 오래전에 추적하여 캡사이신 *capsaicin*의 존재를 밝혀냈는데, 캡사이신은 씨앗을 감싸고 있는 흰색의 해면조직에서 만들어진 화합물이다."
태반이라고 불리는 흰색 조직이 캡사이신을 만들어내고 그중 80퍼센트를 보유한다. 약 12퍼센트는 씨앗으로 이동하고 나머지는 열매 조직, 특히 맨 끝부분으로 이동하는데, 열매를 야금야금 먹는 동물의 경우 너무 큰 해를 입기 전에 열매 끝부분에서 캡사이신의 맛을 보게 될 것이다.

221쪽: "반면 식물은 정적이다."

이런 식의 전면적인 주장은 예외를 유발하는데, 다행스럽게도 식물 왕국은 잎을 닫는 파리지옥풀에서부터 예민한 식물들이 잎사귀를 움츠리는 행동, 나아가 감지할 수 없을 만큼 아주 느리게 걷는 무화과나무까지 다양한 예외로 도움을 주었다. 그럼에도 압도적으로 많은 식물은 씨앗이 확산되어 싹이 나면 그곳에 뿌리를 내리고 움직이지 않는 생활 패턴을 보인다.

222쪽: "참을 수 없는 화상과 염증의 느낌"

아펜디노의 2008년 저서, 90쪽.

제10장 가장 기분 좋은 콩

230쪽: "석죽의 꺾꽂이용 가지보다 크지 않을 만큼"

유커스의 저서(1922년)에 실려 있는 번역문에서 인용해온 이 문구는 카네이션을 비롯하여 석죽과의 다른 식물을 번식시킬 때 사용하는 일반적인 방법을 지칭한다. 잎 마디 바로 위의 줄기에서 자람 가지를 쉽게 "꺾을 수 있다."

232쪽: "수 세기가 지난 뒤 어느 것이 진실이고 어느 것이 꾸며낸 이야기인지 밝혀내기는 불가능하지만"

드 클리유 이야기와 관련하여 현대에 나와 있는 대부분의 설명은 윌리엄 유커스의 1922년 고전 『커피에 관한 모든 것』을 토대로 하고 있다. 나는 드 클리유의 서신 원문과 중역된 19세기 프랑스 역사의 일부를 갖고 있어서 유커스의 세세한 설명 중 많은 부분을 확인했다. 하지만 해적의 공격이 있었다는 내용에 대해서는 확인할 수 없었다!

232쪽: "향기 좋은 커피를 마실 때면 언제나 / 나는 마음씨 후한 프랑스인을 생각하네 / 그의 고귀한 끈기가 / 마르티니크 섬 해안까지 나무를 가지고 왔네."

이 시가 처음 실린 책은 찰스 램과 그의 누나 메리가 함께 쓴 시집 『아이들을 위한 시』였다. 여러 주와 서신뿐만 아니라 문체의 차이 등을 바탕으로 학자들은 이 시가 찰스 램의 것이라고 보고 있다.

232쪽: "램 같은 이들은 마르티니크 섬에서부터 멕시코, 브라질에까지 이르는 지역의 모든 커피나무가 그의 공로 덕분이었다고 보았으며"

드 클리유의 묘목에서 자라난 후손들이 프랑스령 서인도제도뿐만 아니라 아마도 중미와 남미의 대농장에까지 기본 꺾꽂이 가지를 제공했을 것이다. 커피나무가 그렇게 멀리까지 퍼져나간 과정은 여전히 명확하지 않지만 브라질의 한 대중적 이야기에서는 자기 나라 커피나무의 일부가 적어도 프랑스령 기아나에서 왔을 것으로 보고 있으며 절도와 유혹이라는 또 다른 일화에서 비롯되었을 것이라고 여긴다. 전설에 따르면 방문객인 포르투갈 장교와 총독의 아내 사이에 있었던 로맨스가 특이한 이별 선물로 결말을 맺었다. 그가 브라질로 떠날 때 총독의 아내가 향기로운 꽃다발을 그에게 선물했다. 식민지에서 철저하게 보호했던 커피나무의 가지와 열매가 그 꽃다발 깊숙이 들어 있었다.

233쪽: "통제할 수 없이 온몸을 비트는 증상"
홀링스워스 등의 2002년 저서 참조.

234쪽: "오리지널인 코카콜라와 펩시콜라를 비롯하여 콜라라는 이름으로 시장에서 팔리는 많은 음료가 있다."
이들 콜라의 제조법은 철저하게 기업 비밀로 지켜지고 있지만 코카콜라와 펩시콜라는 기본적으로 "콜라"에 콜라 열매 추출액이 들어 있던 시기에 소다수 시장에 뛰어들었다. 오늘날의 콜라에도 여전히 이 열매 추출액이 들어 있는지 어떤지는 논의의 대상으로 남아 있지만 최근의 한 화학 분석에서는 일반 콜라 캔에서 콜라 열매의 단백질을 전혀 발견하지 못했다(다마토 등의 2011년 저서).

235쪽: "아주 강한 내성을 지닌 공격자 말고는 거의 모든 공격자를 퇴치할 수 있을 정도로 진한 농도의 카페인을 갖게 된다."
카페인은 탁월한 만능 살충제로 여겨지지만 커피 열매 천공 딱정벌레 같은 커피 전문 곤충들은 면역체계가 발달되어 있다. 이들 벌레는 아무 어려움 없이 커피열매를 우적우적 씹어 먹어 구멍을 뚫으며 광범위한 작물 피해를 끼친다.

236쪽: "어린싹이 커갈수록 카페인은 점점 줄어드는 배젖에서 빠져 나와 부근 땅속으로 퍼져 나가는데, 부근에 있는 다른 식물 뿌리들의 성장을 억제하며 다른 씨앗들이 발아하는 것을 막는 것 같다."
카페인이 씨앗에서 빠져나와 땅속으로 퍼져나가는 정확한 과정은 아직도 명확하지 않다. 직접 땅속으로 퍼져나갈 수도 있고 아니면 뿌리를 통과해서 퍼져나갈 수도 있다. 식물의 알카로이드 재활용 프로그램에서 실질적인 마지막 단계에 이르면 카페인이 배젖에서 떡잎으로 이동하여 공격자들로부터 떡잎을 보호하고 다시 전체 과정이 시작된다.

236쪽: "라이트와 그녀의 동료들이 벌떼를 훈련시켜 실험용 꽃을 찾아가도록 했을 때 꿀벌이 카페인이 들어 있는 꽃을 기억했다가 다시 찾아갈 가능성이 세 배나 되었다."
커피 꽃의 꿀 속에 들어 있는 카페인의 양은 꿀벌과의 공진화를 강하게 암시한다. 양이 너무 많으면 강한 억제제가 되거나 심지어는 독성을 띠지만 커피 꽃이 딱 적당한 양의 카페인을 제공하면 기억을 자극하여 벌이 더 많은 꿀을 먹으러 오게 만든다.

237쪽: "정서가 고양되고 상상이 생생하게 펼쳐지며 자비심이 생기고 …… 기억과 판단이 보다 날카로워지고 짧은 시간 동안 언어 표현이 유난히 활발해진다."
출처 『영국 동종요법 리뷰』, 유커스의 1922년 저서, 175쪽에서 인용

239쪽: "뒤이은 산업혁명"
근로 습관이 빠르게 진화되었던 이 시기를 표현하기 위해 전문가들 사이에서 멋진 이름이 생겼다. 바로 근면 혁명이었다(산업혁명을 뜻하는 영어 Industrial Revolution에서 Industrial이라는 단어 대신 근면을 뜻하는 비슷한 철자의 단어 Industrious를 사용한 것이다_옮긴이).

240쪽: "커피가 정착되기 시작한 17세기까지도 유럽 북부지역의 1인당 맥주 소비량은 연간 156리터에서 무려 700리터에 이르렀으며 평균 300 내지 400리터 정도였다."
일인당 연간 총합이 무려 1,095리터에 이른다는 보고가 병원에서 나왔는데, 아마도 추정컨대 맥주가 가격 대비 효율성이 높은 환자 식사였던 모양이다. 중세부터 르네상스 시대까지의 맥주 습관에 관해 탁월한 설명을 읽고 싶으면 웅거의 2004년 저서를 참조하라.

240쪽: "합리주의와 프로테스탄트 윤리가 영적으로, 이념적으로 성취하고자 했던 바를 화학적으로, 약물학적으로 이루어냈다."
쉬벨부시의 1992년 저서, 39쪽

242쪽: "마차, 배, 부동산, "해적의 물건으로 압수된 것" 등의 경매가"
1699년 영국 해군성은 윌리엄 키드 선장을 체포하면서 보석, 귀금속, 무역 물품 등의 귀중품을 압수했다. 이후 런던의 마린 커피하우스에서 이 물품들을 경매에 붙인 결과 충분한 자금을 모음으로써 궁핍한 선원들을 위해 은퇴 시설을 건립할 수 있었다.

243쪽: "아이작 뉴턴이 그리시안 커피하우스에서 돌고래를 해부했다는 이야기"
매우 흥미로운 모습이지만 자주 반복되는 이 과장된 이야기는 랠프 소스비의 목격담을 통해 거짓임이 쉽게 드러난다. 그의 목격담에서는 돌고래를 해부한 후에 그리시언 커피하우스로 쉬러 갔다고 이야기하고 있다(소스비의 1830년 저서, 2권, 117쪽). 이보다 훨씬 흥미로운 것은 당시 부근 템스 강에서 돌고래가 잡혔다는 사실이다!

243쪽: "벤저민 프랭클린은 도시에 있을 때면 커피전문점을 들르곤 했으며"

아마도 프랭클린의 사망 소식을 접한 후 르 프로코프 카페의 사람들이 보인 반응을 통해 그가 프랑스에서 전설적인 인기를 누렸다는 것을 가장 잘 확인할 수 있을 것이다. 사흘간의 애도 기간 동안 실내에는 검은 천이 걸려 있었다. 추도사가 이어졌고 후원자들은 오크나무 잎, 사이프러스 나무 가지, 별자리표, 지구본, 자기 꼬리를 물고 있는 뱀—불멸의 상징—으로 만든 왕관으로 프랭클린의 흉상을 장식했다.

제11장 살인 도구로 이용된 우산

258쪽: "훗날 소비에트 망명자들은 KGB가 우산과 총알을 불가리아 정부에 제공한 바 있다고 확인해 주었지만 중요 세부 사항들이 여전히 모호하며 그런 범죄로 체포된 사람이 아무도 없었다."
다큐멘터리 작가 리처드 커밍스는 현장에서 빠져 나간 택시 운전사를 포함하여 일군의 암살 팀이 마르코프 살인 사건에 관여했다고 믿고 있다. 그가 믿고 있는 이야기에 따르면 바닥에 떨어진 우산은 단지 관심을 다른 곳으로 돌리기 위한 수단일 뿐이며 실제로는 펜 크기의 작은 물건으로 치명적 총알을 쏘았다.

261쪽: "사슬 하나가 세포 표면에 구멍을 뚫는 동안 다른 하나는 세포 안에서 따로 분리되어 리보솜을 무차별적으로 파괴하는데, 이 리보솜은 세포의 유전 암호를 해독하여 단백질을 합성하는 데 반드시 필요한 작은 입자이다."
세포 안에서 풀린 사슬이 RNA 전사를 방해함으로써 세포 활동에 필요한 단백질 합성 능력을 저해한다. 세포를 뚫고 들어가지 못한 상태에서 이 사슬 자체는 아무 해가 없으며 보리를 비롯하여 흔히 먹는 여러 가지 씨앗 속에 있는 저장 단백질과 매우 흡사하다.

261쪽: "비록 리신이 치명적인 독으로 알려져 있긴 해도 기록으로 정리되어 있는 독살이 매우 드물었으며 증상에 대한 임상 설명도 없었다."
리신이 독성 물질이라는 사실을 최종적으로 확인한 사건은 파리에서 있었던 실패한 암살 시도였다. 용량이 모두 몸속으로 퍼지지 못한 탓에 피해자는 살아남았다. 하지만 혈관 속으로 들어온 소량의 리신에 대항하여 그의 몸에서 항체가 형성되었다.

262쪽: "그들은 어른 말을 확실하게 죽일 정도의 양을 계산해낸 뒤 계획을 실행에 옮겼다."
칼루긴의 2009년 저서, 207쪽

266쪽: "최근 열매에 관한 의학적 연구를 종합적으로 요약 정리하려는 시도가 있었는데 순식간에 1,200페이지를 넘어 섰고 전 세계 실험실에서 일하는 300명의 과학자들이 원고를 보냈다."
프리디 등의 2011년 저서

268쪽: "푸른곰팡이와 그 밖의 일반적인 균류가 있으면 중간 수준의 간 독소였던 쿠마린이 다 큰 젖소도 죽일 만큼 강력한 혈액 희석제로 변한다."
노엘 마크니키 같은 균류학자는 이런 사실에 조금도 놀라지 않을 것이다. 많은 식물 화합물이 실제로 식물-균류의 상호작용으로 생기는 산물이며 몇몇 경우에는 전적으로 식물 위나 식물 안에 살고 있는 균류에 의해 만들어진다고 지속적으로 연구에서 입증되고 있다.

제12장 거부할 수 없는 과육의 달콤함

281쪽: "그러나 포식자가 어딘가 숨어서 기다리는 한 몸집이 큰 박쥐들은 먹이를 들고 안전한 홰까지 열매를 옮기며, 호세와 내가 굳이 눈으로 보지 않아도 이들 박쥐의 모든 동작을 알 수 있을 만큼 매우 특징적인 씨앗 분산 패턴을 만들어낸다."
알멘드로 열매를 멀리 퍼뜨리는 주된 동물은 왕과일먹는박쥐(*Artibeus lituratus*)다. 자메이카과일먹는박쥐도 이따금 열매를 퍼뜨리지만 다른 박쥐들은 너무 작아서 보통 크기의 알멘드로 열매를 옮기지 못한다(보나코르소 등의 1980년 저서)

281쪽: "실험실로 돌아온 뒤에는 유전자 지문의 도움을 얻어 자료를 더욱 보강할 수 있었다."
또 다른 측면에서 진행된 나의 연구는 꽃가루의 확산을 추적했으며 비슷한 결과를 얻었다. 알멘드로 나무에 무성하게 핀 자주색 꽃으로 몰려든 꿀벌은 나무들 사이로 거의 2.3킬로미터까지 날아갔으며, 외따로 고립된 나무의 꽃가루도 옮겼다.

286쪽: "아주까리(그리고 다른 많은 종)의 경우 기름진 꼬투리를 만들어내어 이 꼬투리만 아니었다면 육식성에 머물렀을 개미를 끌어들이는 반면"
엘리아좀이라고 불리는, 이 기름기 많고 단백질이 풍부한 덩어리가 개미-식물 상호작용의 중심에 있었다. 이런 전략은 사초, 제비꽃, 아카시아처럼 독특한 집단 내에서 최소한 백 번은 진화되었다. 개미에 의한 확산은 대부분 거리가 짧지만 적어도 한 사례에서는 열매를 거의 180미터까지 옮긴 적이 있었다(휘트니의 2002년 저서)

286쪽: "그러나 과일을 먹은 선원들은 얼마 지나지 않아 얼굴이 부어오르고 점점 벌겋게 아파오면서 거의 정신 나간 지경이 되었다."
코엔의 1969년 저서, 132쪽.

286쪽: "특정 씨앗 확산자(그 정체는 아직 밝혀지지 않았다)"

많은 식물학자는 곰포데어나 그 밖에 오래전 멸종된 거대동물이 씨앗을 퍼뜨려주었을 식물 목록에 만사니요를 포함시킨다.

291쪽: "동물에 의한 확산이 겉씨식물에서 여전히 흔하게 나타나긴 해도"
사람들은 열매를 꽃식물과 연관 짓지만 실제로 동물에 의한 확산은 겉씨식물에서 훨씬 광범위하게 이루어졌다. 겉씨식물의 64퍼센트에서 동물에 의한 확산이 일어나며 속씨식물은 27퍼센트뿐이었다(헤레라와 펠미르 공저의 2002년 저서와 티프니의 2004년 저서).

293쪽: "반면 식물은 특별한 유형의 확산자를 유인하기 위한 맞춤형 전략도 세웠다."
식물학자들은 이런 전략을 확산증후군이라고 부른다. 그러나 이런 전략이 식물-동물의 상호작용을 범주화하는 데 유용한 방법이긴 하지만 실제로 식물의 진화를 이끌어가는 데 어떤 역할을 했는가에 대해서는 여전히 논란이 많다.

294쪽: "따끈한 거름 똥 속에 씨앗이 파묻히게 되는 것이다."
똥 덩어리가 이로운 경우도 있지만 그 속에 너무 많은 씨앗이 들어 있는 상태에서 한꺼번에 싹이 트면 치열한 경쟁으로 인해 거름의 이점이 상쇄된다.

제13장 바람에 실려, 파도에 떠밀려

299쪽: "데이지와 민들레도 거의 구분하지 못하는 사람"
1846년 J. D. 후커에게 보낸 편지에서 인용(밴 와이의 2002년 저서)

299쪽: "그는 식물학자가 아니니"
1836년 J. S. 헨슬로가 W. J. 후커에게 보낸 편지, 포터의 1980년 저서에 적힌 대로 인용.

300쪽: "큰 나무가 없는 브라질"
다윈의 갈라파고스 공책에서 인용(밴 와이의 2002년 저서)

300쪽: "가능한 한 많은 식물을 수집하려고 부지런히 애썼지만 겨우 열 종류를 얻는 데 성공했다. 그토록 초라해 보이는 작은 잡초들은 적도의 식물군이라기보다는 오히려 북극에 더 잘 어울렸을 것이다."
다윈의 1871년 저서, 374쪽

301쪽: "딱 그들의 본성을 가릴 정도의 크기이며 그 밖에는 다른 어떤 것도 가리지 못한다"

콜럼버스의 1990년 저서, 97쪽.

301쪽: "그들은 손으로 이것을 심지 않는다. 왜냐하면 장미처럼 들판에 저절로 자라기 때문이다."
코엔의 1969년 저서, 79쪽.

303쪽: "목화를 좀 더 정확하게 묘사해놓은 그의 다른 그림도 있어서 맨더빌 경이 이 그림에서 목화를 의도한 것인지 어떤지는 확실하지 않지만 그의 발상은 사람들을 사로잡았다."
맨더빌의 원문에는 양처럼 생긴 박을 "양털이 없는" 것으로 묘사하고 다 자란 뒤 베틀기보다는 식탁에 올라가게 된다고 주장했다. 심지어 이 열매의 맛을 보았으며 "매우 훌륭한" 맛이었다고 주장했다. 하지만 최근의 해석에서는 이 원문을 생략하는 일이 자주 있다. 맨더빌이 "가지가 유연한" 목화 나무라든가 "배고픈" 양 등의 표현을 썼다는 인용문은 순전히 거짓으로 보이며 아마 위키피디아에 실린 그의 항목에 이런 표현이 들어감으로써 일부 퍼져나간 것으로 보인다.

307쪽: "연구자들이 끈적끈적 달라붙는 씨 덫을 원격 조종 비행기에 설치한 결과 망초의 솜털이 상승 기류를 타고 최소 120미터 높이까지 올라간다는 것을 알았다."
다우어 외의 2009년 저서

308쪽: "균류가 씨앗을 썩게 하고 톡토기가 균류를 잡아먹으며 작은 거미들이 이 톡토기를 먹잇감으로 삼는다."
이처럼 바람에 의해 형성된 높은 고도의 생태계에 대해 보다 흥미진진한 설명을 보고 싶으면 스완의 1992년 저서를 참조하라. 스완은 이런 생태계를 가리켜 "바람에 의한 생물군계"라고 했다.

308쪽: "그럼에도 그는 평균적인 대서양 해류를 타고 최소한 483킬로미터나 이동했던 씨앗의 확산 거리를 계산해냈다."
다윈은 온전한 형태를 갖춘 마른 식물이 이보다 훨씬 오랫동안 물에 떠 있을 수 있다는 것을 깨닫고 이 추정치를 1,487킬로미터로 상향 조정했다.

309쪽: "씨앗이 좋은 조건의 토양에 떨어져서 완전하게 다 자랄 가능성이 얼마나 적은가!"
다윈의 1859년 저서, 228쪽.

310쪽: "최소한 170가지 식물 종이 이와 비슷한 방법으로 갈라파고스 제도까지 이동했다."
포터(1984년 저서)는 134개 식물 군집이 바람에 의해, 그리고 36개의 식물 군집이 해류에 의해 이동했다고 보았으며 목화 같은 몇몇 식물은 두 가지 방식이 결합되어 이동했다고 인정했다.

310쪽: "거듭된 기적"
드 케이로스의 2014년 저서, 287쪽.

311쪽: "노예제가 없다면 목화가 없고, 목화가 없다면 현대 산업이 없다."
맥렐런의 2000년 저서, 221쪽.

312쪽: "적은 비용으로 비싼 실크의 디자인을 그대로 베낀 캘리코(캘리컷이라는 해안 도시 이름에서 유래되었다)와 기타 날염 직물은 유럽의 늘어나는 중산 계급이 색상과 스타일 감각에 눈을 뜨도록 기여했다."
오늘날의 직물 가게에서 상품 꼬리표만 읽어보아도 면직물의 역사에서 아시아와 근동이 어떤 역할을 했는지 드러난다. 캘리컷에서 유래한 캘리코 외에도 마드라스(마드라스 도시 이름에서 유래), 친츠("물감" 혹은 "물감이 튀긴 것"을 뜻하는 힌디어에서 유래), 카키("흙먼지 색깔"을 뜻하는 우르두어에서 유래), 깅엄("줄무늬"를 뜻하는 말레이어에서 유래), 시어서커("우유와 설탕"을 뜻하는 페르시아어에서 유래했다. 다발 모양의 부드러운 직물 패턴을 지칭한다) 등이 있다.

313쪽: "크리스토퍼 콜럼버스가 신세계에서 발견한 목화는 아프리카나 아시아의 친척 종과 달랐다."
섬유질이 긴 신세계 목화는 구세계의 두 가지 종이 이종교배 되어 나온 잡종이다. 염색체 수가 정상보다 두 배나 많으며 유전학자들은 이를 사배체라고 부른다. 확인된 다섯 가지 종 가운데 육지면(*Gossypium hirsutum*)이 현재 세계 시장을 지배하고 있다. 해도면(*Gossypium barbadense*)은 섬유질의 길이가 가장 길지만 재배하기가 더 어렵다. 시장에서는 이 해도면이 여전히 고급 직물로 통하며 대개 "이집트 면", "페루산 피마면"이라는 상품명으로 팔리고 있다.

314쪽: "대서양 삼각 무역 가운데 가장 혐오스러웠던 한 축은 1790년대에 새로운 정점을 맞이했고 이 당시 해마다 무려 8만 7천 명이나 되는 노예들이 중간 항로를 거쳐 미국으로 건너갔다."
클라인의 2002년 저서 참조.

318쪽: "빙글빙글 도는 단풍나무 씨앗은 이보다 두 배나 더 빨리 하강한다."
단풍나무의 날개열매는 자바 오이의 씨앗보다 더 빨리 떨어지기는 해도 날개열매만의 독특한 비행 방식이 항공기 제작에 영감을 주었다. 록히드 마틴에서 만든 "사마라이"(날개열매를 뜻하는 영어 단어 samara에서 따온 이름이다_옮긴이)는 단풍나무 열매처럼 빙빙 선회하는 감시 드론이며, 호주 연구자들은 최근 산불이 일어난 곳의 공중에서 대기상태를 전송하도록 설계된 일회용 선회 비행기를 소개한 바 있다. 또한 싱글 로터식 헬리콥터도 제작되었지만 대체로 안전성이 부족하여 유인 비행을 하기에는 적합하지 않다.

322쪽: "우리는 나란히 서서 고개를 하늘로 쳐든 채 씨앗이 시야에서 사라질 때까지 계속 웃고 또 웃었다."
자바 오이 씨앗이 날아가는 모습을 지켜보는 일은 정말 황홀했지만 다른 한편으로 이 씨앗이 멀리 날아 시야에서 사라지는 동안 뭔가 불안한 마음도 들었다. 싹이 나면 어떻게 될까? 열대 덩굴식물이 우리 고장의 서늘한 기후에서 자랄 가능성은 극히 희박하지만 노아와 내가 태평양 연안 북서부 지역에 자랄 미래의 칡을 들여온 게 아닐까 하는 생각이 나도 모르게 들었다!

결론: 씨앗의 미래

324쪽: "그러나 20세기 중반에 식물 교배자들은 화학적 방법으로 염색체의 수를 배로 늘일 수 있다는 것, 그리고 4배체와 2배체를 역교배하면 번식력 없는 잡종이 생산된다는 것을 발견했다."
여기서 말하는 화학 물질은 콜히친이며 사프란의 씨앗과 덩이줄기에서 발견되는 알칼로이드이다.

참고 문헌

Acosta-Solis, M. 1948. Tagua or vegetable ivory: a forest product of Ecuador. *Economic Botany* 2: 46-57.

Alperson-Afil, N., D. Richter, and N. Goren-Inbar. 2007. Phantom hearths and controlled use of fire at Gesher Benot Ya'aqov, Israel. *Paleoanthropology* 2007 1-15.

Alperson-Afil, N., G. Sharon, M. Kislev, Y. Melamed, I. Zohar, S. Ashkenazi, et al. 2009. Spatial organization of hominin activities at Gesher Benot Ya'aqov, Israel. *Science* 326: 1677-1680.

Anaya, A.L., R. Cruz-Ortega, and G. R. Waller. 2006. Metabolism and ecology of purine alkaloids. *Frontiers in Bioscience* 11: 2354–2370.

Appendino, G. 2008. Capsaicin and Capsaicinoids. pp. 73-109 in Fattoruso, E. and O. Taglianatela-Scafati, eds. *Modern Alkaloids*. Weinheim: Wiley-VCH.

Asch, D. L., and N. B. Asch. 1978. The economic potential of *Iva annua* and its prehistoric importance in the Lower Illinois Valley. pp. 300-341 in Ford, R. I., ed. *The Nature and Status of Ethnobotany*. University of Michigan Museum of Anthropology Paper No. 67, Ann Arbor, MI.

Ashihara, H., H. Sano, and A. Crozier. 2008. Caffeine and related purine alkaloids: Biosynthesis, catabolism, function and genetic engineering. *Phytochemistry* 68: 841-856.

Ashtiania, F., and F. Sefidkonb. 2011. Tropane alkaloids of Atropa belladonna L. and *Atropa acuminata* Royle ex Miers plants. *Journal of Medicinal Plants Research* 5: 6515-6522.

Atwater, W. O. 1887. How food nourishes the body. *Century Illustrated* 34: 237-251.

Atwater, W. O. 1887. The potential energy of food. *Century Illustrated* 34: 397-251.

Barfod, A. 1989. The rise and fall of the tagua industry. *Principes* 33: 181-190.

Barlow, N., ed. 1967. *Darwin and Helsow, The Growth of an Idea: Letters 1831-1860*. London: John Murray.

Baskin, C. C. and J. M. Baskin. 2001. *Seeds: Ecology, Biogeography, and Evolution of Dormancy and Germination*. San Diego, CA: Academic Press.

Bateman, R. M., P. R. Crane, W. A. DiMichele, P. Kenrick, N. P. Rowe, T. Speck, and W. E. Stein. W. E. 1998. Early evolution of land plants: phylogeny, physiology, and ecology of the primary terrestrial radiation. *Annual Review of Ecology and Systematics* 29: 263-292.

Bateson, W. 1899. Hybridisation and cross-breeding as a method of scientific investigation.

Journal of the Royal Horticultural Society 24: 59-66.

Bateson, W. 1925. Science in Russia. *Nature* 116: 681-683.

Baumann, T. W. 2006. Some thoughts on the physiology of caffeine in coffee – and a glimpse of metabolite profiling. *Brazilian Journal of Plant Physiology* 18: 243-251.

Bazzaz, F. A., N. R. Chiariello, P. D. Coley, and L. F. Pitelka. 1987. Allocating resources to reproduction and defense. *BioScience* 37: 58-67.

Beckett, S. T. 2008. *The Science of Chocolate, 2nd Edition*. Cambridge: RSC Publishing.

Benedictow, O. J. 2004. *The Black Death: the Complete History*. Woodbridge, UK: The Boydell Press.

Ben-Yehuda. 1995. *The Masada Myth: Collective Memory and Mythmaking in Israel*. Madison, WI: The University of Wisconsin Press.

Berry, E. W. 1920. *Paleobotany*. Washington D. C.: U.S. Governement Printing Office.

Bewley, J. D., and M. Black. 1985. *Seeds: Physiology of Development and Germination*. New York: Plenum Press.

Bewley, J. D., and M. Black. 1994. *Seeds: Physiology of Development and Germination, Second Edition*. New York: Plenum Press

Billings, H. 2006. The *materia medica* of Sherlock Holmes. *Baker Street Journal* 55: 37-44.

Black, M. 2009. Darwin and seeds. *Seed Science Research* 19: 193-199.

Black, M., J. D. Bewley, and P. Halmer, eds. 2006. *The Encyclopedia of Seeds: Science, Technology, and Uses*. Oxfordshire, UK: CABI.

Blumler, M. 1998. Evolution of caryopsis gigantism and the origins of agriculture. *Research in Contemporary and Applied Geography: A Discussion Series* 22(1-2): 1-46.

Bonaccorso, F. J., W. E. Glanz, and C. M. Sanford. 1980. Feeding assemblages of mammals at fruiting *Dipteryx panamensis* (Papilionaceae) trees in Panama: seed predation, dispersal and parasitism. *Revista de Biología Tropical* 28: 61–72.

Browne, J., A. Tunnacliffe, and A. Burnell. 2002. Plant desiccation gene found in a nematode. *Nature* 416: 38.

Bureau of Reclamation. 2000. *Horsetooth Reservoir Safety of Dam Activities – Final Environmental Impacts Assessment, EC-1300-00-02*. United States Bureau of Reclamation, Eastern Colorado Area Office, Loveland, CO, 65pp.

Campos-Arceiz, A., and S. Blake. 2011. Megagardeners of the forest e the role of elephants in seed dispersal. *Acta Oecologica* 37: 542-553.

Carmody R. N., and R. W. Wrangham. 2009. The energetic significance of cooking. *Journal of Human Evolution* 57: 379–391.

Chandramohan, V., J. Sampson, I. Pastan, and D. Bigner. 2012. Toxin-based targeted therapy for malignant brain tumors. *Clinical and Developmental Immunology* 2012: 15 pp., doi:10.1155/2012/480429.

Chen H. F., P. L. Morrell, V. E. Ashworth, M. De La Cruz, and M. T. Clegg M. T. 2009. Tracing the geographic origins of major avocado cultivars. *Journal of Heredity* 100: 56–65.

Clarke, P. A. 2007. *Aboriginal People and their Plants*. Dural Delivery Center, New South Wales: Rosenberg Publishing.

Coe, S. D., and M. D. Coe. 2007. *The True History of Chocolate, Revised Edition*. London: Thames & Hudson.(한국어판, 『초콜릿』, 서성철 옮김, 지호, 2000)

Corcos, A. F., and F. V. Monaghan. 1993. *Gregor Mendel's Experiments on Plant Hybrids: A Guided Study*. New Brunswick, NJ: Rutgers University Press.

Cohen, J. M., ed. 1969. *Christopher Columbus: The Four Voyages*. London: Penguin Books.

Columbus, C. 1990. *The Journal: Account of the First Voyage and Discovery of the Indies*. Rome: Istituto Poligrafico e Zecca Della Stato.

Cordain, L. 1999. Cereal grains: humanity's double-edged sword., pp. 19-73 in Simopolous, A. P. (ed.) *Evolutionary Aspects of Nutrition and Health: Diet, Exercise, Genetics and Chronic Disease*. Basel: Karger.

Cordain, L., J. B. Miller, S. B. Eaton, N. Mann, S.H.A. Holt, and J. D. Speth. 2000. Plant-animal subsistence ratios and macronutrient energy estimations in worldwide hunter-gatherer diets. *American Journal of Clinical Nutrition* 71: 682-692.

Cowan, W. C. 1978. The prehistoric use and distribution of maygrass in eastern North America: cultural and phytogeographical implications. pp. 263-288 in Ford, R. I., ed. *The Nature and Status of Ethnobotany*. University of Michigan Museum of Anthropology Paper No. 67, Ann Arbor, MI.

Crowe, J. H., F. A. Hoekstra, and L. M. Crowe. 1992. Anhydrobiosis. *Annual Review of Physiology* 54: 579-599.

Cummings, C. H. 2008. *Uncertain Peril: Genetic Engineering and the Future of Seeds*. Boston: Beacon Press.

D'Amato, A., E. Fasoli, A. V. Kravchuk, and P. G. Righetti. 2011. Going nuts for nuts? The trace proteome of a cola drink, as detected via combinatorial peptide ligand libraries. *Journal of Proteome Research* 10: 2684-2686.

Darwin, C. 1871. The Voyage of the Beagle. New York: D. Appleton & Company.(한국어판, 『찰스 다윈의 비글호 항해기』, 장순근 옮김, 리젬, 2013)

Darwin, C. 1855. Does sea-water kill seeds? *The Gardeners' Chronicle* 21: 356-357.

Darwin, C. 1855. Effect of salt water on the germination of seeds. *The Gardeners' Chronicle* 47: 773.

Darwin, C. 1855. Effect of salt water on the germination of seeds. *The Gardeners' Chronicle* 48:

789.

Darwin, C. 1855. Longevity of seeds. *The Gardeners' Chronicle* 52: 854.

Darwin, C. 1855. Vitality of seeds. *The Gardeners' Chronicle* 46: 758.

Darwin, C. 1856. On the action of sea-water on the germination of seeds. *Journal of the Proceedings of the Linnean Society of London, Botany*. 1: 130–140.

Darwin, C. 1859. *On the Origin of Species by Means of Natural Selection*. (reprint of 1859 first edition). Mineola, NY: Dover.(한국어판,『종의 기원』, 김관선 옮김, 한길사, 2014)

Dauer, J. T., D. A. Morensen, E. C. Luschei, S. A. Isard, et al. 2009. *Conyza canadensis* seed ascent in the lower atmosphere. *Agricultural and Forest Meteorology* 149: 526-534.

Davis, M. 2002. *Dead Cities*. New York: The New Press.

Daws, M. I., J. Davies, E. Vaes, R. van Gelder, and H. Pritchard. 2007. Two-hundred-year seed survival of *Leucospermum* and two other woody species from the Cape Floristic region, South Africa. *Seed Science Research* 17: 73-79.

DeJoode, D. R., and J. F. Wendel. 1992. Genetic diversity and origin of the Hawaiian Islands cotton, *Gossypium tomentosum*. *American Journal of Botany* 79: 1311-1319.

de Queiroz, A. 2014. *The Monkey's Voyage: How Improbably Journeys Shaped the History of Life*. New York: Basic Books.

De Vries, J., and A. Van der Woude. 1997. *The First Modern Economy: Success, Failure, and Perseverance of the Dutch Economy 1500 – 1815*. Cambridge: Cambridge University Press.

DiMichele, W. A. and R. M. Bateman. 2005. Evolution of land plant diversity: major innovations and lineages through time. pp. 3-14 in *Plant Conservation: A Natural History Approach* (Krupnick, G. A. and W. J. Kress, eds.). Chicago: University of Chicago Press.

DiMichele, W. A., J. I. Davis, and R. G. Olmstead. 1989. Origins of heterospory and the seed habit: the role of heterochrony. *Taxon* 38: 1-11.

Dodson, E. O. 1955. Mendel and the rediscovery of his work. *The Scientific Monthly* 81: 187-195.

Dunn, L. C. 1944. Science in the U.S.S.R.: Soviet biology. *Science* 99: 65-67.

Dyer, A. F., and S. Lindsay. 1992. Soil spore banks of temperate ferns. *American Fern Journal* 82: 9-123.

Emsley, J. 2008. *Molecules of Murder: Criminal Molecules and Classic Cases*. Cambridge: The Royal Society of Chemistry.

Enders, M. S., and S. B. Vander Wall. 2012. Black bears *Ursus americanus* are effective seed dispersers, with a little help from their friends. *Oikos* 121: 589-596.

Evenari, M. 1981. The history of germination research and the lesson it contains for today. *Israel Journal of Botany* 29: 4-21.

Falcon-Lang, H. J., W. J. Nelson, S. Elrick, C. V. Looy, P. R. Ames, and W. A. DiMichele. 2009.

Incised channel fills containing conifers indicate that seasonally dry vegetation dominated Pennsylvanian tropical lowlands. *Geology* 37: 923-926.

Falcon-Lang, H., W. A. DiMichele, S. Elrick, and W. J. Nelson. 2009. Going underground: in search of Carboniferous coal forests. *Geology Today* 25: 181-184.

Faust, M. 1994. The apple in paradise. *Hort Technology* 4: 338-343.

Finch-Savage, W. E., and G. Leubner-Metzger. 2006. Seed dormancy and the control of germination. *New Phytologist* 171: 501-523.

Fitter, R. S. R., and J. E. Lousley. 1953. *The Natural History of the City*. London: The Corporation of London.

Fraser, E. D. G., and A. Rimas. 2010. *Empires of Food: Feast, Famine, and the Rise and Fall of Civilizations*. New York: Free Press.

Friedman, W. E. 2009. The meaning of Darwin's "abominable mystery." American Journal of Botany 96: 5-21.

Friedman, C. M. R., and M. J. Sumner. 2009. Maturation of the embryo, endosperm, and fruit of the dwarf mistletoe *Arceuthobium americanum* (Viscaceae). *International Journal of Plant Sciences* 170: 290-300.

Gadadhar, S., and A. A. Karande. 2013. Abrin immunotoxin: targeted cytotoxicity and intracellular trafficking pathway. *PLoS ONE* 8: e58304. doi:10.1371/ journal.pone.0058304.

Galindo-Tovar, M. E., N. Ogata-Aguilar, and A. M. Arzate-Fernández. 2008. Some aspects of avocado (*Persea americana* Mill.) diversity and domestication in Mesoamerica. *Genetic Resources and Crop Evolution* 55: 441–450.

Gardiner, J. E. 2013. *Bach: Music in the Castle of Heaven*. New York: Alfred A. Knopf.

Garnsey, P., and D. Rathbone. 1985. The background to the grain law of Gaius Gracchus. *Journal of Roman Studies* 75: 20-25.

Glade, M. J. 2010. Caffeine – not just a stimulant. *Nutrition*: 26: 932-938.

Glover, J. D., J. P. Reganold, L. W. Bell, J. Borevitz, E. C. Brummer, et al. 2010. Increased food and ecosystem security via perennial grains. *Science* 328: 1638-1639.

González-Di Pierro, A. M., J. Benítez-Malvido, M. Méndez-Toribio, I. Zermeño, V. Arroyo-Rodríguez, K. E. Stoner, and A. Estrada. 2011. Effects of the physical environment and primate gut passage on the early establishment of *Ampelocera hottlei* (Standley) in rain forest fragments. *Biotropica* 43: 459-466.

Goor, A. 1967. The history of the date through the ages in the Holy Land. *Economic Botany* 21: 320-340.

Goren-Inbar, N., N. Alperson, M. E. Kislev, O. Simchoni, Y. Melamed, A. Ben-Nun, and E. Werker. 2004 Evidence of hominin control of fire at Gesher Benot Ya'aqov, Israel. *Science* 304: 725-727.

Goren-Inbar, N., G. Sharon, Melamed, Y., and M. Kislev. 2002. Nuts, nut cracking, and pitted stones at Gesher Benot Ya'aqov, Israel. *Proceedings of the National Academy of Sciences* 99: 2455–2460.

Gottlieb, O., M. Borin, and B. Bosisio. 1996. Trends of plant use by humans and nonhuman primates in Amazonia. *American Journal of Primatology* 40: 189-195.

Gould, R. A. 1969. Behaviour among the Western Desert Aborigines of Australia. *Oceania* 39: 253-274.

Grant, P. R., and B. R. Grant. 2008. *How and Why Species Multiply: The Radiation of Darwin's Finches*. Princeton, NJ: Princeton University Press.

Greene, R. A., and E. O. Foster. 1933. The liquid wax of seeds of *Simmondsia californica. Botanical Gazette* 94: 826-828.

Gremillion, K. J. 1998. Changing roles of wild and cultivated plant resources among early farmers of eastern Kentucky. *Southeastern Archaeology* 17: 140-157.

Gugerli, F. 2008. Old seeds coming in from the cold. *Science* 322: 1789-1790.

Haak, D. C., L. A. McGinnis, D. J. Levey, and J. J. Tewksbury. 2011. Why are not all chilies hot? A trade-off limits pungency. *Proceedings of the Royal Society B* 279: 2012-2017.

Hanson, T. R., S. J. Brunsfeld, and B. Finegan. 2006. Variation in seedling density and seed predation indicators for the emergent tree D*ipteryx panamensis* in continuous and fragmented rainforest. *Biotropica* 38: 770-774.

Hanson, T. R., S. J. Brunsfeld, B. Finegan, and L. P. Waits. 2007. Conventional and genetic measures of seed dispersal for *Dipteryx panamensis* (Fabaceae) in continuous and fragmented Costa Rican rainforest. *Journal of Tropical Ecology* 23: 635-642.

Hanson, T. R., S. J. Brunsfeld, B. Finegan, and L. P. Waits. 2008. Pollen dispersal and genetic structure of the tropical tree *Dipteryx panamensis* in a fragmented landscape. *Molecular Ecology* 17: 2060-2073.

Harden, B. 1996. *A River Lost: The Life and Death of the Columbia*. New York: W. W. Norton & Company.

Hargrove, J. L. 2006. History of the calorie in nutrition. *Journal of Nutrition* 136: 2957-2961.

Hargrove, J. L. 2007. Does the history of food energy units suggest a solution to "Calorie confusion"? *Nutrition Journal* 6: 44.

Hart, K. 2002. *Eating in the Dark: America's Experiment* with *Genetically Engineered Food*. New York: Pantheon Books.

Haufler, C. H. 2008. Species and speciation. in Ranker, T. A., and C. H. Haufler, eds. *Biology and Evolution of Ferns and Lyophytes*. Cambridge: Cambridge University Press.

Henig, R. M. 2000. *The Monk in the Garden*. Boston: Houghton Mifflin.(한국어판, 『정원의 수도사』, 안인희 옮김, 사이언스북스, 2006)

Heraclitus. 2001. *Fragments*. New York: Penguin.

Herrera, C. M. 1989. Seed dispersal by animals: a role in angiosperm diversification? *The American Naturalist* 133: 309-322.

Herrera, C. M., and O. Pellmyr. 2002. *Plant-Animal Interactions: An Evolutionary Approach*. Oxford: Blackwell Sciences, Ltd.

Hewavitharange, P., S. Karunaratne, and N. S. Kumar. 1999. Effect of caffeine on shot-hole borer beetle *Xyleborus fornicatus* of tea *Camellia sinensis*. *Phytochemistry* 51: 35-41.

Hillman, G., R. Hedges, A. Moore, S. College, and P. Petitt. 2001. New evidence of Late glacial cereal cultivation at Abu Hureyra on the Euphrates. *The Holocene* 11: 383-393.

Hirschel, E. H., H. Prem, and G. Madelung. 2004. *Aeronautical Research in Germany – From Lilienthal Until Today*. Berlin: Springer-Verlag.

Hollingsworth, R.G., Armstrong, J.W., Campbell, E., 2002. Caffeine as a repellent for slugs and snails. *Nature* 417: 915–916.

Hooker, J. D. 1847. An enumeration of the plants of the Galapagos Archipelago; with descriptions of those which are new. *Transactions of the Linnean Society of London, Botany* 20: 163-233.

Hooker, J. D. 1847. On the vegetation of the Galapagos Archipelago, as compared with that of some other tropical islands and of the continent of America. *Transactions of the Linnean Society of London, Botany* 20: 235-262.

Huffman, M. 2001. Self-medicative behavior in the African great apes: an evolutionary perspective into the origins of human traditional medicine. *BioScience* 51: 651-661.

Iltis, H. 1966. *Life of Mendel*. (Reprint of 1932 translation by E. and C. Paul). New York: Hafner Publishing Company.

Janzen, D. H., and P. S. Martin. 1982. Neotropical anachronisms: the fruits the gomphotheres ate. *Science* 215: 19-27.

Jolly, C. J. 1970. The seed-eaters: a new model of hominid differentiation based on a baboon analogy. *Man* 5: 5-26.

Kadman, L. 1957. A coin find at Masada. *Israel Exploration Journal* 7: 61-65.

Kahn, V. 1987. Characterization of starch isolated from avocado seeds. *Journal of Food Science* 52: 1646–1648.

Kardong, K., and V. L. Bels. 1998. Rattlesnake strike behavior: kinematics. *Journal of Experimental Biology*201: 837–850.

Kingsbury, J. M. 1992. Christopher Columbus as a botanist. *Arnoldia* 52: 11-28.

Kingsbury, N. 2009. *Hybrid: The History and Science of Plant Breeding*. Chicago: The University of Chicago Press.

Klauber, L. M. 1956. *Rattlesnakes, their Habits, Life Histories, and Influence on Mankind, vols 1, 2.* Berkley, CA: University of California Press.

Klein Herbert S. 2002. The structure of the Atlantic slave trade in the 19thcentury:anassessment. *Outre-mers* 89: 63-77.

Knight, M. H. 1995. Tsamma melons, *Citrullus lanatus*, a supplementary water supply for wildlife in the southern Kalahari. *African Journal of Ecology* 33: 71-80.

Koltunow, A. M., T. Hidaka, and S. P. Robinson. 1996. Polyembry in Citrus. *Plant Physiology* 11O: 599-609.

Krauss, R. 1945. *The Carrot Seed.* New York: Harper Collins.

Lack, D. 1947. *Darwin's Finches.* Cambridge: Cambridge University Press.

Le Couteur, P., and J. Burreson. 2003. *Napoleon's Buttons: 17 Molecules that Changed History.* New York: Jeremy P. Tarcher/Penguin.

Lee, H. 1887. *The Vegetable Lamb of Tartary.* London: Sampson Low, Marsten, Searle & Rivington.

Lee-Thorp, J., A. Likius, H. T. Mackaye, P. Vignaud, et al. 2012. Isotopic evidence for an early shift to C4 resources by Pliocene hominins in Chad. *Proceedings of the National Academy of Sciences* 109: 20369–20372.

Lemay, S., and J. T. Hannibal. 2002. *Trigonocarpus excrescens* Janssen 1940, a supposed seed from the Pennsylvanian of Illinois, is a millipede (Diplopida: Euphoberiidae). *Kirtlandia* 53: 37-40.

Levey, D. J., J. J. Tewksbury, M. L. Cipollini, and T. A. Carlo. 2006. A Weld test of the directed deterrence hypothesis in two species of wild chili. *Oecologica* 150: 51-68.

Levin, D. A. 1990. Seed banks as a source of genetic novelty in plants. *The American Naturalist* 135: 563-572.

Lev-Yadun, S. 2009. Aposematic (warning) coloration in plants. pp. 167-202 in F. Baluska (ed.), *Plant-Environment Interactions, Signaling and Communication in Plants.* Berlin: Springer-Verlag.

Lim, M. 2012. Clicks, cabs, and coffee houses: social media and oppositional movements in Egypt, 2004–2011. *Journal of Communication* 62: 231-248.

Lobova, T., C. Geiselman, and S. Mori. 2009. *Seed Dispersal by Bats in the Neotropics.* Bronx, NY: The New York Botanical Garden.

Loewer, P. 1995. *Seeds: the Definitive Guide to Growing, History & Lore.* Portland, OR: Timber Press.

Loskutov, Igor G. 1999. *Vavilov and his institute. A history of the world collection of plant genetic resources in Russia.* Rome: International Plant Genetic Resources Institute.

Lucas. P., P. Constantino, B. Wood, and B. Lawn. 2008. Dental enamel as a dietary indicator in mammals. *Bio Essays* 30: 374-385.

Lucas, P. W., J. T. Gaskins, T. K. Lowrey, M. E. Harrison, H. C. Morrogh-Bernard, et al. 2011. Evolutionary optimization of material properties of a tropical seed. *Journal of the Royal Society Interface* 9: 34-42.

Machnicki, N. J. 2013. How the chili got its spice: ecological and evolutionary interactions between fungal fruit pathogens and wild chilies. Ph.D. Dissertation, University of Washington, Seattle, WA.

Mannetti, L. 2011. Understanding Plant Resource Use by the ≠Khomani Bushmen of the southern Kalahari. M.Sc. Thesis, University of Stellenbosch, South Africa.

Martins, V. F., P. R. Guimaraes Jr., C. R. B. Haddad, and J. Semir. 2009. The effect of ants on the seed dispersal cycle of the typical myrmecochorous *Ricinus communis*. *Plant Ecology* 205: 213–222.

Marwat, S. K., M. J. Khan, M. A. Khan, M. Ahmad, M. Zafar, F. Rehman, and S. Sultana. 2009. Fruit plant species mentioned in the Holy Qura'n and Ahadith and their ethnomedicinal importance. *American-Eurasian Journal of Agricultural and Environmental Sciences* 5: 284-295.

Masi, S., E. Gustafsson, M. Saint Jalme, V. Narat, et al. 2012. Unusual feeding behavior in wild great apes, a window to understand origins of self-medication in humans: role of sociality and physiology on learning process. *Physiology and Behavior* 105: 337-349.

McLellan, D., ed. 2000. *Karl Marx: Selected Writings*. Oxford: Oxford University Press.

Mendel, G. 1866. *Experiments in Plant Hybridization*. (Translated by W. Bateson and R. Blumberg). *Verhandlungen des naturforschenden Vereines in Brunn, Bd. IV fur das Jahr 1865*, Abhandlungen: 3–47.

Mercader, J. 2009. Mozambican grass seed consumption during the Middle Stone Age. *Science* 326: 1680-1683.

Mercader, J., T. Bennett, and M. Raja. 2008 Middle Stone Age starch acquisition in the Niassa Rift, Mozambique. *Quaternary Research* 70: 283-300.

Mercier, S. 1999. The evolution of world grain trade. Review of Agricultural Economics 21: 225-236.

Midgley, J. J., K. Gallaher, and L. M. Kruger. 2012. The role of the elephant (*Loxodonta africana*) and the tree squirrel (*Paraxerus cepapi*) in marula (*Sclerocarya birrea*) seed predation, dispersal and germination. *Journal of Tropical Ecology* 28: 227-231.

Moore, A. M. T., G. C. Hillman, and A. J. Legge. 2000. *Village on the Euphrates: from Foraging to Farming at Abu Hureyra*. Oxford: Oxford University Press.

Moseley, C. W. R. D, transl. 1983. *The Travels of Sir John Mandeville*. London: Penguin.

Murray, D. R., ed. 1986. *Seed Dispersal*. Orlando, FL: Academic Press.

Nathan, R., F. M. Schurr, O. Spiegel, O. Steinitz, A. Trakhtenbrot, and A. Tsoar. 2008. Mechanisms of long-distance seed dispersal. *Trends in Ecology and Evolution* 23: 638-647.

Nathanson, J. A. 1984. Caffeine and related methylxanthines: possible naturally occurring pesticides. *Science*: 226: 184-187.

Newman, D. J., and G. M. Cragg. 2012. Natural products as sources of new drugs over the 30 years from 1981 to 2010. *Journal of Natural Products* 75: 311-335.

Peterson, K., and M. E. Reed. 1994. *Controversy, Conflict, and Compromise: A History of the Lower Snake River Development.* U.S. Army Corps of Engineers, Walla Walla District, Walla Walla, WA., 244 pp.

Piperno, D. R., E. Weiss, I. Holst, and D. Nadel. 2004. Processing of wild cereal grains in the Upper Paleolithic revealed by starch grain analysis. *Nature* 430: 670-673.

Pollan, M. 2001. *The Botany of Desire.* New York: Random House.(한국어판, 『욕망하는 식물』, 이경식 옮김, 황소자리, 2007)

Porter, D. M. 1980. Charles Darwin's plant collections from the voyage of the *Beagle. Journal of the Society for the Bibliography of Natural History* 9: 515-525.

Porter, D. M. 1984. Relationships of the Galapagos flora. *Biological Journal of the Linnean Society* 21: 243-251.

Preedy, V. R., R. R. Watson, and V. B. Patel. 2011. *Nuts and Seeds in Health and Disease.* London: Academic Press.

Pringle, P. 2008. *The Murder of Nikolai Vavilov.* New York: Simon & Shuster

Ramsbottom, J. 1942. Recent work on germination. *Nature* 149: 658.

Ranker, T. A., and C. H. Haufler, eds. 2008. *Biology and Evolution of Ferns and Lyophytes.* Cambridge: Cambridge University Press.

Raven, P. H., R. F. Evert, and S. E. Eichhorn. 1992. *Biology of Plants, 5thEdition.* New York: Worth Publishers.

Reddy, S. N. 2009. Harvesting the landscape: defining protohistoric plant exploitation in coastal Southern California. *SCA Proceedings* 22: 1-10.

Rettalack, G. J., and D. L. Dilcher. 1988. Reconstructions of selected seed ferns. *Annals of the Missouri Botanical Garden* 75: 1010-1057.

Riello, G. 2013. *Cotton: The Fabric That Made The Modern World.* Cambridge: Cambridge University Press.

Rosentiel, T. N., E. E. Shortlidge, A. N. Melnychenko, J. F. Pankow, and S. M. Eppley. 2012. Sex-specific volatile compounds influence microarthropod-mediated fertilization of moss. *Nature* 489: 431-433.

Rothwell, G. W., and R. A. Stockey. 2008. Phylogeny and evolution of ferns: a paleontological perspective. pp. 332-366 in Ranker, T. A., and C. H. Haufler, eds. *Biology and Evolution of Ferns and Lyophytes.* Cambridge: Cambridge University Press.

Sallon, S., E. Solowey, Y. Cohen, R. Korchinsky, et al. 2008. Germination, genetics, and growth of an ancient date seed. *Science* 320: 1464.

Sathakopoulos, D. C. 2004. *Famine and Pestilence in the Late Roman and Early Byzantine Empire.* Brimingham Byzantine and Ottoman Monographs Vol. 9, Aldershot Hants, UK: Ashgate Publishing, Ltd.

Scharpf, Robert F. 1970. Seed viability, germination, and radicle growth of dwarf mistletoe in California. Berkeley, Calif. Pacific SW. Forest & Range Exp. Sta., 18 p., illus. (U.S.D.A. Forest Serv. Res. Paper PSW-59)

Seabrook, J. 2007. Sowing for the apocalypse: the quest for a global seed bank. *New Yorker* (August 7): 60-71.

Schivelbusch, W. 1992. *Tastes of Paradise: a Social History of Spices, Stimulants, and Intoxicants.* New York: Pantheon Books.

Schopfer, P. 2006. Biomechanics of plant growth. *American Journal of Botany* 93: 1415–1425.

Scotland, R. W., and A. H. Wortley. 2003. How many species of seed plants are there? *Taxon* 52: 101-104.

Sharif, M. 1948. Nutritional requirements of flea larvae, and their bearing on the specific distribution and host preferences of the three Indian species of Xenopsylla (Siphonaptera). *Parasitology* 38: 253-263.

Shaw, George Bernard. 1918. The vegetarian diet according to Shaw. Reprinted in *Vegetarian Times*, March/April 1979: 50-51.

Sheffield, E. 2008. Alteration of generations. pp. 49-74 in Ranker, T. A., and C. H. Haufler, eds. *Biology and Evolution of Ferns and Lyophytes.* Cambridge: Cambridge University Press.

Shen-Miller, J., J. William Schopf, G. Harbottle, R. Cao, et al. 2002. Long-living lotus: germination and soil y-radiation of centuries old fruits, and cultivation, growth, and phenotypic abnormalities of offspring. *American Journal of Botany* 89: 236-247.

Simpson, B. B., and M. C. Ogorzaly. 2001. *Economic Botany, Third Edition.* Boston: McGraw Hill.

Stephens, S. G. 1958. Salt water tolerance of seeds of Gossypium species as a possible factor in seed dispersal. *The American Naturalist* 92: 83-92.

Stephens, S. G. 1966. The potentiality for long range oceanic dispersal of cotton seeds. *The American Naturalist* 100: 199-210.

Stöcklin, J. 2009. Darwin and the plants of the Galápagos Islands. *Bauhinia* 21: 33-48.

Strait, D.S., G. W. Webe, S. Neubauer, J. Chalk, B. G. Richmond, et al. 2009. The feeding biomechanics and dietary ecology of *Australopithecus africanus. Proceedings of the National Academy of Sciences* 106: 2124-2129.

Strait, D.S., P. Constantino, P. Lucas, B. G. Richmond, M. A. Spencer, et al. 2013. Viewpoints: diet and dietary adaptations in early hominins: the hard food perspective. *American Journal of*

Physical Anthropology 151: 339–355.

Swan, L. W. 1992. The Aeolian biome. *BioScience* 42: 262-270.

Taviani, P. E., C. Varela, J. Gil, and M. Conti. 1992. *Christopher Columbus: Accounts and Letters of the Second, Thirds, and Fourth Voyages*. Rome: Instituto Poligrafico e Zecca Dello Stato.

Telewski, F. W., and J. D. Zeevaart. 2002. The 120-year period for Dr. Beal's seed viability experiment. *American Journal of Botany* 89: 1285-1288.

Tewksbury, J. J., D. J. Levey, M. Huizinga, D. C. Haak, and A. Traveset. 2008. Costs and benefits of capsaicin-mediated control of gut retention in dispersers of wild chilies. *Ecology* 89: 107-117.

Tewksbury, J. J., and G. P. Nabhan. 2001. Directed deterrence by capsaicin in chilies. *Nature* 412: 403-404.

Tewksbury, J. J., G. P. Nabhan, D. Norman, H. Suzan, J. Tuxill, and J. Donovan. 1999. In situ conservation of wild chiles and their biotic associates. *Conservation Biology* 13: 98-107.

Tewksbury, J. J., K. M. Reagan, N. J. Machnicki, T. A. Carlo, D.C. Haak, et al. 2008. Evolutionary ecology of pungency in wild chilies. *Proceedings of the National Academy of Sciences* 105: 11808-11811.

Theophrastus. 1916. *Enquiry Into Plants and Minor Works on Odoùrs and Weather Signs*, Volume 2. (Translated by A. Hort). New York: G. P. Putnam's Sons.

Thompson, K. 1987. Seeds and seed banks. *New Phytologist* 26: 23-34.

Thoresby, R. 1830. *The Diary of Ralph Thoresby*, F.R.S. London: Henry Colburn and Richard Bentley.

Tiffney, B. 2004. Vertebrate dispersal of seed plants through time. *Annual Review of Ecology, Evolution, and Systematics* 35: 1-29.

Traveset, A. 1998. Effect of seed passage through vertebrate frugivores' guts on germination: a review. *Perspectives in Plant Ecology, Evolution and Systematics* 1/2: 151-190.

Tristram, H. B. 1865. *The Land of Israel: A Journal of Travels in Palestine*. London: Society for Promoting Christian Knowledge.

Turner, J. 2004. *Spice: The History of a Temptation*. New York: Vinage.(한국어판, 『스파이스』, 정서진 옮김, 따비, 2012)

Ukers, W. H. 1922. *All About Coffee*. New York: The Tea and Coffee Trade Journal Company.(한국어판, 『올 아바웃 커피』, 박보경 옮김, 세상의아침, 2012)

Unger, R. W. 2004. *Beer in the Middle Ages and the Renaissance*. Philadelphia, PA: The University of Pennsylvania Press.

Valster, A. H. and P. K. Hepler. 1997. Caffeine inhibition of cytokinesis: effect on the phragmoplast cytoskeleton in living *Tradescantia* stamen hair cells. *Protoplasma* 196: 155-166.

Vander Wall, S. B. 2001. The evolutionary ecology of nut dispersal. *The Botanical Review* 67: 74-117.

van Wyhe, J., ed. 2002- The Complete Work of Charles Darwin Online (http://darwin-online.org.uk).

Vozzo, J. A., ed. 2002. *Tropical Tree Seed Manual*. Washington DC: USDA Forest Service, Agriculture Handbook 721.

Walters, D. R. 2011. *Plant Defense: Warding off Attack by Pathogens, Herbivores, and Parasitic Plants*. Oxford: Wiley-Blackwell.

Walters, R. A., L. R. Gurley, and R. A. Toby. 1974. Effects of caffeine on radiation-induced phenomena associated with cell-cycle traverse of mammalian cells. *Biophysical Journal* 14: 99-118.

Weckel, M., W. Giuliano, and S. Silver. 2006. Jaguar (*Panthera onca*) feeding ecology: distribution of predator and prey through time and space. *Journal of Zoology* 270: 25-30.

Weiner, J. 1995. *The Beak of the Finch: A Story of Evolution in Our Time*. New York: Alfred A. Knopf.(한국어판, 『핀치의 부리』, 양병찬 옮김, 동아시아, 근간)

Wendel, J. F., C. L. Brubaker, and T. Seelanan. 2010. The origin and evolution of *Gossypium*, pp. 1-18 in Stewart, J. M., et al., eds. *Physiology of Cotton*. Dordrecht, Netherlands: Springer.

Whealy, D. O. 2011. *Gathering: Memoir of a Seed Saver*. Decorah, Iowa: Seed Savers Exchange.

Whiley, A. W., B. Schaffer, and B. N. Wolstenholme. 2002. *The Avocado: Botany, Production and Uses*. Cambridge, MA: CABI Publishing.

Whitney, K. 2002. Dispersal for distance? *Acacia ligulata* seeds and meat ants *Iridomyrmex viridiaeneus*. *Austral Ecology* 27: 589-595.

Willis, K. J., and J. C. McElwain. 2002. *The Evolution of Plants*. Oxford: Oxford University Press.

Willson, M. 1993. Mammals as seed-dispersal mutualists in North America. *Oikos* 67: 159-167.

Wing, L. D., and I. O. Buss. 1970. Elephants and forests. *Wildlife Monographs* 19: 3-92.

Woodburn, J. H. 1999. *20thCentury Bioscience :Professor O.J.Eigsti and the Seedless Watermelon*. Raleigh, NC: Pentland Press.

Wrangham, R. W. 2009. *Catching Fire: How Cooking Made Us Human*. New York: Basic Books.(한국어판, 『요리 본능』, 조현욱 옮김, 사이언스북스, 2011)

Wrangham, R. W. 2011. Honey and fire in human evolution. pp. 149-167 in Sept, J. and D. Pilbeam eds.). *Casting the Net Wide: Papers in honor of Glynn Isaac and his approach to human origins research*. Oxford: Oxbow Books.

Wrangham, R. W., and R. Carmody. 2010. Human adaptation to the control of fire. *Evolutionary Anthropology* 19: 187–199.

Wright, G. A., D. D. Baker, M. J. Palmer, D. Stabler, J. A. Mustard, et al. 2013 Caffeine in floral nectar enhances a pollinator's memory of reward. *Science* 339: 1202-1204.

Yadin, Y. 1966. *Masada: Herod's Fortress and the Zealots' Last Stand*. New York: Random House.

Yafa. S. 2005. *Cotton: the Biography of a Revolutionary Fiber*. New York: Penguin.

Yarnell, R. A. 1978. Domestication of sunflower and sumpweed in Eastern North America., pp. 289-300 in Ford, R. I., ed. *The Nature and Status of Ethnobotany*. University of Michigan Museum of Anthropology Paper No. 67, Ann Arbor, MI.

Yashina, S., S. Gubin, S. Maksimovich, A. Yashina, et al. 2012. Regeneration of whole fertile plants from 30,000-y-old fruit tissue buried in Siberian permafrost. *Proceedings of the National Academy of Sciences* 109: 4008-4013.

Young, F. 1906. *Christopher Columbus and the New World of His Discovery*. London: E. Grant Richards.

Zacks, R. 2002. *The Pirate Hunter: The True Story of Captain Kidd*. New York: Hyperion.

찾아보기

그림 출처

그림 1.1. Reproduction © 1979 by Dover Publications

그림 1.2. Photo © 2006 by Thor Hanson

그림 1.3. Wikimedia Commons

그림 1.4. Illustration © 2014 by Suzanne Olive

그림 2.1. Wikimedia Commons

그림 2.2. Photo © 2014 by Ilya Zlobin

그림 2.3. Illustration © 2014 by Suzanne Olive

그림 3.1. Illustration © 2014 by Suzanne Olive

그림 3.2. Wikimedia Commons

그림 4.1. Photo © 2013 by Thor Hanson

그림 4.2. Illustration by Alice Prickett, technical adviser Tom Phillips, University of Illinois, Urbana -Champaign

그림 4.3. Illustration © 2014 by Suzanne Olive

그림 5.1. Illustration © 2014 by Suzanne Olive

그림 6.1. Wikimedia Commons

그림 6.2. Illustration © 2014 by Suzanne Olive

그림 7.1. Photo © by Hans Hillewaert/CC-BY-SA-3.0. Wikimedia Commons

그림 7.2. Photo NASA MISSE3, courtesy fo NASA.

그림 7.3. Illustration © 2014 by Suzanne Olive

그림 8.1. *The Tale of Squirrel Nutkin*(1903)

그림 8.2. Illustration © 2014 by Suzanne Olive

그림 8.3. Photo © 2013 by Thor Hanson

그림 8.4. Wikimedia Commons

그림 9.1. Columbus Taking Possession of the New Country, L. Prang & Company, 1893. Library of Congress.

그림 9.2. Illustration © 2014 by Suzanne Olive

그림 10.1. Wikimedia Commons

그림 10.2. Illustration © 2014 by Suzanne Olive

그림 11.1. Illustration © 2014 by Suzanne Olive

그림 12.1. Wikimedia Commons

그림 12.2. Illustration © 2014 by Suzanne Olive

그림 13.1. Illustration © 2014 by Suzanne Olive

그림 13.2. Wikimedia Commons

그림 13.3. Illustration © 2014 by Suzanne Olive

그림 13.4. Wikimedia Commons

씨앗의 승리

2016년 9월 9일 초판 1쇄 발행
2017년 7월 31일 초판 5쇄 발행

지은이 소어 핸슨
옮긴이 하윤숙
펴낸이 박래선 · 신가예
펴낸곳 에이도스출판사
출판신고 제25100-2011-000005호

주소 서울시 은평구 진관4로 17, 810-711
전화 02-355-3191
팩스 02-989-3191
이메일 eidospub.co@gmail.com

표지 디자인 공중정원 박진범
본문 디자인 김경주

ISBN 979-11-85415-11-6 03470

잘못 만들어진 책은 구입하신 서점에서 바꾸어 드립니다.

이 도서의 국립중앙도서관 출판예정도서목록(CIP)은 서지정보유통지원시스템 홈페이지(http://seoji.nl.go.kr)와 국가자료공동목록시스템(http://www.nl.go.kr/kolisnet)에서 이용하실 수 있습니다.
(CIP제어번호: CIP2016020126)